陕西省自然科学基础研究计划-陕煤联合基金项目（2019JLZ-08）资助

煤矿油型气与瓦斯综合防治技术

范京道 等 著

中国矿业大学出版社

·徐州·

内 容 提 要

本书针对当前煤油气共生矿井围岩油型气异常涌出的新形势和新特点,以鄂尔多斯盆地黄陵矿区为研究对象,全面系统地研究了煤矿油型气成因及来源、油型气储集层分布与探测关键技术、油型气赋存和涌出规律、油型气(瓦斯)预测与精准抽采技术和油型气监测监控装备,取得了一系列创新性成果。

本书可供从事矿井瓦斯(围岩气)基础理论和综合防治技术研究的高校师生、矿井安全和生产管理人员参考。

图书在版编目(CIP)数据

煤矿油型气与瓦斯综合防治技术/范京道等著. —
徐州:中国矿业大学出版社,2019.12
ISBN 978 - 7 - 5646 - 4368 - 3

Ⅰ. ①煤… Ⅱ. ①范… Ⅲ. ①煤矿—瓦斯爆炸—防治
—研究 Ⅳ. ①TD712

中国版本图书馆 CIP 数据核字(2019)第 045040 号

书　　名	煤矿油型气与瓦斯综合防治技术
著　　者	范京道 等
责任编辑	黄本斌
出版发行	中国矿业大学出版社有限责任公司
	(江苏省徐州市解放南路　邮编 221008)
营销热线	(0516)83884103　83885105
出版服务	(0516)83995789　83884920
网　　址	http://www.cumtp.com　E-mail:cumtpvip@cumtp.com
印　　刷	虎彩印艺股份有限公司
开　　本	787 mm×1092 mm　1/16　印张 17　字数 424 千字
版次印次	2019 年 12 月第 1 版　2019 年 12 月第 1 次印刷
定　　价	58.00 元

(图书出现印装质量问题,本社负责调换)

序

我国是富煤、贫油、少气的国家,煤炭是我国的主导能源,占我国化石能源资源的 90% 以上,占我国能源消费的 60% 左右。国家《能源中长期发展规划纲要(2004—2020 年)》中确定,我国将"坚持以煤炭为主体、电力为中心、油气和新能源全面发展的能源战略";国家《煤炭工业发展"十三五"规划》指出"在相当长时期内,主体能源地位不会变化。必须从我国能源资源禀赋和发展阶段出发,将煤炭作为保障能源安全的基石";中国工程院发布的《中国能源中长期(2030、2050)发展战略研究报告》提出 2050 年煤炭年产量控制在 30 亿 t,因此,煤炭将长期作为我国的主导能源。

鄂尔多斯盆地是我国最大、煤炭资源最富集的聚煤盆地,晚古生代石炭纪、二叠纪和中生代三叠纪、侏罗纪含煤地层在盆地内均有展布。据统计,盆地内埋深小于 2 000 m 的煤炭资源总量为 $19\,765\times10^8$ t,其中埋深小于 1 000 m 的煤炭资源量为 $6\,561.23\times10^8$ t。2012 年,鄂尔多斯盆地煤炭产量已约占全国的 1/4,是我国重要的能源生产基地,对保障国家能源供应安全至关重要。黄陇侏罗纪煤田位于鄂尔多斯盆地南缘,是我国 14 个亿吨级国家重点大型煤炭基地之一。受到鄂尔多斯盆地煤炭、石油、天然气等多种矿产资源共生、伴生地质背景的影响,黄陇煤田内各矿区多属于煤油气共生,区内的黄陵、焦坪、彬长等矿区在煤田勘查钻孔中均发现油、气显示,黄陵和焦坪矿区在煤炭开采过程中甚至出现了多次围岩油气异常涌出现象。对黄陵矿区的相关研究表明,煤层顶底板异常涌出之气与煤层气(瓦斯)不同,其成因类型为油型气,是一种新的煤矿隐蔽致灾因素。通常情况下,矿井瓦斯治理研究的主要对象为煤层瓦斯,对于围岩油型气的研究相对较少,特别是在围岩油型气与煤层瓦斯来源、成因不同的情况下,煤炭行业尚未形成有效的勘查、治理的理论与技术体系。煤层瓦斯与围岩油型气共存的格局,给黄陵矿区煤炭的安全高效开采造成了严重威胁,矿区瓦斯治理难度急剧增加。

2010—2018 年,陕西陕煤集团黄陵矿业有限公司联合西安科技大学、中煤科工集团西安研究院有限公司等国内知名科研院所、高校开展了"黄陵矿区煤矿瓦斯与油型气防治技术研究"项目,项目以鄂尔多斯盆地黄陇侏罗纪煤田油型气灾害较为严重的黄陵矿区为研究对象,在矿井油型气综合勘查与预测、油型气精准抽采、油型气监测监控、油型气精细管理等方面做了大量的科学、系统的研究和探索工作,取得了一系列突破性的成果,主要有:

(1)揭示了黄陵矿区油型气赋存与涌出规律,初步形成了油型气赋存与涌出理论体系。集成地面钻探勘查、井下绳索取芯勘查、井下二维地震勘探等煤矿区油型气综合勘查技术,提出"三区联动"油型气综合勘查思路,查明了黄陵矿区煤矿油型气储集层分布;建立了矿井油型气区域综合预测指标及预测方法,提出了多级油型气地质图编制方法;查明了采掘工作面油型气涌出规律,阐明了底板油型气涌出机理。

(2)创立了煤油气共生矿井油型气立体综合共采共治模式。采用数值模拟、相似材料模拟及现场实测方法,确定了采动后煤层顶底板纵横方向上形成的"四区三带"结构,提出了采空区倾向方向上油型气运移、聚集的哑铃形模型;提出了煤油气共生矿井采掘工作面"超前预置钻孔法"探抽全过程油型气防治技术、油型气立体综合抽采技术和井下水力压裂油型气(瓦斯)强化抽采技术等技术方法;集成井下压风和高分子水性材料排渣、两堵一注封孔及抽采孔压风排水等煤层底板油型气抽采钻孔施工工艺。

(3)研发了与矿井监控系统适配的油型气实时监测装置和便携式煤矿油型气线性检测仪等煤矿油型气检测装备,实现了油型气涌出的在线监测预警和现场涌出区域的快速判定。

通过项目研究,形成了黄陵矿区煤油气共生矿井油型气(瓦斯)综合防治的基础理论和防治技术体系,全面提升了黄陇煤田煤油气共生条件下矿井瓦斯治理水平。有效消除了黄陵矿区煤油气共生矿井生产中的油型气威胁,保障了矿工的生命安全和矿井的安全高效生产。项目研究成果填补了煤炭行业关于矿井油型气基础理论认识、油型气监测监控和油型气治理技术的空白。

将研究成果及时整理出版,可展示我国在煤油气共生矿井油型气综合防治方面的实力,是加强学术交流、传播矿井油型气知识的重要环节。本书关于矿井油型气的相关理论和技术方法,必将为黄陇煤田及国内其他煤油气共生条件下的矿井瓦斯综合防治工作提供指导和借鉴意义,对发展和丰富我国煤矿瓦斯地质、瓦斯防治理论及技术体系做出重大贡献。

中国工程院院士 王双明

2019 年 8 月

前 言

  我国是世界上煤矿瓦斯问题最为严重的国家之一,瓦斯是影响井工煤矿安全开采的最大威胁。据统计,每年的重特大矿难中,因瓦斯事故死亡人数约占总死亡人数的80%。因此,瓦斯灾害治理一直是煤矿安全工作的重点。瓦斯窒息、瓦斯爆炸和煤与瓦斯突出等瓦斯灾害无一不是由于瓦斯涌出造成的。矿井涌出瓦斯主要来源于开采煤层、邻近煤层及围岩。通常情况下,围岩瓦斯涌出在时间与空间上都比较均匀、涌出量较小,但若围岩裂隙发育、生储气能力强,其瓦斯聚集量往往较大,当应力突然释放、裂隙导通时会引起围岩瓦斯的异常涌出,这种现象在煤油气共生矿井表现得尤为突出。陕西的黄陵矿区、焦坪矿区、子长矿区以及甘肃窑街矿区属煤油气共生矿区,矿井采掘过程中时常发生油型气异常涌(喷)出现象。围岩异常涌出油型气导致采掘工作面瓦斯浓度超限,造成采掘停滞及接续紧张,危及工人生命安全,围岩油型气已成为严重威胁煤油气共生矿井安全高效开采新的隐蔽致灾因素。

  针对煤油气共生条件下矿井瓦斯防治的新形势和新特点,陕西陕煤集团黄陵矿业有限公司联合西安科技大学、中煤科工集团西安研究院有限公司等国内知名科研院所、高校以鄂尔多斯盆地黄陇侏罗纪煤田油型气灾害较为严重的黄陵矿区为研究对象,开展了技术攻关研究工作。历时9年(2010—2018年),围绕煤油气共生矿区油型气成因及来源、油型气储集层分布、赋存和涌出规律、油型气(瓦斯)预测与精准抽采技术、油型气监测监控系统等方面对煤油气共生矿井油型气(瓦斯)综合防治理论与技术进行了系统全面研究。

  为介绍项目研究成果,以期为国内其他煤油气共生条件下的矿井油型气与瓦斯综合防治工作提供指导和借鉴,促进煤炭及相关行业技术人员交流沟通,将研究成果整理出版。本书共分为9章:第1章由范京道编写,介绍项目研究的背景、研究对象及研究内容,以及为实现研究内容所采取的方法和手段;第2章由李川、陈冬冬编写,介绍有机质成烃作用机制、气体成因类型划分及其含义、油型气物理化学特征和油型气在煤矿生产中的主要危害等;第3章由孙四清编写,介绍黄陵矿区煤油气共生系统地质演化、油型气来源分析、油型气成因类型,分析了煤油气共生富集形式;第4章由陈冬冬编写,介绍"三区联动"油型气(瓦斯)综合勘查的思路、方法手段及其勘查成果,阐述油型气(瓦斯)储集层综合判定方法和油型气(瓦斯)储集层空间展布特征;第5章由李川编写,介绍油型气赋存主控地质因素和油型气赋存规律研究成果,介绍矿井油型气区域综合预测指标、预测方法以及应用成果,阐述采掘工作面油型气地质图编制方法;第6章由范京道、孙四清编写,分析采掘工作面油型气运移规律以及采动裂隙场与油气场耦合作用机制,总结提炼油型气涌出规律,介绍基于混源气计算模型的煤油气共存采空区瓦斯定量分析方法及应用成果;第7章由唐恩贤编写,介绍油型气分源治理地质模型,研究了煤油气共生矿井采掘工作面"超前预置钻孔法"探抽全过程油型气防治技术、油型气立体综合抽采技术和井下水力压裂油型气(瓦斯)强化抽采技术等技术方法,创立煤油气共生矿井油型气立体综合共采共治模式;第8章由闫振国编写,介绍了与矿井监控系统适配的油型气实时监测装置和便携式煤矿油型气线性检测仪等煤矿油型气检测装备研发及现场应用成果;第9章由范京道编写,介绍矿井油型气综合防治技术体系和管理体系等。

本书的出版得到了西安科技大学学科高峰计划项目资助。在撰写过程中,得到了陕西陕煤集团黄陵矿业有限公司、中煤科工集团西安研究院有限公司、西安科技大学等相关单位的大力支持。

由于编写人员水平和时间所限,难免存在疏漏之处,恳请广大读者和专家批评指正。

作　者

2019 年 1 月

目　录

1　绪　论

1.1　研究背景及意义

我国是"富煤、贫油、少气"的国家,煤炭是我国的主体能源,占我国能源消费的 60% 左右。我国是一个产煤大国,井工煤矿数量占 97%,开采条件复杂,导致煤炭开采灾害事故风险大;但近年来,随着国家强化煤矿安全法治建设,完善监管监察体制,夯实煤矿安全基础,有力促进了煤矿安全生产形势持续稳定好转。2015 年与 2010 年相比,煤炭产量由 32.4 亿 t 上升至 37.5 亿 t;事故起数及死亡人数分别由 1 403 起、2 433 人减少至 352 起、598 人,分别下降 74.9% 和 75.4%;重特大事故起数及死亡人数分别由 24 起、532 人减少至 5 起、85 人,分别下降 79.2% 和 84.0%;煤矿百万吨死亡率由 0.749 下降至 0.159,下降 78.7%。据统计,2016 年全国发生较大以上瓦斯事故 20 起、死亡 215 人,分别占全国煤矿较大以上事故起数和死亡人数的 60.6% 和 74.4%,因此,我国的煤矿安全生产形势依然严峻,瓦斯灾害仍然是煤矿安全生产的最大威胁。

黄陇侏罗纪煤田是我国 14 个亿吨级国家重点大型煤炭基地,煤田总面积 11 000 km^2,煤炭探明资源量为 164 亿 t,生产良好的动力用煤和气化用煤。煤田位于鄂尔多斯盆地南缘,北以葫芦河为界,西经陇县峡口至陕甘省界,东、南为中侏罗统延安组地层露头线;赋煤构造单元横跨鄂尔多斯凹陷盆地南缘渭北断隆区和西缘褶皱冲断带(图 1-1),自北而南分为黄陵矿区、焦坪矿区、旬耀矿区、彬长矿区和永陇矿区。受到鄂尔多斯盆地区域油气地质背景的影响,属于煤油气共生矿。黄陵、焦坪、彬长等矿区在煤田勘查钻孔中均发现油型气(图 1-2),黄陵矿区和焦坪矿区在煤炭开采过程中出现了多次围岩油型气异常涌出现象(图 1-3 和图 1-4),给矿区的安全生产造成了严重威胁。

(1)黄陵矿区:煤田勘查钻孔揭露区内含油气钻孔近 150 个,其中,5 个钻孔出现天然气喷出或逸出,气喷压力达 0.4~2.0 MPa,喷气高度一般可达 10 m 之多。随着矿井开采活动的深入,区内黄陵一号煤矿和二号煤矿多个地点相继发生顶底板油型气异常涌出,其中底板油型气异常涌出尤为严重,最大涌出量达 $2.1×10^5$ m^3,且具有突发性、隐蔽性(异常涌出前无明显征兆)和涌出量大等特点。

(2)焦坪矿区:300 余个勘查钻孔中有 83 个钻孔见油型气显示,区内的崔家沟、陈家山等生产矿井开采过程中采空区瓦斯 60%~70% 来自围岩油型气,且易发生聚集。陈家山煤矿在煤岩采掘过程中及井下打钻揭露砂岩时,多次发生围岩油型气喷出现象,而且矿井在煤系基底(三叠系)地层中掘进时,曾发生岩石和油型气突出。下石节煤矿某采煤巷道中曾持续一周日产油 100 m^3 左右,一个月累积产量 1 300 m^3。

(3)彬长矿区:煤田勘查阶段揭露区内含油型气(岩芯渗油)钻孔 6 个(不完全统计),部

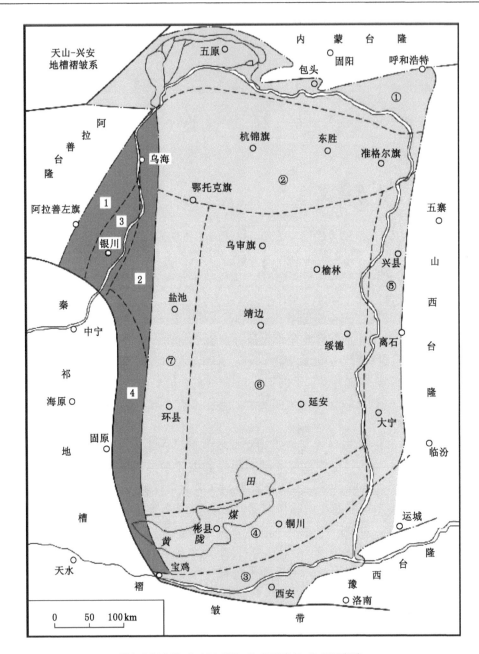

鄂尔多斯台坳：① 河套断陷；② 伊盟隆起；③ 渭河断陷；
④ 渭北隆起；⑤ 晋西南褶皱带；⑥ 陕北斜坡；⑦ 天环拗陷。
鄂尔多斯西缘褶皱冲断带：1—贺兰山褶皱带；2—桌子山—横山堡褶皱带；
3—银川断陷；4—青（龙山）云（雾山）褶断带。

图 1-1　黄陇煤田构造位置图（据张泓等，2005）

（图中虚线为三级构造单元界限）

分钻孔含油量较大；彬东勘查区煤炭普、详查（旬邑县境内）时，B8-2 水文孔发生清水和气体井喷，水头高度约 1.5 m，气体燃烧火头瞬间高达 2.5～3.0 m。

在煤炭开采过程中，异常涌出油型气易导致采掘工作面瓦斯浓度超限，造成采掘停滞，增

图 1-2　勘查钻孔岩芯渗油图

（a）黄陵矿区；（b）彬长矿区

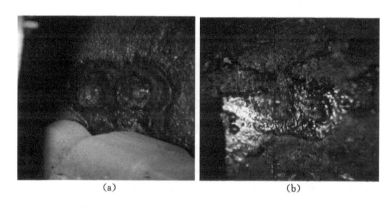

图 1-3　井下底板油型气涌出实拍图（黄陵矿区）

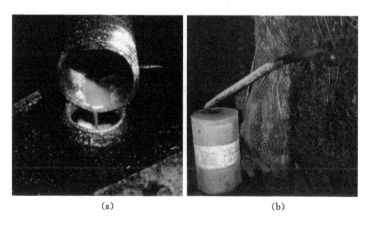

图 1-4　井下钻孔出油实拍图（黄陵矿区）

加监测难度,危及工人生命安全,给矿井安全高效生产造成严重威胁,成为影响煤油气共生矿井安全高效开采新的隐蔽致灾地质因素。黄陵矿区初步研究表明,底板异常涌出气体与煤层气不同,其成因类型为油型气,同时,由于前期对油型气勘查程度不足,而导致矿区对油型气的成因、运移、赋存及涌出控制机理等认识不清,也尚未开展矿井油型气体监测监控等方面的研究,更未能形成有效的煤油气共生矿井油型气综合防治理论及技术体系。

通常情况下,矿井瓦斯治理研究的主要对象为煤层瓦斯,对于围岩瓦斯的研究相对较少,特别是在围岩瓦斯与煤层瓦斯来源、成因不同的情况下,煤炭行业尚未形成有效的勘查、治理的理论与技术体系。因此,针对黄陇煤田煤油气共生条件下矿井瓦斯既有煤层气(瓦斯),又有油型气,且危险性大的特点,亟待查清不同来源瓦斯的生成、运移、赋存及涌出规律,在此基础上,采取综合勘查和治理的技术与方法,形成煤油气共生矿井油型气综合防治理论与技术体系,对于全面提高黄陇煤田煤油气共生条件下矿井瓦斯治理水平,保障煤矿的安全高效生产有着重要的现实意义。同时,项目研究成果可以为国内的甘肃窑街矿区、陕北子长矿区等其他煤油气共生条件下的矿井瓦斯综合防治工作提供指导或借鉴,具有广泛的推广和应用前景。

1.2 研究对象及内容

1.2.1 研究对象

以鄂尔多斯盆地黄陇侏罗纪煤田油型气灾害较为严重的黄陵矿区为研究对象。近年来,黄陵矿区多个矿井发生围岩油型气异常涌出现象,区内的黄陵二号煤矿尤为突出,自2009年以来,该矿多个工作面相继发生煤层顶底板油型气异常涌出,给矿井安全高效生产造成严重威胁。矿井典型油型气涌出情况简述如下:

2009年10月4日,109工作面初采初放时,基本顶发生大面积垮落造成采空区及顶板瓦斯突然涌出,涌出时间持续长达14 h,累计涌出总量约$4×10^4$ m^3;2011年7月3日,405综采工作面发生大面积底板油型气异常涌出,造成工作面停产一周,累计涌出总量约6.4×10^4 m^3;2012年5月14日,413辅运巷掘进工作面发生顶板油型气涌出,至5月20日,累计涌出总量约为7 000 m^3,迫使矿井调整了生产接续;2012年10月12日,201运输巷掘进工作面发生底板油型气涌出,至10月19日,累计涌出总量为8 500 m^3;2012年10月26日,201辅运巷掘进工作面发生底板油型气涌出,至11月30日,累计涌出总量约2.1×10^5 m^3,造成201工作面接续推迟一个多月;2014年8月27日,409采煤工作面底板及采空区出现大面积油型气涌出,造成工作面停产5 d,至9月1日四点班累计风排总量达1.6×10^5 m^3。

通过对油型气涌出现象的总结分析及其成分测试,发现油型气涌出具有以下特点:

(1)油型气气体组分复杂,包含多种灾害气体

405综采工作面底板油型气探测孔$3^#$钻孔采样气体成分测试结果显示,除含有CH_4外,还含有C_2、C_3、i-C_4、n-C_5等其他烃类,测试结果见表1-1。其中,C_{2+}(乙烷、丙烷、丁烷)组分含量达2%

表1-1 405综采工作面底板油型气气体成分测试结果

气样编号	气样成分/%							
	N_2	O_2	CO_2	CH_4	C_2	C_3	i-C_4	n-C_5
1	35.21	9.33	1.80	51.32	1.54	0.65	0.09	0.06
2	29.78	7.66	1.99	57.94	1.72	0.73	0.11	0.07

以上,远超该矿井一般煤层气内 0.5% 的含量。201 辅运巷掘进工作面底板瓦斯涌出点气体中除含有 CH_4 外,还含有 H_2、NH_3、CO、H_2S、SO_2 等有害气体,且其含量有的已超过临界值。

（2）油型气涌出具有突发性、隐蔽性及涌出量大的特点

油型气涌出具有突发性,并且瞬时量大,典型的如 201 辅运巷掘进工作面底板 2012 年 10 月 26 日夜出现异常涌出,29 日单日异常涌出量达到近万立方米,月累计异常涌出瓦斯约 2.1×10^5 m^3。同时油型气异常涌出并无明显的诱因和征兆,而且由于油型气主要气体成分也是 CH_4,与煤层瓦斯有一定共性,易被误认为煤层瓦斯;油型气涌出具有非常强的隐蔽性,现有的监测监控系统对油型气涌出无较好的预测预报功能。

1.2.2　研究内容

课题一:煤油气共生矿井油型气赋存规律及预测技术研究

（1）煤油气共生系统地质演化、成因及油型气来源研究

分析区域中生代地层格架、构造演化史和有机质热演化史,研究煤油气共生系统地质演化;通过研究烃源岩、储集岩、疏导层、盖层四大地质要素和油气生成、运移、保存和圈闭四大地质作用之间的组合关系及分布,进行中生代含油气系统研究。恢复煤储层生气模式,追溯煤储层形成演化、生气关键时期、盖层形成、构造运动、气体保存时间等成藏演化事件的发生和发展。分析油型气参数测定结果,研究煤油气共生矿井油型气成因及来源。

（2）煤油气共生矿井油型气赋存规律及预测技术研究

根据生气层、储层和盖层的分布,结合油型气地质参数探测结果和异常涌出部位地质信息的剖析,分析影响油型气赋存的主控地质因素。在此基础上,采用数值模拟软件,绘制异常涌出油型气储集层空间展布图,研究其展布规律。以油型气储集层分布为基础,结合油型气赋存主控要素和采动影响范围,建立煤油气共生矿井油型气区域预测方法,进行矿井油型气综合预测。

课题二:煤油气共生矿井瓦斯涌出规律及涌出机理研究

（1）矿井油型气涌出规律及涌出机理

深入剖析油型气异常涌出部位的地质信息、油型气涌出与采掘活动的伴生关系、油型气赋存和瓦斯涌出的外在形式,总结矿井油型气涌出规律。建立矿井油型气、采动应力和地层结构的耦合关系,探讨煤油气共生矿井油型气涌出机理。

（2）煤油气共生矿井采空区瓦斯涌出来源及涌出规律

采用气体同位素分析方法,研究煤油气共生矿井采煤工作面采空区瓦斯涌出的主要来源及其构成,分析采空区瓦斯涌出与油型气地质、矿井瓦斯地质和煤炭开采之间的关系。

课题三:煤油气共生矿井油型气及储集层综合探测技术研究

（1）井下三维地震勘探技术

利用采煤工作面上下平巷、切眼及部分沿煤层水平钻孔,研究井下三维地震勘探技术,进一步确定煤层底板砂岩体的分布范围。

（2）地面三维地震资料精细处理与动态解译技术

研究煤田三维地震勘探数据再解译技术,精细、动态解译煤层顶底板储集层结构、赋存特征及地质构造等信息。

（3）油型气探井资料再解译方法研究

研究油型气探井的气测录井、岩屑录井和岩芯录井等资料,再解译煤层及其顶底板地层结构和含气性等地质信息。

课题四:煤油气共生矿井油型气综合防治技术研究

(1)采场围岩裂隙发育特征与油型气运移规律研究

采用数值模拟、相似材料试验,研究煤油气共生矿井采掘工作面围岩受到采动影响后的应力变化、裂隙发育特征,分析采动影响下煤层顶底板裂隙发育范围,结合油型气储集层与采动裂隙带空间分布关系,研究油型气在采动裂隙系统中的运移规律,为矿井油型气抽采钻孔的精准布置提供理论基础。

(2)矿井油型气区域精准抽采技术研究

分析矿井地质地层及储集层分布信息,建立矿井油型气分源治理地质模型。结合油型气区域预测成果,研究合理的钻孔布置方式、施工技术和抽采工艺,开展不同区域油型气精准抽采技术研究,建立不同时间尺度(采前预抽、采中卸压抽采、采后采空区抽采)和不同空间尺度(煤层、顶板、底板)区域油型气(瓦斯)综合立体抽采模式。

(3)煤油气共生矿井油型气监测监控技术及装备研发

根据油型气气体成分特征,研究适合于煤油气共生矿井的油型气在线监测监控技术,研发矿井油型气监测监控装备,实现对井下油型气涌出的实时在线、快速监测。

1.3 研究方法及手段

采用资料整理分析、现场探测与测试、室内化验分析和数值模拟等手段,综合运用油气地质学、煤田地质学、瓦斯地质学、地球化学等学科知识,相互渗透交叉研究。

系统收集矿井地质勘探钻井资料、地面油井资料及地震资料,并对其进行整理、分析,了解 2 号煤层及围岩岩性组合特征和分布情况。综合利用各种地质资料,采用油气地质、煤田地质及瓦斯地质等学科知识,研究煤油气共生系统地质演化,同时,现场采集 2 号煤层及其顶、底板 50 m 范围内不同层位的样品,进行实验室测试分析,根据测试结果,研究煤油气共生矿井瓦斯成因及来源分析。采用井上下钻探技术、井下三维地震勘探技术、油气探井资料再解译技术及地面三维地震资料精细处理与动态解译技术,进行油型气储集层综合探测技术研究。在此基础上,根据生气层、储层和盖层的分布,结合油型气地质参数探测结果和异常涌出部位地质信息的剖析,分析影响油型气赋存的主控地质因素,进而研究煤油气共生矿井油型气赋存规律和预测技术。深入剖析与油型气涌出相关的地质信息、与采掘活动的伴生关系、油型气赋存和涌出的外在形式,总结煤油气共生矿井油型气涌出规律,探讨油型气涌出机理。采用数值模拟、相似材料试验,研究煤油气共生矿井采掘工作面围岩裂隙发育特征,分析油型气在采动裂隙系统中的运移规律,以此为基础,建立矿井油型气分源治理地质模型,研究合理的钻孔布置方式、施工技术和抽采工艺,建立不同时间(采前预抽、采中卸压抽采、采后采空区抽采)和不同空间(煤层、顶板、底板)区域油型气(瓦斯)综合立体抽采模式。根据油型气气体成分特征,研究适合于煤油气共生矿井的油型气在线监测监控技术,研发矿井油型气监测监控装备,实现对井下油型气涌出的实时在线、快速监测。技术路线如图 1-5 所示。

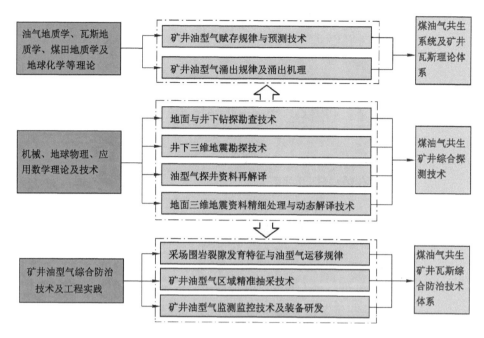

图 1-5　研究技术路线

2 油型气基础理论知识

2.1 有机质成烃作用机制

根据油型气有机成因理论,生物体是油型气生成的最初来源。生物死亡后的残体经沉积作用埋藏于水下的沉积物中,经过一定的生物化学、物理化学变化形成石油和天然气。

2.1.1 生烃物质

细菌、浮游生物和高等植物是沉积物中有机质的主要供应者。在不同沉积环境中不同类别生物体的天然组合决定了沉积物中有机质的组成和类型。生成油型气的沉积有机质主要由类脂化合物、蛋白质、碳水化合物以及木质素等生物化学聚合物组成。沉积物中的沉积有机质经历了复杂的生物化学及物理化学变化,通过腐泥化及腐殖化过程形成干酪根,成为生产大量石油及天然气的先驱。

（1）干酪根的定义

干酪根(kerogen)一词来源于希腊语,指能生成油或蜡状物的有机质。1912 年,布朗(Brown)第一次提出该术语,表示苏格兰油页岩中的有机物质,这些有机物质干馏时可产生类似石油的物质。以后这一术语多用于代表油页岩和藻煤中的有机物质,直到 1960 年以后才开始明确规定为代表不溶于有机溶剂的沉积有机质。亨特(Hunt,1979)将干酪根定义为不溶于非氧化的酸、碱溶剂和有机溶剂的沉积岩中的分散有机质。与其相对应,岩石中可溶于有机溶剂的部分,称为沥青。常用的有机溶剂如氯仿、苯等皆为非极性化合物,并且是在 80 ℃以下进行抽提的物质。

干酪根的形成实际上在生物体衰老期间就已开始,这时有机组织开始发生化学及生物降解和转化,结构规则的大分子生物聚合物(如蛋白质、碳水化合物等)部分或完全被分解,形成一些单体分子,它们或遭破坏,或构成新的地质聚合物。这些地质聚合物是干酪根的先驱,但还不是真正的干酪根。在沉积物的成岩作用过程中,地质聚合物变得更大、更复杂,结构欠规则;至埋藏到数十或数百米后,具有很大分子量的干酪根才真正发育起来。

（2）干酪根的成分和结构

① 干酪根的显微组分组成

从岩石中分离出来的干酪根一般是很细的粉末,颜色从灰褐色到黑色,肉眼看不出形状、结构和组成。但从显微镜下来看,它由两部分组成,一部分为具有一定的形态和结构特点的、能识别出其原始组分和来源的有机碎屑,如藻类、孢子、花粉和植物组织等,通常这只占干酪根的一小部分,而主要部分为多孔状、非晶质、无结构、无定形的基质,镜下多呈云雾状、无清晰的轮廓,是有机质经受较明显的改造后的产物。显微组分就是指这些在显微镜下能够识别的有机组分。

煤岩学者对煤的有机显微组分进行了长期深入的研究。沉积岩中干酪根的有机显微组分研究是煤岩学中有机显微组分鉴定技术在干酪根鉴定中的应用。表2-1为干酪根显微组分的分类方案。其中,壳质组又称稳定组或类脂组,为化学稳定性强的部分。镜质组是由植物的茎、叶和木质纤维素经凝胶化作用形成的。惰质组是由木质纤维素经丝炭化作用形成的。

表 2-1　干酪根显微组分分类方案(据涂建琪,1998)

大类	显微组分组	显微组分	母质来源
水生生物	腐泥组	藻类体	藻类
		腐泥无定形体	藻类为主的低等水生生物
	动物有机组	动物有机残体	有孔虫、介形虫等的软体组织及笔石等的硬壳体
陆源生物	壳质组	树脂体	来自高等植物的表皮组织、分泌物及孢子、花粉等
		孢粉体	
		木栓质体	
		角质体	
		壳质碎屑体	
		菌孢体	来自低等生物菌类的生殖器官
		腐殖无定形体	高等植物经强烈生物降解形成
	镜质组	正常镜质体	高等植物木质纤维素经凝胶化作用形成
		荧光镜质体	母源富氢或受微生物作用或被烃类浸染而形成
	惰质组	丝质体	高等植物木质纤维素经丝炭化作用形成

需要注意的是,沉积岩中的干酪根几乎没有完全是由单一的显微组分组成的,常为多种显微组分的混合,只不过某种干酪根以某组显微组分为主。在一般沉积岩中,通过应用紫外荧光和电子探针表明,大多数无定形有机物质埋藏浅时具有荧光。在成熟度大体一致条件下,各显微组分的荧光强度近似反映了其生油潜能;藻质体及以藻和细菌为主形成的富氢无定形生油潜能最大;壳质体及部分富氢无定形次之;镜质组及贫氢无定形生油潜能差,以生气为主;惰质组生油气潜能极低。

②　干酪根的元素组成

干酪根是一种复杂的高分子缩聚物,它不同于一般纯的有机化合物,因此没有固定的化学组成,只有一定的组成范围。干酪根元素分析表明,它主要由 C、H、O 和少量的 S、N 五种元素组成,其中碳含量为 $70\%\sim85\%$,氢含量为 $3\%\sim11\%$,氧含量为 $3\%\sim24\%$,氮含量 $<2\%$,硫含量较少。但不同来源的干酪根元素组成有所不同,源于水生生物、富含类脂组的干酪根相对富氢贫氧。与原油的平均元素组成(C、H、O 分别约为 84%、13%、2%)相比,干酪根明显贫氢富氧。由此不难理解,相对富氢贫氧的干酪根将会生成更多的石油。因此,干酪根的元素组成成为划分干酪根类型,判断其生油气能力的重要指标。大量实际资料分析表明,干酪根中各元素含量的变化既与干酪根的来源和成因有关,也与干酪根的演化(向油气的转化)程度密切相关。

(3)　干酪根的类型

所有干酪根的不同生物来源都可归属于两大类，即腐泥质和腐殖质。腐泥质是在滞水盆地条件下（海湾、潟湖、湖泊等）堆积的有机淤泥。主要来源于水生浮游生物，包括绿藻、蓝绿藻等群体藻类和浮游的微体生物以及一些底栖生物、水生植物等。腐殖质是由高等植物的细胞和细胞壁（主要由木质素、纤维素、单宁组成）在有氧条件下沉积而成的有机物质。相应地，可将干酪根分为腐泥型干酪根和腐殖型干酪根。但最常见的是腐泥-腐殖混合型干酪根。它是介于腐泥型与腐殖型两类干酪根之间的一种过渡类型，其生油、生气能力的强弱取决于它与腐泥型或腐殖型接近的程度。

狄萨特（Tissot 等，1978）利用干酪根元素组成将干酪根划分为Ⅰ、Ⅱ、Ⅲ型，这些类型可清晰地表示在范·克雷维伦（Van Krevelen）图上（图 2-1）。

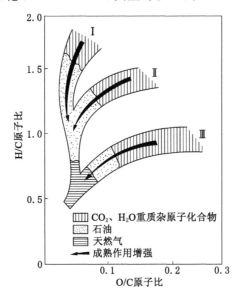

Ⅰ—藻质型；Ⅱ—腐泥型；Ⅲ—腐殖型。

图 2-1　干酪根类型及其演化图（据 Tissot 等，1978）

Ⅰ型干酪根：具有高的 H/C 原子比（一般大于 1.5）和低的 O/C 原子比（一般小于 0.1）。但随着演化程度的升高，H/C 原子比降低。它主要由脂族链组成，杂原子化合物和芳香族化合物含量低；少量的氧主要存在于酯键中。在高温裂解时，可产生比其他类型干酪根更多的挥发性和可抽提组分，是一种生油潜能最高的干酪根（可达原始有机质质量的 80%）。它可以来自藻类堆积物，也可能是各种有机质被细菌强烈改造，留下原始物质的类脂化合物馏分和细菌的类脂化合物。

Ⅱ型干酪根：这是生油岩中最常见的一种干酪根类型；具有较高的 H/C 原子比（1.0～1.5）和较低的 O/C 原子比（0.1～0.2）；酯键丰富，含大量中等长度的脂族链化合物和脂环化合物；芳香结构和含氧基团较多；有时可含较多硫，位于杂环化合物中。这类干酪根来源于海相浮游生物（以浮游植物为主）和微生物的混合有机质，生油潜能中等，但仍是良好的生油母质，是海相沉积中的重要有机质类型。

Ⅲ型干酪根：具有较低的 H/C 原子比（一般小于 1.0）和高的 O/C 原子比（0.2～0.3）。含大量芳香结构和含氧基团，饱和链烃很少，被联结在多环网格结构上。来源于陆地植物的木质素、纤维素和单宁,含有很多可鉴别的植物碎屑。热解时仅有 30% 的烃产物,与 I、Ⅱ 型干酪根相比,对生油不利,但埋藏到足够深度时,可成为有利的生气来源。

需要说明的是,这里所给的 H/C 原子比、O/C 原子比的分类界限是对未成熟的有机质而言的。随着成熟度的升高,所有有机质的 H/C 原子比、O/C 原子比均降低。

2.1.2　生烃环境

(1) 油气生成的地质环境

地壳上原始有机质的数量很大、种类繁多、结构复杂。欲使这些有机质转化为石油烃类,其堆积、保存和转化过程必须处于适宜的地质环境。沉积岩中的有机质要向石油转化必须经历一个碳、氢不断增加而氧不断减少的过程,即为一个去氧、加氢、富集碳的过程。所以,原始有机质的堆积、保存和转化过程,必须在还原条件下进行,而还原环境的形成及其持续时间的长短则受当时的地质及能源条件所制约。

① 构造环境

岩石圈板块的水平运动中包含着垂直构造运动,因而在地质历史上能够形成各种类型的沉积盆地,为油气生成、聚集提供有利场所。板块的边缘活动带,板块内部的裂谷、拗陷,以及造山带的前陆盆地、山间盆地等大地构造单位,是在地质历史上曾经发生长期持续下沉的区域,是地壳上油气资源分布的主要沉积盆地类型。只有在长期持续下沉过程中伴随适当的升降,沉降速率与沉积速率相近或前者稍大时,才能持久保持还原环境。在这种条件下,不仅可以长期保持适于生物大量繁殖和有机质免遭氧化的有利水体深度,保证丰富的原始有机质沉积下来,而且还可以形成沉积厚度大、埋藏深度大、地温梯度大等特征。生、储层频繁相间广泛接触,有助于原始有机质迅速向油气转化并达到广泛排烃的优越环境。

② 岩相环境

国内外油气勘探实践证明,无论海相或陆相,都可能具备适合于油气生成的岩相古地理条件。在海相环境中,一般认为浅海区及三角洲区是最有利于油气生成的古地理区域。在浅海大陆架范围内,水深一般不超过 200 m,水体较宁静,阳光、温度适宜,生物繁盛,尤其各种浮游生物异常发育,死亡后不需经过太厚的水体即可堆积下来;在三角洲发育部位,陆源有机质源源搬运而来,加上原地繁殖的海相生物,致使沉积物中的有机质含量特别高,是极为有利的生油区域;在半闭塞无底流的海湾及潟湖环境中,因氧气不易补给,也对保存有机质有利。在浅海区域,浮游生物特别发育,属于 Ⅱ 型干酪根;若有陆源有机质加入,则可见到 Ⅱ 型与 Ⅲ 型干酪根的混合产物。而在滨海区和深海区,不利于有机质保存和油气生成。在滨海区,海水进退频繁,浪潮作用强烈,不利于生物繁殖和有机质的堆积保存;深海区生物本来就少,死后下沉至海底需要经历巨厚水体,易遭氧化破坏,加上离岸又远,陆源有机质需经长途搬运,早被淘汰氧化,都不利于有机质的堆积和保存。

大陆深水~半深水湖泊是陆相生油岩发育的区域。一方面湖泊能够汇聚周围河流带来的大量陆源有机质,增加了湖泊营养和有机质数量;另一方面湖泊有一定深度的稳定水体,提供水生生物的繁殖发育条件。尤其在近海地带的深水湖盆更是有利的生油拗陷,因为近海区域地势低洼、沉降较快,是陆表水的汇集地带,容易长期积水而形成深水湖泊,保持安静的还原环境。

在浅水湖泊和沼泽区,水体动荡,大气中的氧易进入水体,不利于有机质的保存。这里的生物以高等植物为主,有机质多属 Ⅲ 型干酪根。一般认为,Ⅲ 型干酪根生油潜能差,多适于造煤和生产煤型气、沼气,为天然气的来源。不过,近年来油气勘探表明,煤系地层有机质不仅可以生气,而且其中某些显微组分也可以生油。

③ 古气候条件

古气候条件直接影响生物的发育。年平均温度高、日照时间长、空气湿度大,都能显著增强生物的繁殖能力。所以,温暖湿润的气候有利于生物的繁殖和发育,是油气生成的有利外界条件之一。

(2) 油气生成的物理化学条件

适宜的地质环境为有机质的大量繁殖、堆积和保存创造了有利的地质条件,但有机质向石油及天然气演化还必须具备适当的温度、时间、细菌、催化剂、放射性作用等物理、化学及生物化学条件。勘探经验证实,温度与时间是油气生成全过程中至关重要的一对因素。

① 温度与时间条件

沉积有机质向油气演化的过程,同任何化学反应一样,温度是最有效和最持久的作用因素。在反应过程中,温度不足可用延长反应时间来弥补,温度与时间似乎可以互为补偿;高温短时间作用与低温长时间作用可能产生近乎同样的效果。

随着沉积有机质埋藏深度加大,地温相应升高,生产烃类的数量应该有规律地按指数增长;换言之,在有机质向油气转化的过程中,温度不足需要用延长反应时间来补偿。若沉积物埋藏太浅,温度太低,有机质热解生产烃类所需反应时间很长,实际上难以生成具有商业价值的石油;随着埋藏深度的增大,当温度升高到一定数值有机质才开始大量转化为石油,这个温度界限成为有机质的成熟度或生油门限,这个成熟温度所在的深度,即称为成熟点。在不同地区、不同层系中,由于地质条件的差异,成熟点的成熟温度也就会有所差别。

综上所述,在温度与时间的综合作用下,有利于生产并保存的盆地应该是年轻的热盆地(地温梯度高)和古老的冷盆地;否则,或未达成熟阶段,或已达破坏阶段,对油气勘探均不利。

② 细菌活动

细菌是地球上分布最广、繁殖最快的一种生物。它可以在变化很大的温度和压力条件下发育,也可以在淡水和咸水、近代沉积物和古代沉积岩中大量生存。按其生活习性可分为喜氧细菌、厌氧细菌和通性细菌三类。对油气生成来讲,最有意义的是厌氧细菌,在缺乏游离氧的还原条件下,有机质可被厌氧细菌分解而产生甲烷、氢气、二氧化碳以及有机酸和其他碳氢化合物。细菌在油气生成过程中的作用实质是将有机质中的氧、硫、氮、磷等元素分离出来,使碳、氢,特别是氢富集起来,并且细菌作用时间越长,这种作用进行得越彻底。

③ 催化作用和放射性作用

油气生成过程中的催化作用,在于催化剂与分散有机质作用,破坏了后者的原始结构,促使分子重新分布,形成内部结构更稳定的烃类物质。在自然界有机质向油气转化的过程中,主要存在黏土矿物和有机酵母两类催化剂。

2.1.3 生烃演化

在海相和湖相沉积盆地的发育过程中,原始有机质伴随着其他矿物质沉淀后,随着埋藏深度逐渐加大,地温不断升高,在乏氧的还原环境下,有机质逐步向油气转化。在不同深度范围内,各种能源条件显示不同的作用效果,使得有机质的转化反应性质及主要产物都有明显的区别,这表明原始有机质向石油和天然气的转化过程具有明显的阶段性。一般分为四个阶段,即生物化学生气阶段、热催化生油气阶段、热裂解生凝析气阶段和深部高温生气阶段。

(1) 生物化学生气阶段

原始有机质堆积到盆底之后,就开始了生物化学生气阶段。这个阶段的深度范围是从沉积界面到数百乃至 1 500 m 深处,温度介于 10~60 ℃,以细菌活动为主,与沉积物的成岩作用阶段基本相符,相当于碳化作用的泥炭—褐煤阶段。在缺乏游离氧的还原环境内,厌氧细菌非常活跃,生物起源的沉积有机质被选择性分解,转化为分子量更低的生物化学单体(如苯酚、氨基酸、单糖、脂肪酸等),部分有机质被完全分解成 CO_2、CH_4、NH_3、H_2S 和 H_2O 等简单分子。这些新生成的产物会相互作用形成复杂结构的地质聚合物"腐泥质"和"腐殖质",成为干酪根的前身(图 2-2 中的 A 阶段)。

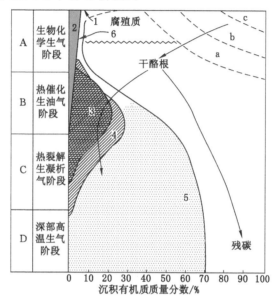

a—腐殖酸;b—富非酸;c—碳水化合物＋氨基酸＋类脂化合物;

1—生物化学甲烷;2—原有沥青、烃、非烃化合物;3—石油;

4—湿气、凝析气;5—天然气;6—未熟、低熟油。

图 2-2　沉积有机质生烃演化模式(据 B. P. Tissot 等,1974;1984 年修订)

在这个阶段,埋藏深度较浅,温度、压力较低,有机质除形成少量烃类和挥发性气体以及早期低熟油外,大部分转化成干酪根保存在沉积岩中。由于细菌的生物化学降解作用,产物以甲烷为主,缺乏轻质(C_4~C_8)正烷烃和芳香烃。到本阶段后期,埋藏深度加大,温度接近 60 ℃,开始生成少量液态石油。在特定的生源构成和适宜环境条件下可生成相当数量的未熟、低熟油。

(2) 热催化生油气阶段

沉积物埋藏深度超过 1 500~2 500 m,进入后生作用阶段前期,地温升至 60~180 ℃,相当于长焰煤—焦煤阶段,促使有机质转化的最活跃因素是热催化作用。随深度的加大,岩石成岩作用增强,黏土矿物吸附力增大,按物质组分的吸附性能不断进行重新分布:分子结构复杂的脂肪酸、沥青质和非烃集中在吸附层内部,烃类集中在外部,依次为芳香烃、环烷烃及正烷烃。黏土矿物的催化作用可以降低有机质的成熟温度、促进石油生成。这个阶段产生的烃类已经成熟,在化学结构上显示出同原始有机质有明显区别,而与石油非常相似。在热催化作用下,有机质能够大量转化为石油和湿气,成为主要的生油时期,常称为"生油窗",如图 2-2 中的 B 阶段所示。

有机质成熟的早晚及生烃能力的强弱,还要考虑有机质本身的性质。在其他条件相同的情况下,树脂体和高含硫的海相有机质往往成熟较早;藻质体生烃能力最强;腐殖型有机质同样可以成为生油气母质,只不过成熟较晚、生气较多而已。

（3）热裂解生凝析气阶段

当沉积物埋藏深度超过 3 500～4 000 m,地温达到 180～250 ℃,进入后生作用阶段后期,相当于炭化作用的瘦煤—贫煤阶段。此时地温超过了烃类物质的临界温度,除继续断开杂原子官能团和侧链,生成少量水、二氧化碳和氮气外,主要反应是大量 C—C 链断裂。包括环烷的开环和破裂,液态烃急剧减少,如图 2-2 中的 C 阶段所示。C_{25} 以上高分子正烷烃含量逐渐趋于零,只有少量低碳原子数的环烷烃和芳香烃;相反,低分子正烷烃剧增,主要是甲烷及其气态同系物,在地下深处呈气态,采至地面而随温度、压力降低,反而凝结为液态轻质石油,即凝析油并伴有湿气,进入了高成熟时期。

（4）深部高温生气阶段

当深度超过 6 000～7 000 m,沉积物已经进入变生作用阶段,达到有机质转化的末期,相当于半无烟煤—无烟煤的高度炭化阶段。温度超过了 250 ℃,以高温高压为特征,已形成的液态烃和重质气态烃强烈裂解,变为热力学上最稳定的甲烷;干酪根残渣释放出甲烷后进一步缩聚,H/C 原子比降至 0.30～0.45,接近甲烷生成的最低限。所以,这个阶段出现了全部沉积有机质热演化的最终产物干气甲烷和碳沥青或次石墨（图 2-2 中的 D 阶段）。

以上将有机质向油气转化的整个过程大致划分为四个阶段,这反映油气演化的一般模式。对不同的沉积盆地而言,由于其沉降历史、地温历史及原始有机质类型的不同,其中的有机质向油气转化的过程不一定全都经历这四个阶段,有的可能只进入前两个阶段,尚未达到第三阶段;而且每个阶段的深度和温度界限也可能略有差别。甚至在地质发展史较复杂的沉积盆地,例如经历过数次升降作用,生油岩中的有机质可能由于埋藏较浅尚未成熟就遭遇抬升,直到再度沉降埋藏到相当深度后,方才达到了成熟温度,有机质仍然可以生产大量石油,即所谓"二次生油"。此外,由于源岩有机质显微组成的非均质性,不同显微组成的化学成分和结构的差别,决定了有机质不可能有完全统一的生烃界限,不同演化阶段可能存在不同的生烃机制。

2.2　气体成因类型划分

天然气成因类型可划分为有机成因气、无机成因气和混合成因气三大类。

2.2.1　有机成因气

有机成因气是指由沉积岩中的集中或分散有机质通过细菌作用、化学作用和物理作用形成的气体,有机成因气又可根据其热演化程度和母质类型进行次一级的成因类型划分。

（1）根据热演化程度的天然气类型划分

有机成因气根据演化程度划分为生物气、生物-热催化过渡带气、热解气和裂解气。

生物气是指不同类型有机质在未成熟阶段由厌氧细菌的生物化学作用形成的天然气。其形成机理是在厌氧环境中,微生物通过复杂的生物化学作用使有机质转化为有机酸、二氧化碳和氢,再通过合成作用使二氧化碳和氢转变为甲烷。

生物-热催化过渡带气是指在生物气与热解气形成的过渡阶段(R_o值为 0.4% ~ 0.6%),在温度为 50~85 ℃和一定的矿物参与并起催化作用的情况下,有机质通过脱羧、脱基团和缩聚作用而形成的天然气。各类母质均可形成该类气体,但Ⅱ型和Ⅲ型干酪根是该类气体的主要母质。

热解气是指在成熟和高成熟演化阶段(R_o值为 0.6% ~ 2.0%),有机质经热催化作用降解而形成的天然气。由腐泥型和偏腐泥型干酪根形成的热解气往往以原油伴生气的形式存在,故称之为油型(热解)气;由于腐殖型干酪根主要存在于煤系之中,故其形成的热解气称为煤成(热解)气。煤成气是形成我国大中型气田的主要天然气类型,例如,鄂尔多斯盆地苏里格、榆林等大气田。

裂解气是指在过成熟阶段(R_o值大于 2.0%),残余干酪根、已生成的液态烃和部分重烃气经过高温裂解作用而形成的天然气。目前,我国发现的裂解气主要是油型裂解气,在广泛分布的高演化的古生界海相地层中分布。例如四川盆地川东石炭系诸气田和塔里木盆地和田河气田的天然气是我国典型的油型裂解气。我国煤成裂解气发现相对较少,研究表明,克拉 2 气田天然气具有煤成裂解气的特征。

(2) 根据母质类型的天然气类型划分

将天然气的原始母质划分为腐泥型或偏腐泥型和腐殖型或偏腐殖型,相应地把天然气按其母质类型划分成两大类型,即腐泥型气(又称油型气)和腐殖型气(又称煤成气)。

由于腐泥型和腐殖型母质生成的生物气特征相似,难以区别,故天然气成因类型鉴别中所讲的油型气和煤成气分别指由腐泥型和腐殖型母质在成熟—过成熟演化阶段所形成的油型热解气、油型裂解气和煤成热解气、煤成裂解气。腐泥型或偏腐泥型有机质属生油母质,即以生油为主、生气为辅,因此油型气主要是原油伴生气,纯的大中型油型气藏主要由裂解作用形成;腐殖型或偏腐殖型属生气母质,即以生气为主、生油为辅,在有机质的整个演化过程中均以生气为主,因此,煤成气在天然气资源中占主导地位,我国目前已探明的天然气资源中煤成气约占 70%。

2.2.2　无机成因气

无机成因气是指非生物成因天然气。无机成因气多与宇宙或地球深部地幔、岩浆活动有关,它们沿深大断裂上升至沉积圈中。无机成因气的主要成分有 CO_2、甲烷和稀有气体。由于甲烷具有高氧逸度的不稳定性,故沉积层中无机成因甲烷发现较少,无机成因气以 CO_2为主。

2.2.3　混合成因气

混合成因气是指由两种或两种以上成因类型的天然气混合而成的气体。常见的混合气主要有三类:第一,同一烃源岩不同演化阶段产生的天然气的混合;第二,不同烃源岩生成天然气的混合;第三,有机成因气和无机成因气的混合。

(1) 同一烃源岩不同演化阶段产生的天然气的混合

有机质演化和天然气的聚集成藏都是连续的过程,天然气的聚集往往是有机质在较长演化时期生成的天然气的积累,因此,这种同一烃源岩不同演化阶段生成天然气的混合气普遍存在。

（2）不同烃源岩生成天然气的混合

在同一地区或盆地往往发育有多套气源岩，它们处在不同的生气阶段，所生成的天然气沿相同的运移方向聚集在同一圈闭之中形成混合气。由于我国含油气盆地具有多烃源岩发育的特点，不同烃源岩生成的混合天然气也是常见的天然气类型。

（3）有机成因气和无机成因气的混合

在含油气盆地内，当深大断裂发育、岩浆活动频繁，易形成幔源-岩浆成因的无机气与有机成因气的混合气；在碳酸盐岩发育的含油气盆地，在高温作用下，易形成岩石化学成因的无机气与有机成因气的混合气。

2.3 油型气物理化学特征

油型气在天然气组分、烷烃气碳同位素、二氧化碳碳同位素和轻烃参数等方面具有不同地球化学特征，其中，碳同位素特征存在明显差异，是区别其他成因天然气最有效和最实用的指标。

2.3.1 碳同位素特征

碳同位素特征受控于天然气的母质类型与成熟度。就母质类型而言，相同热演化程度的油型气碳同位素较煤成气轻；同一母质类型形成的天然气随其成熟度的增加碳同位素变重。

根据我国天然气藏实际资料，油型气的 $\delta^{13}C_1$ 分布范围为 $-58‰ \sim -30‰$，主要分布范围为 $-40‰ \sim -35‰$；煤成气的 $\delta^{13}C_1$ 分布范围为 $-52‰ \sim -24‰$，主要分布区间为 $-38‰ \sim -32‰$。

研究表明，不论是煤成气还是油型气，其甲烷碳同位素都与相应烃源岩的演化程度有较好的对应关系，相同热演化程度的煤成气碳同位素高于油型气。因此，许多学者建立了煤成气和油型气的 $\delta^{13}C_1$-R_o 关系。根据天然气碳同位素在煤成气和油型气 $\delta^{13}C_1$-R_o 两条曲线上对应的 R_o 值与实际烃源岩成熟度的符合程度，来判断是煤成气还是油型气。戴金星建立的煤成气和油型气 $\delta^{13}C_1$-R_o 关系如图 2-3 所示，对应的关系式是：

煤成气：$\delta^{13}C_1 \approx 14.12\lg R_o - 34.39$；

油型气：$\delta^{13}C_1 \approx 15.80\lg R_o - 42.20$。

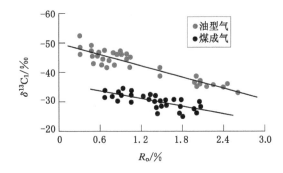

图 2-3 我国煤成气和油型气 $\delta^{13}C_1$-R_o 关系图（据戴金星，1992）

油型气的重烃碳同位素也具有区别煤成气的特征。由于甲烷碳同位素易受成熟度影响,高成熟的油型裂解气与煤成热解气的甲烷碳同位素往往重叠在同一区域内。重烃气的碳同位素具有较强的母质类型继承性,能更有效地区别两类不同母质形成的天然气。宋岩根据我国前陆盆地天然气成因类型,认为油型气 $\delta^{13}C_2$ 值小于 $-29‰$、煤成气 $\delta^{13}C_2$ 值大于 $-26‰$,$-29‰\sim-26‰$ 是煤成气和油型气叠加或混合气的 $\delta^{13}C_2$ 分布区间。

2.3.2　天然气组分特征

腐泥型和腐殖型有机质形成的生物气和裂解气均为干气,油型热解气比煤成热解气重烃含量高,但二者没有明显的界线。

天然气中汞的含量与成气母质有明显的相关性,一般来说,煤成气中的汞含量明显高于油型气,但同一类型的天然气在不同盆地中汞含量变化范围较大。戴金星在煤成气和油型气综合鉴别指标中提出,煤成气汞含量大于 $700\ \mathrm{ng/m^3}$,油型气汞含量小于 $600\ \mathrm{ng/m^3}$。

2.3.3　轻烃特征

油型气的轻烃特征不同于煤成气,主要有 C_7 轻烃系列和苯含量。C_7 轻烃系列化合物包括正庚烷、甲基环己烷和各种结构的二甲基环戊烷,其中,甲基环己烷主要来自高等植物的木质素、纤维素等,其大量存在是煤成气轻烃的特点,一般煤成气甲基环己烷大于 $50\%\pm2\%$,油型气甲基环己烷小于 $50\%\pm2\%$。

油型气中的苯和甲苯含量低于煤成气。油型气的苯和甲苯浓度一般约为 $148\ \mu\mathrm{g/L}$ 和 $113\ \mu\mathrm{g/L}$,而煤成气约为 $475\ \mu\mathrm{g/L}$ 和 $536\ \mu\mathrm{g/L}$。

2.4　油型气在煤矿生产中的主要危害

由于油型气在岩石中主要以游离状态存在,且油型气涌出具有突发性和涌出量特点,在采掘过程中一旦经揭露或裂隙导通便会大量喷出;同时,由于油型气主要气体成分为 CH_4,与煤层瓦斯有一定共性,易被误认为煤层瓦斯,导致油型气涌出具有非常强的隐蔽性,现有的监测监控系统对油型气涌出无较好的预测预报功能,在此情况下含有多种灾害气体的油型气将严重威胁着矿井的安全生产。

（1）油型气对矿井通风的影响

油型气赋存以游离态为主,导致油型气初始涌出量较大,目前黄陵矿区已发生的几次油型气异常涌出均造成瓦斯超限,黄陵二号煤矿 405 工作面油型气异常涌出甚至导致了风流逆转。瓦斯超限就是事故,因此,油型气异常涌出造成的瓦斯超限、风流逆转等通风问题是油型气对矿井安全生产造成的主要影响。

（2）油型气对矿井采掘接续的影响

黄陵二号煤矿 405 综采工作面在回采中底板大面积涌出油型气,造成工作面停产 1 周;413 辅运巷掘进工作面在掘进中出现顶板油型气涌出,迫使矿井进行了生产接续调整;201 辅运巷掘进工作面底板油型气涌出,造成 201 工作面接续推迟 1 个多月。煤油气共生矿井的油型气异常对矿井的采掘接续有重要影响。

（3）油型气对矿井监测监控的影响

油型气成分虽以甲烷为主,但仍含少量其他烃类气体,如乙烷、丙烷对煤矿井下气体监测造成直接干扰,由于其与 CO 气体在鉴定管中均呈红色显示,增加了化验监测难度。同时,研究表明,围岩气中含有的乙烷、丙烷能使甲烷的爆炸临界值降低,油型气涌出严重威胁矿井的监测监控系统的有效性。

（4）油型气对矿井作业环境的影响

油型气涌出通常伴有原油,其进入采掘工作面,使井下工作环境遭到严重污染。原油可侵蚀工人工作衣裤,使胶靴变形,橡胶老化;油气刺激人体视觉、嗅觉器官,使人头晕恶心;尤其有时还含有剧毒的 H_2S 气体成分,严重危及井下工人生命安全。同时,油型气对井下机电设备的密封系统损害很大,特别对水泵损害尤大,增加维修次数,减少其服务年限。同正常无油型气矿井相比较,此项费用支出增加 3～5 倍以上。

总之,煤油气共生矿井油型气涌出对矿井的安全生产有相当严重的危害,在煤矿生产过程中要引起足够的重视。

3　煤油气共生系统地质演化及油气成因类型

3.1　煤油气共生系统地质演化

3.1.1　区域地质演化特征

黄陵矿区位于鄂尔多斯盆地东南部,经历了多期构造运动的叠加与改造,其中加里东期、燕山期构造运动较为强烈。燕山期是研究区的主要变形期,现今鄂尔多斯盆地,包括矿区的构造格架,主要就是在这个时期形成的。黄陵矿区位于鄂尔多斯盆地边缘,中生代以来构造活动、变形较为发育,可见节理、裂缝及小断层,这些节理、裂缝和小断层可改善油气的储层物性,也是油气运移的重要通道。

3.1.1.1　地层格架

（1）富县组

晚三叠世末的印支运动使华北内陆盆地整体抬升,盆地内上三叠统地层遭受较长时期的不均匀侵蚀,在盆地内形成河谷纵横、残丘广布的古地貌景观。富县组现今残余地层主要分布在盆地内鄂托克前旗以南和镇原县以北的大部分地区,残余地层厚度在 0～130 m 之间,由于富县组是在三叠纪末的古河道基础上填平补齐式沉积的,其厚度在古河道发育区明显增厚,比如在环县、华池、吴旗等地区的沉积厚度均大于 80 m,其他地区则小于 40 m。

黄陵二号煤矿井田范围内的富县组厚度分布极不均匀,厚度 0～23.97 m,总体表现为西薄东厚[图 3-1,本章图中代表厚度、距离未具体说明的数据,其单位全为米(m)],这与矿区所处的大地构造位置有关,矿区位于鄂尔多斯盆地东南缘,物源供给主要来源于东侧,因此东部富县组较厚,且东南部较高。

（2）延安组

在现今鄂尔多斯盆地范围内,延安组地层厚度在 160～300 m 之间,厚度变化规律性强,呈现出东薄西厚、南薄北厚的特征。在环县—盐池以西的地区小范围内厚度可达 360 m,为盆地内厚度最大的堆积中心。在吴旗一带也有一个厚度逾 340 m 的堆积中心,在此带以东,厚度依次渐薄,直至延安以南的地区,厚度只有 160 m 左右。此外,在盆地北部的杭锦旗—鄂托克旗一带,也有一个厚度逾 340 m 的堆积中心,由此向南,厚度依次渐薄,在盆地南部彬县—长武地区的龙 1 井和长 2 井,延安组厚度就只有 40 m 左右。尽管延安组顶面也为一古构造面,曾抬升遭受剥蚀,但由于遭受剥蚀的时间相对较短,与三叠纪末的古构造面相比,延安组顶面上的冲蚀河谷和残丘等均不发育,是以整体遭受面状剥蚀为主的较为平坦的古构造面。

由于矿区位于鄂尔多斯盆地东南缘,延安组厚度展布规律与整个鄂尔多斯盆地略有不同,大体表现为南薄北厚,在黄陵二号煤矿井田北部偏东,存在几个堆积中心(图 3-2)。

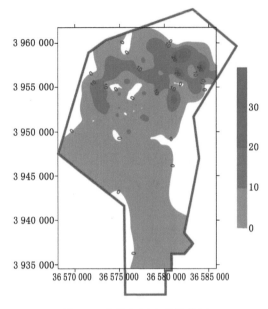

图 3-1　富县组厚度等值线图

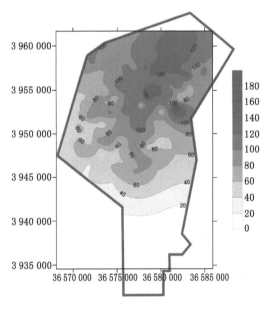

图 3-2　延安组厚度等值线图

3.1.1.2　现今地层构造面貌地层格架

由于整个井田的研究范围较大,传统的编制等值线图的方法已经不能胜任于详细精确地描述延安组各层段底面的构造起伏的变化,为了解决这一技术难题,对地面所有的勘查钻孔、井下取芯孔和油田钻井的分层资料进行整理,采用 Surfer 8 软件的 3D-modeling 技术,恢复延安组下部 2 号煤层、延安组和富县组底面的构造面貌,本部分研究的难点在于涉及钻孔数量多、工作量大,有些地区的地面勘查孔没有钻遇富县组,对研究造成一定困难。

通过模拟可以看出,富县组底板总体呈现出东南高、西北低的特点,在井田西部及北部有较大范围的隆起,由于富县组是在三叠纪末的古河道基础上沉积起来的,所以在矿区内形成了沟壑纵横、残丘广布的古地貌景观(图 3-3)。经过富县组的填平补齐以后,延安组的底面已经较为平整,井田北部较大范围的隆起已经不再明显,地势起伏较富县组小了很多(图 3-4)。2 号煤层的底面构造基本继承了延安组底面特征,地势更加平坦,大致形成了现今的煤层底面格局(图 3-5)。

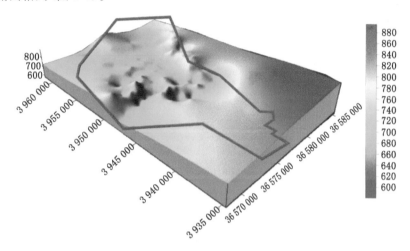

图 3-3　矿区范围富县组现今底面三维构造图

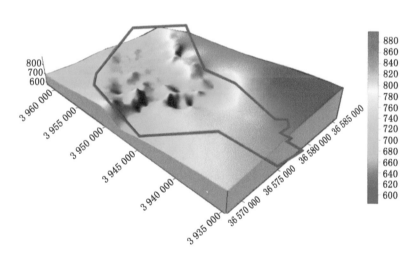

图 3-4　矿区范围延安组现今底面三维构造图

3.1.2　区域热演化特征

盆地热动力演化史控制了油气的生成、运移、聚集及成藏。盆地热动力演化史通过温度的变化,作用于流体,控制了油气运移、成藏过程。

3.1.2.1　现今地温场特征

现今地温场是古地温场发展演化的最后一幕,也是恢复盆地古地温的基础。沉积盆地的现今古地温场是现今岩石圈热结构的反映,不同地区有不同类型的地温场。鄂尔多斯盆地南部地温梯度平均为 $2.9\ ℃/hm$,黄陵地区地温梯度较低,为 $2.6\sim2.7\ ℃/hm$。

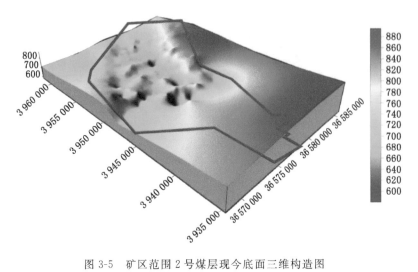

图 3-5　矿区范围 2 号煤层现今底面三维构造图

黄陵地区现今地温总趋势为实测温度随深度的增加而线性升高(图 3-6),为传导型地温场的典型特征。实测地层温度(T)与深度(H)的回归关系式为 $T=0.026H+10.45$。其中,T 为地层温度($℃$),H 为深度(m),10.45 为黄陵地区地表温度($℃$)。由回归关系式可知黄陵地区现今地温梯度为 2.6 $℃/hm$,低于全球平均地温梯度(3.0 $℃/hm$)。

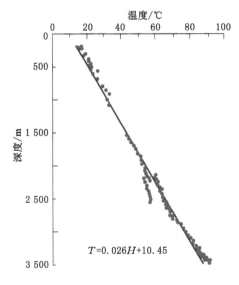

图 3-6　黄陵地区地温与深度关系对比

3.1.2.2　现今大地热流分布

通过收集研究区的热导率还有相对应的地温梯度,采用 $Q=-KG$(式中 G 为研究区地温梯度值,K 为研究区热导率平均值),即可计算得到大地热流值。计算得到的大地热流值比地温梯度和地层温度更能全面反映区域地热场特点。

鄂尔多斯盆地属于稳定地台的类克拉通盆地,大地热流值比较低,有稳定的热流分布特点,属于中温型地热场,接近全球平均热流值。

黄陵地区代表性地温梯度为 2.6 ℃/hm,资料显示,黄陵地区平均岩石热导率为
2.54 W/(m·K),由岩层热导率与垂向地温梯度的乘积求得黄陵地区的大地热流值为
66.04 mW/m²,高于整个鄂尔多斯盆地的平均值(61 mW/m²)。

3.1.2.3　热演化程度分析

盆地动态热体制的研究主要是沉积盆地热历史的重建或恢复,沉积地层中有机质、流体
等许多地质客体可以记录古地温及其热演化历史,即可以利用古温标或古地温计来反演地
层的热演化历史。目前主要利用镜质体反射率(R_o)方法对研究区古地温场进行研究。

镜质体是指高等植物的木质素经生物化学降解、凝胶化而形成的凝胶体,是沉积岩中常
见的有机质。镜质体本身属于Ⅲ型干酪根,在煤和碳质泥岩中含量最高。地质研究表明,某
一深度地层中镜质体反射率(R_o)的大小主要受其所在地层的埋藏史和地温梯度的控制,当
研究区埋藏史确定之后,随热演化程度增加而增大,但反过来却不会因热演化程度减弱而
减小。

86 组镜质体反射率数据表明:20 组数据由于颗粒较少或无可测颗粒,结果可信度不高,其
余 66 组数据测点数符合要求,结果可靠。其中延安组共测得 17 组数据,测值为 0.62%～
0.86%(煤样),平均 0.67%(不包含煤样);富县组共测得 9 组数据,测值为 0.49%～0.78%,平
均 0.63%;瓦窑堡组共测得 40 组数据,测值为 0.50%～0.85%,平均 0.70%,干酪根整体处于
低成熟阶段(表 3-1)。

表 3-1　烃源岩有机质成烃演化阶段划分(许怀先等,2001)

演化阶段	未成熟	低成熟	成熟	高成熟	过成熟
R_o/%	<0.5～0.6	0.5～0.8	0.8～1.3	1.3～2.0	>2.0

将地面钻孔采集到的镜质体反射率数据绘制成 R_o-H 关系图(图 3-7),从图中可以看
出,镜质体反射率值整体随深度的增加而增大,线性变化趋势不太明显。但对于同一钻孔来
说,镜质体反射率值和深度的线性关系比较明显,如 HLDM-3 号钻孔。

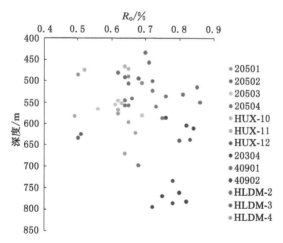

图 3-7　黄陵二号煤矿镜质体反射率与深度关系

3.1.2.4　最大古地温恢复

地质研究表明,有机质在经历 1～10 Ma 的时间后成熟度达到稳定,在成熟度达到稳定后,只增加加热时间,并不能增加其成熟度。而一般情况下我们研究的盆地系统大多是在小于最大古地温 15 ℃ 以内的范围,大多数经历了大于 1 Ma 的时间,足以使有机质热成熟度达到稳定,因此可以用镜质体反射率(R_o)来确定最大古地温(T_{max})。

巴克(Barker)和帕韦尔维茨(Pawlewicz,1986)利用世界上 35 个地区的多个腐殖型有机质的镜质体反射率平均值 R_m 及其对应的最大温度 T_{max},建立了两者的回归方程 $\ln R_o = 0.096 T_{max} - 1.4$,用此来估算最大温度,回归方程的相关系数 $R^2 = 0.7$,表明 R_o 与 T_{max} 相关性十分密切。

采用上述公式和实测地面钻孔的镜质体反射率数据,去除煤样和不可靠数据(颗粒较少),求得各时代地层经历的最大古地温,瓦窑堡组为 128.90 ℃,富县组为 119.95 ℃,延安组为 111.61 ℃。以地面油型气勘查钻孔 HLDM-3 号孔为例,将古地温(T)和深度(H)数据作图,结果发现二者有较好线性关系(图 3-8)。

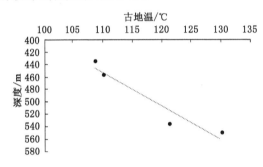

图 3-8　HLDM-3 号钻孔古地温与深度关系图

3.1.2.5　热演化史恢复

沉积盆地烃源岩热演化史反映了盆地的热历史,对含油气盆地(含瓦斯矿井)地热史恢复是盆地分析和油气(瓦斯)评价的关键环节。

根据鄂尔多斯盆地南部地区沉积地层的埋藏史,以古地温梯度演化及关键点的古地温梯度值作为重要约束条件,建立鄂尔多斯盆地南部地区古地温演化模型,从而模拟其热演化史。鄂尔多斯盆地南部地区古、今地表温度取 20 ℃,关键点古地温梯度代表值:早古生代为 2.7～3.0 ℃/hm,晚古生代-中生代早期为 2.8～3.4 ℃/hm,中生代晚期古地温梯度代表值为 3.3～4.4 ℃/hm,新生代以来为 2.5～3.1 ℃/hm。

本次研究使用 BasinMod 盆地模拟软件,用 Lopatin 成熟度模型,采用 $EASY\%R_o$ 法对代表井进行热史模拟,通过不断地调整参数,直至计算的 R_o 值和实测值达到最佳拟合为止。

模拟结果表明(图 3-9),中生代早期地温梯度较低,中生界地层埋藏较浅,地层热演化程度低,油气未成熟。燕山旋回,由于地层持续拗陷造成的埋深热和燕山运动岩浆岩侵入引起的构造热事件(100～120 Ma),而使得地温梯度迅速升高,提高了中生界三叠系延长组烃源岩的成熟度,在 97 Ma 左右达到生油高峰期。燕山旋回以后,黄陵地区整体大幅度抬升,地温梯度减小,烃源岩埋深变浅,生烃作用逐渐减弱或停止。即研究区在古生代-中生代早期古地温梯度比较低,随后逐渐增加,到中生代晚期地温梯度达到最高,晚白垩世以来地温梯度又逐渐降低。中生代晚期古地温、古地温梯度高于现今值。

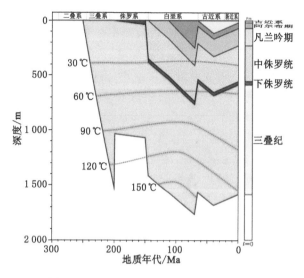

图 3-9　HLDM-3 号钻孔热演化史模拟图

3.1.3　中生代构造演化史分析

晚三叠世延长组为鄂尔多斯盆地发育的鼎盛时期,其演化经历了初始沉降、加速扩张、最大湖泛、湖盆萎缩及消亡的完整的水进、水退过程(图 3-10)。长 7 沉积期,盆地快速沉降,湖盆面积达到最大,研究区全部为湖泊,沉积了一套厚度大、有机质丰度高的暗红色泥岩和油页岩,俗称"张家滩页岩",为延长油层组的主力烃源岩。至长 1 沉积期,湖盆发生大面积沼泽平原化,形成了盆地上三叠统"瓦窑堡煤系"。

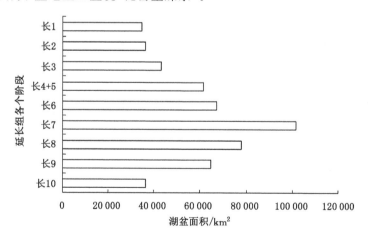

图 3-10　鄂尔多斯盆地延长组各个时期湖盆面积变化图(据曹红霞,2007)

晚三叠世末—早侏罗世,其时限距今大致在 195～180 Ma,盆地整体不均匀抬升。区域上延长组与上覆侏罗系之间存在平行不整合或角度不整合,局部地区可能发生褶皱变形。黄陵地区缺失长 5 段地层,表明盆地南部晚三叠世末期抬升高,剥蚀强烈,局部地区最大剥蚀厚度超过 200 m。受此次差异抬升剥蚀的影响,盆地形成高低起伏、交错有序的沟、洼、坡、阶、塬、丘侵蚀地貌。

延安组为重要的含油、成煤建造。沉积早期由辫状河向曲流河演变,以河流相为主;中期河湖三角洲沉积发育;晚期主要为网状河-残余湖相。该时期沉积范围较延长期在东西向有所收缩,但向东北明显扩张。黄陵地区发育有规模不大的局限湖,湖泊沉积主要为湖相泥岩、砂岩。各期泥炭沼泽相发育,成煤条件好,分布范围广。煤层分布受沉积环境控制明显,主要煤层随湖盆水体加深变薄,在沉积中心一带缺失,地层厚度变化较小,表明构造环境稳定,为大陆内陆拗陷盆地发育时期。

延安期末,盆地抬升、沉积间断,其与上覆直罗组砂岩之间的侵蚀不整合明显。经差异剥蚀后,延安组顶部总体显南老北新特征,表明剥蚀南强北弱的特点,这与侏罗纪沉积前延长组顶面西南部抬升高、剥蚀强、地层老的特征明显不同。这期变动不强烈,延续时间较短,距今大致发生在 $170 \sim 165$ Ma,最大剥蚀量 200 余米。

直罗期-安定期沉积范围比前期有所缩小,但仍较为广阔。直罗期沉积时水体总体较浅,岩性比较单调,早期以辫状河沉积为主,中晚期以曲流河和交织河沉积为主。安定期湖区范围扩大,湖相沉积早期以页岩、油页岩、砂泥岩为主,中期可达较深湖相,晚期浅湖区广泛发育碳酸盐岩。安定组和直罗组之间多为整合接触,偶见假整合。该期总体构造环境较为稳定,反映了大陆内陆拗陷型盆地的发展演化及萎缩消亡的时期。

晚侏罗世,盆地中东部地层抬升、遭受剥蚀,研究区多处缺失晚侏罗世沉积,下白垩统直接不整合于直罗组之上,安定组多被剥蚀掉。早白垩世末期的构造变动时间一直持续到早白垩世初期。

经历了晚侏罗世-早白垩世初期抬升剥蚀以后,盆地又开始发生沉降,较广泛地接受沉积,但沉积边界总体较中侏罗世缩小。早白垩世末期,盆地整体开始抬升,遭受剥蚀,盆地走向消亡。

3.1.4 煤油气共生系统演化主要事件

鄂尔多斯盆地经历了与周边地体之间的反复拉张、裂解与离散、挤压、聚敛与造山,伴以交替的走滑变形,其中包括前寒武纪的阜平、吕梁、晋宁等 3 个造盾期和 8 次重要的构造运动,以及显生宙以来的加里东、海西、印支、燕山和喜山等五大构造旋回和多阶段的拉张-扭动及其反转作用,在不同时期和不同地域表现出明显的差异,反映了鄂尔多斯盆地形成和演化的复杂特点。

3.1.4.1 印支运动

印支运动在鄂尔多斯盆地主要发生了两次,其中晚三叠世发生的印支运动不仅使盆地抬升、消亡,同时还使三叠系顶面遭受强烈风化、剥蚀与切割,从而形成丘陵起伏、阶地连绵、沟谷纵横、坡凹漫延的古地貌景观,它对中生代煤层的发育、油气的聚集与分布起着非常重要的控制作用。

(1) 对聚煤作用的影响

印支期的聚煤作用发生在瓦窑堡组沉积时期,由于受活跃的构造背景控制,引起垂向上成煤作用和无机碎屑沉积作用的频繁交替,而造成煤层层位多,厚度薄的现象。全盆地范围内,瓦窑堡组共含煤 50 余层,仅在盆地中部的横山、子长一带发育可采煤层,黄陵地区在该层位无可采煤层。

（2）对油气聚集的影响

印支运动使瓦窑堡组顶面遭受风化剥蚀,随后接受了侏罗系河流砂砾岩的充填或"填平补齐"式的沉积。其中在侏罗系早期侵蚀谷中发育的河流砂岩,岩性以中粗粒砂岩为主,砂体展布广、厚度大、物性好,是相对较好的储集层。由于印支运动表现出的西强东弱,延长组侵蚀不整合面大致以吴旗—华池南北一线为界,以西抬升高,剥蚀量大,局部剥蚀到长4+5地层,移动则平缓抬升,剥蚀量小,如黄陵地区长1地层仍然保持。这种不整合运动导致延长组剥蚀的差异性造成中生界延长组油气和侏罗系油气在纵向上运移和平面上分布的不同。对于研究区来说,长1剥蚀量较小,形成了延长组烃类向侏罗系大规模垂向运移的阻隔层,且侏罗系底部河道砂体发育较差,因此在研究区的侏罗系不能形成大规模的油气田,但小规模的砂岩透镜体和砂岩层会形成一些零星分布的油气聚集区,对矿区的安全生产会产生较大影响。因此,印支不整合面对中生界油气藏的形成贡献主要表现为对侏罗系砂岩储集层的形成和对延长组顶面的改造作用。

3.1.4.2 燕山运动

燕山运动是华北地区一次非常重要的地壳运动,活动期间为侏罗纪到白垩纪,一般划分为3期,其中包括5次构造幕。燕山构造运动对盆地产生了明显的影响,其中Ⅱ、Ⅳ、Ⅴ幕比较重要。第Ⅱ幕发生于延安组与直罗组之间,使盆地南部延安组上部遭受剥蚀。第Ⅳ、Ⅴ幕发生于芬芳河组与下白垩统之间和早白垩世之后,前者造成下白垩统与下伏地层广泛不整合,后者导致盆地周边断裂向盆内对冲,盆地东隆西坳的构造格局定型,从而形成以断褶带为镶边的鄂尔多斯盆地轮廓。

延安组聚煤规律主要受燕山活动造成的盆地整体沉降构造背景控制下的沉积作用决定,早中侏罗世构造活动相对较弱,盆地整体下沉,为聚煤作用提供了稳定的构造环境,形成了一套以滨湖三角洲和河流冲积平原沉积为主的含煤岩系,即延安组煤系。而燕山运动对油气的影响更为重要,它控制了晚古生代煤层变质作用、烃源岩成熟度以及延长组生油岩的生油窗。

鄂尔多斯盆地作为一个大型克拉通叠合盆地,多种构造体质的演化决定了盆地多种沉积体系的叠加。不同构造活动发育下的不同沉积构造体系及空间配置为鄂尔多斯盆地多种能源矿产的形成,特别是多层系成煤、多层系生油气奠定了可靠的地质基础。鄂尔多斯盆地多种能源共存、富集及其组合形式,与盆地形成演化过程密不可分,不同沉积构造环境间的相互结合及有机配置,形成了多时代的含煤、油气系统,塑造了鄂尔多斯盆地的能源矿产分布特色。

3.1.5 煤油气共生富集形式

鄂尔多斯盆地蕴藏着丰富的煤、石油、天然气资源。在纵向上,煤主要分布在上古生界的石炭、二叠系及中生界的三叠系和侏罗系,石油主要分布在三叠系延长组和侏罗系,天然气除直罗油田三叠系油顶气藏以外,绝大部分分布于上古生界和下古生界(图3-11)。鄂尔多斯盆地油气分布整体具有"上油下气、南油北气"的特点。在黄陵矿区内,煤主要分布在中侏罗统延安组下部,石油和天然气主要分布在三叠系延长组和侏罗系部分地层中。

通过收集整理前人对鄂尔多斯盆地煤、石油、天然气的时空分布规律研究,在地质条件研究和评价的基础上,总结出黄陵矿区主要有以下几种多种能源共存富集形式。

（1）油中气

地层		代号	煤	油	气
新生界		Q			
		N+E			
中生界		K			
		J	■	●	⊙ ≡
		T	■	●	⊙
古生界	上古	P	■		○ ≡
		C	■		≡
		D	地层缺失		
	下古	S			
		O			○
		Є			

注：■ 煤；● 石油；⊙ 溶解气；○ 气层；≡ 煤层气

图 3-11　鄂尔多斯盆地已发现油、煤和气层位分布图(李江涛,2005)

油中气主要是指天然气(狭义)以溶解气的形式存在于石油中的油、气共存富集形式,常见于饱和或过饱和油藏中。其特点是重烃气含量高,有时可达 40%。天然气的含量不等,少则每吨含几至几十立方米,多则每吨可达几百至上千立方米。

（2）上气下油(油顶气)

上气下油指天然气与石油共存,且其中的天然气呈游离气顶状态的油、气共存形式。天然气在成因和分布上均与石油关系密切,重烃的含量可达百分之几到几十,仅次于甲烷。

（3）煤中气

煤中气主要是指由煤系地层产生并以吸附状态为主储存于煤层的一种非常规天然气与煤层的共存富集形式。

（4）煤、石油和天然气独立富集

矿区内煤、石油和天然气之间虽然有多种共存富集的形式,但更多的是以独立富集的形式产出的。

3.2　油气来源分析

3.2.1　烃源岩分析

3.2.1.1　侏罗系烃源岩

（1）有机质成熟度

测得延安组有机质成熟度为 0.62%～0.86%(煤样),平均 0.67%(不包含煤样);富县组有机质成熟度为 0.49%～0.78%,平均 0.63%;瓦窑堡组顶部有机质成熟度为 0.50%～0.85%,平均 0.70%,干酪根整体处于低成熟阶段(图 3-12),整体生油气的效率比较低。因此,延安组、富县组和瓦窑堡组顶部的泥岩层从热演化方面不具备大量生油气的条件。

但是对于煤层来说,其本身是很好的气态烃烃源岩,在煤化作用过程中,Ⅲ型干酪根的

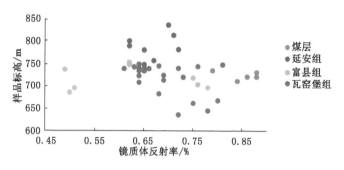

图 3-12　研究区镜质体反射率测试结果

生气过程是连续的,镜质体反射率从 0.5% 到 4.0% 的各个演化阶段都有天然气的生成,小于 0.5% 时在微生物的作用下生成生物气,大于 0.5% 时可热解形成热成因气。黄陵矿区属热成熟度达 0.86%,已具备生气潜力。煤层中赋存的气体相当部分为自生自储,也有部分逸散到围岩中。

(2) 有机碳含量

根据有机碳含量测试数据(图 3-13)可知:延安组二段泥岩大多为中等有机质丰度烃源岩,2 号煤层底部泥岩属非烃源岩,富县组泥岩属非烃源岩,瓦窑堡组上部大部分属于差有机质丰度烃源岩。从有机质丰度上来看,延安组底部、富县组和瓦窑堡组上部泥岩都不是良好的烃源岩。

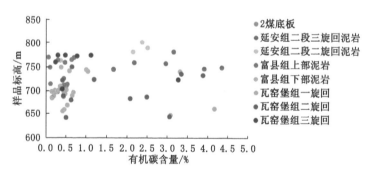

图 3-13　有机碳含量测试结果

3.2.1.2　三叠系烃源岩

鄂尔多斯盆地延长组属于大型内陆湖盆沉积,油源充足,在沉积过程中形成一套深湖-半深湖相富含有机质的暗色泥岩,具有连续沉积厚度大、层位稳定、生油母质类型好、全盆地范围可稳定追踪对比的特点。有机质是以藻类为主的湖生低等生物,其干酪根类型为混合型至腐泥型,盆地中烃源岩具有较高产烃能力(张文正,2001)。盆地中有效生油岩呈北西-南东向倾斜展布,长 10 至长 8 期盆地总体处于河流、三角洲、滨浅湖及沼泽等沉积环境,地势相对平坦,仅仅在志丹—富县一带发育油页岩,俗称"李家畔页岩";长 7 期沉积中心为华池—正宁—黄陵一带,沉积了一套厚度大、有机质丰度高的暗色泥岩和油页岩,俗称"张家滩页岩",范围约 9×10^4 km²。长 7 烃源岩一般厚度大,有机碳含量为 2.45%~5.81%,氯仿沥青"A"含量为 0.254%~0.506%,总烃(HC)为 0.040 71%~0.575 45%,平均为 0.244 57%。盆地中生界累计总生油量为 1 091 亿 t,总排油量为 845 亿 t。丰富的油源为延长组石油富集成藏奠定了雄厚的物质基础。盆地生烃强度高值区与深湖区范围基本一致,黄陵二号煤矿所在区域生烃强度在 4×10^6 t/km² (图 3-14)。

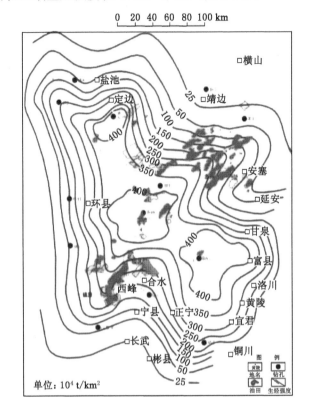

图 3-14 鄂尔多斯盆地中生界生烃强度图

鄂尔多斯盆地南部烃源岩累计厚度大,累计厚度达 140～240 m,有效烃源岩厚度达 20～100 m,不同湖泛面形成多层烃源岩。黄陵矿区位于数层烃源岩叠合分布深湖区范围,这正是本区存在油气显示根本原因。

3.2.2 油源对比

鄂尔多斯盆地煤有机质丰度较低,显微组分中的壳质组含量低,且尚处于低成熟—未成熟阶段,属于差生油岩。生烃和排烃模拟实验表明(姚素平等,2004)(图 3-15):侏罗系煤的生烃能力有限,难以形成工业油藏。侏罗系本身煤系烃源岩不具备生成工业油流的能力。

烃源岩评价和油源对比分析表明,中生界石油主要来自延长组下部(长 4+5～长 9),特别是长 7_3 段优质烃源岩。研究证明这些高阻泥岩是高效烃源岩,Ⅰ型或Ⅱ型干酪根,具有有机质丰度高(TOC>10%),生烃强度大(氯仿沥青"A"含量>0.6%、H_c>400 kg/t)的特征(图 3-16)。

油-岩对比研究所获得的认识较为一致(陈安定,1984;张文正等,1997),认为侏罗系与三叠系原油地球化学特征相似(图 3-17～图 3-19),油源岩为延长组长 4+5～长 8 段半深湖-深湖相暗色泥页岩,特别是长 7 段优质烃源岩,而与侏罗系煤系烃源岩相差甚远。

3.2.3 油气运移通道

地球物理方面的证据证实了鄂尔多斯盆地内存在基底断裂系统(邸领军,2000;赵文智,

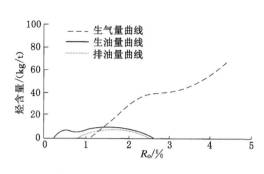

图 3-15　延安组煤的热模拟生烃
曲线图（据姚素平等,2004）

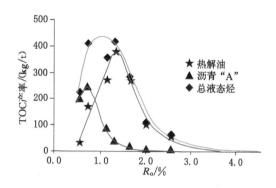

图 3-16　解 674 井长 7 油页岩热模拟
液态烃产率曲线

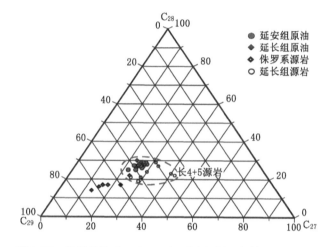

图 3-17　规则甾烷 C_{27}、C_{28}、C_{29} 三角图（据段毅等,2007 修改）

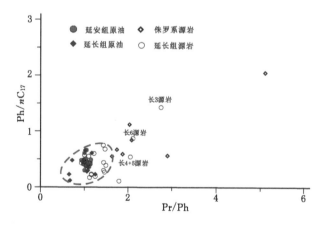

图 3-18　油-岩 Pr/nC_{17} 与 Pr/Ph 比值关系图（据段毅等,2007）

2003），认为鄂尔多斯盆地内至少存在 EW、NE、NW 三组不同方向的基底断裂（图 3-20）。这些断裂的"隐性"活动及其活动过程中产生的小断层和微裂缝,区域上构成了油气垂向运移的通道,目前油田地震勘探已证实地层中垂直裂缝的存在。

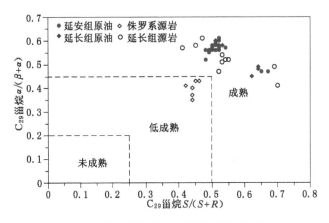

图 3-19 C$_{29}$甾烷异构化参数特征(据段毅等,2007)

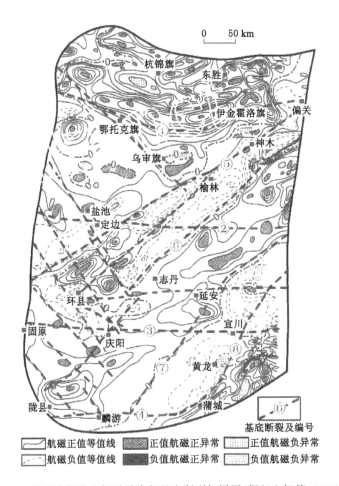

图 3-20 鄂尔多斯盆地航磁异常与基底断裂解译图(据赵文智等,2003)

　　沿基底断裂带附近发育的垂直裂缝有利于侏罗系油气聚集,例如,陕北沿大同—环县基底断裂一线,侏罗系油藏呈串珠状分布,表明裂缝系统对侏罗系油气聚集有贡献。该区长4+5、长6油藏大多含水高,产能低,推测油气大多沿垂直裂缝运移到了上覆侏罗系(长庆油田,2004)(图3-21)。

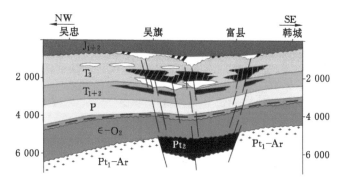

图 3-21 油气垂向运移示意图(长庆油田,2004)

另外,像黄陵二号煤矿这样的局部区域,地层中规模较小的天然断层、裂隙同样是下部瓦窑堡油气向上部侏罗系地层短距离运移的通道,在保存条件合适的地方,可能形成圈闭。一旦煤炭开采导致地应力发生改变,在煤层下伏岩层形成松动圈,松动圈中大量发育裂隙,油气的储藏平衡状态就会被打破,可能造成大量气体涌入采掘空间。

3.3 油气成因类型

3.3.1 气体样品采集及测试结果

采集黄陵二号煤矿井田范围内顶板气、煤层气(3号煤层和2号煤层)、底板气、采空区气及地面油井气气体样品,采用《质谱分析方法通则》(GB/T 6041—2002)进行气体碳同位素、氢同位素的测定。黄陵矿区不同层位气体碳同位素、氢同位素的测试结果见表3-2。

表 3-2 气样同位素检测结果统计

气样类型	甲烷 $\delta^{13}C$ /‰	甲烷 δD /‰	乙烷 $\delta^{13}C$ /‰	重烃(C2+) 含量/%
顶板气	$\dfrac{-66.5\sim-49.1}{-57.2}$	$\dfrac{-262\sim-131.2}{-220.49}$	$\dfrac{-34.9\sim-21.2}{-31.7}$	$\dfrac{0\sim38.93}{8.49}$
2号 煤层气	$\dfrac{-70.30\sim-52.20}{-61.31}$	$\dfrac{-267.9\sim-163.9}{-240.41}$	$\dfrac{-33.74\sim-23.95}{-29.05}$	$\dfrac{0\sim6.68}{0.97}$
3号 煤层气	$\dfrac{-67.6\sim-45.2}{-58.3}$	$\dfrac{-271.8\sim-256.4}{-265.7}$		$\dfrac{0\sim6.68}{0.97}$
底板气	$\dfrac{-60.55\sim-45.80}{-51.45}$	$\dfrac{-256.4\sim-201.70}{-232.9}$	$\dfrac{-38.8\sim-29.01}{-32.4}$	$\dfrac{0\sim20.9}{1.79}$

3.3.2 油气成因类型判别

3.3.2.1 判别指标

天然气成因类型分为无机成因气、有机成因气和混合成因气三大类型。有机成因气是指由沉积岩中的集中或分散有机质通过作用、化学作用和物理作用形成的气体,有机成因气又可根据其母质类型和热演化程度进行次一级的成因类型划分。无机成因气是指非生物成因天然气。混合成因气是指由两种或两种以上成因类型的天然气混合而成的气体。常见的混合气主要有三类：第一，同一烃源岩不同演化阶段生产的天然气的混合；第二，不同烃源岩生成天然气的混合；第三，有机气和无机气的混合。

无机成因气的主要判别指标为 $\delta^{13}C_{CO_2}$ 测值，通常来讲，无机成因气的 $\delta^{13}C_{CO_2}$ 值大于 $-8‰$，主要为 $-8‰\sim-3‰$，有机成因气的 $\delta^{13}C_{CO_2}$ 值小于 $-10‰$。本次研究采集的样品的 $\delta^{13}C_{CO_2}$ 值介于 $-40.2‰\sim-11.5‰$ 之间（图 3-22），均小于临界值 $-10‰$，因此，黄陵矿区样品不存在无机成因气。

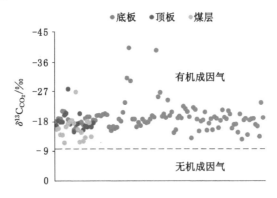

图 3-22　黄陵矿区 $\delta^{13}C_{CO_2}$ 分布图

有机成因气根据其母质类型划分为煤成气和油型气。煤成气（又称煤型气）指腐殖煤及腐殖型煤系有机质在变质作用阶段形成的天然气；油型气是指成油有机质（腐泥型和混合型干酪根）在热力作用下以及石油热裂解形成的各种天然气，主要包括石油伴生气、凝析油伴生气和热裂解干气。由于腐泥型和腐殖型母质生成的生物气特征相似，难以区别，故天然气成因类型鉴别中所讲的油型气和煤成气分别指由腐泥型和腐殖型母质在成熟-过成熟演化阶段所形成的油型热解气、油型裂解气和煤成热解气、煤成裂解气。

气体运移对重烃含量影响明显，然而同位素在运移过程中未发生改变，可以用来评价运移气体的成因和源岩性质。

烷烃气碳同位素是判别各类天然气成因最有效的指标，也是常用指标，其受控于天然气的母质类型与成熟度。天然气中甲烷碳同位素取决于有机质类型及热成熟度。就母质类型而言，相同热演化程度的煤成气碳同位素较油型气重；同一母质类型形成的天然气随其成熟度的增加碳同位素变重。

图 3-23 和图 3-24 为综合考虑甲烷碳同位素与重烃气、甲烷 δD 等其他几个参数相关性所用于成因鉴别的图版，这些图版是通过世界不同盆地的 500 种天然气数据总结得到的（AAPG，1984）。本报告即利用图 3-23 中图版（甲烷 $\delta^{13}C$ 与 C_{2+} 含量判识图版）和图 3-24 中图版（甲烷 $\delta^{13}C$ 与甲烷 δD 判识图版）作为判识黄陵二号煤矿气体成因类型的指标。

3.3.2.2　成因类型分析

将 2 号煤层、3 号煤层及 2 号煤层顶底板等不同部位的气体样品气成分、碳同位素和氢同位素测定结果进行统计并投图（图 3-23 和图 3-24），进行不同层位气体的成因类型分析。

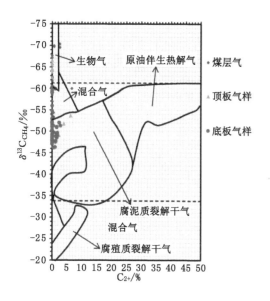

图 3-23　甲烷 δ^{13}C～C_{2+} 含量判识图版

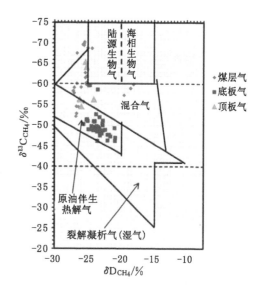

图 3-24　甲烷 δ^{13}C～δD 判识图版

从甲烷 δ^{13}C 与重烃含量（C_{2+}）关系图（图 3-23）可以看出，顶板气样主要为生物气（7 个点），其次为腐泥质裂解干气（4 个点）及少量生物气-腐泥质裂解干气混合气（1 个点）；煤层气样主要为生物气（11 个点）、混合气（10 个点）及少量腐泥质裂解干气（3 个点）；底板气样主要为腐泥质裂解干气（74 个点），其余全部为混合气（27 个点）（表 3-3）。

表 3-3　甲烷 δ^{13}C～C_{2+} 含量图解法气体成因类型判识结果表

气样类型	成因类型		
	生物气	混合气（生物气-腐泥质裂解干气）	油型气（腐泥质裂解干气）
顶板气	7	1	8
煤层气（2 号煤和 3 号煤）	11	10	3
底板气		27	74

从甲烷 δ^{13}C 与甲烷 δD 关系图（图 3-24）可以发现，顶板气样主要为陆源生物气（3 个点），其次为原油伴生气（2 个点）和混合气（1 个点）；煤层气样主要为陆源生物气（15 个点），其次为混合气（10 个点）和原油伴生气（5 个点）；底板气样主要为原油伴生气（43 个点），含少量混合气（3 个点）（表 3-4）。

表 3-4　甲烷 δ^{13}C～δD 图解法气体成因类型判识结果表

气体类型	成因类型		
	生物气	混合气（生物气-原油伴生气）	油型气（原油伴生气）
顶板气	3	1	2
煤层气（2 号煤和 3 号煤）	15	10	5
底板气		3	43

对两种图版所判识的顶板、煤层及底板气的主要成因类型进行综合分析(表 3-5),可以得出:黄陵矿区煤层气的主要成因类型为生物气以及生物气-油型气混合气;顶板气主要成因类型为生物气、油型气(含少量混合气);底板气成因类型主要为油型气。

表 3-5　黄陵矿区不同层位气体成因类型综合判定表

气体类型	甲烷 $\delta^{13}C \sim C_{2+}$ 图版判识结果	甲烷 $\delta^{13}C \sim \delta D$ 图版判识结果	综合判识结果
顶板气	生物气、油型气	生物气、油型气	生物气、油型气(含少量混合气)
煤层气(2 号煤和 3 号煤)	生物气、混合气	生物气、混合气	生物气、混合气
底板气	油型气、混合气	油型气	油型气

4 油型气储集层综合勘查方法与技术

4.1 立体综合勘查技术思路

黄陵矿区地质勘探工作开展较早,自20世纪50年代至今,已经进行了各种不同程度的地质勘探工作。目前,在黄陵二号煤矿井田范围内统计到的勘查钻孔共有163个,但这些钻孔均以找煤为主,大部分钻孔终孔位置为2号煤层底板以下10～20 m,揭穿2号煤层下部地层厚度超过50 m的勘探钻孔仅11个,对2号煤层下部地层的控制程度有限。另外,由于前期煤田地质勘查钻孔对油型气关注程度不足,未进行油型气储集层含气性探测及相关参数测试分析工作,故前期矿区对油型气的勘查程度严重不足。目前若采取常规的地面钻探勘查技术,面临所需工程量大、工期长、投资成本高等,因此,油型气(瓦斯)勘查应在分析油井、煤田地质勘查钻孔揭露油气层的基础上,实施有针对性的勘查工程。勘查工程的实施应充分考虑利用已有的钻探、物探等勘查资料(地面勘查钻孔、三维地震资料、地面油井资料)进行资料处理与再解译,分矿区(井)、采区、工作面等三个不同尺度实施油型气(瓦斯)的综合勘查,即"三区联动"油型气(瓦斯)综合勘查。"三区联动"油型气(瓦斯)综合勘查技术框架见图4-1。

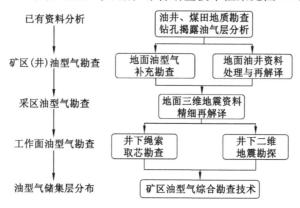

图 4-1 "三区联动"油型气(瓦斯)综合勘查框架图

4.2 钻 探

4.2.1 地面钻探

4.2.1.1 勘查目的

由于以往勘查钻孔对油型气及2号煤层下伏地层的控制程度有限,未进行油型气储集

层含气性探测及相关参数测试分析工作。根据生产实际需要,实施了油型气补充勘查工程,其目的为:

(1)研究黄陵二号煤矿井田范围内2号煤层顶、底板50 m范围内的围岩岩性组合特征。

(2)探查异常瓦斯(油型气)储层的厚度、岩性组合及含气性等地质信息,掌握储层和盖层的分布,研究油型气赋存规律。

(3)查明背斜、向斜、断层等构造因素对油型气赋存的控制作用,研究油型气赋存主控因素。

4.2.1.2 工程量设计

依据地面油型气勘查工程布置原则,在二、四盘区布置6个地面勘查钻孔,均为地质勘查孔,其布置如图4-2所示。

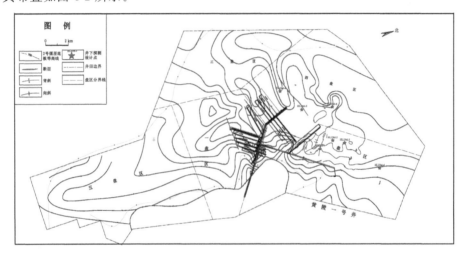

图4-2 地面油型气补充勘查钻孔布置图

4.2.1.3 工作内容及要求

(1)钻探工程

井身结构及质量要求:设计采用二开井身结构,如图4-3所示。一开采用ϕ165 mm钻头,钻至松散层以下10 m后,下入ϕ127 mm表层套管,封固地表疏松层,建立井口,固井水泥浆返至地面;二开采用ϕ95 mm钻头,钻进至终孔层位,完成各项参数测试后,并确定无其他利用价值时,按照《煤炭地质钻探规程》(MT/T 1076—2008)进行钻孔封闭。

井身质量要求:根据钻井地质要求,结合本区地层特点,要求该井井身质量:孔斜每百米≤1°,全井最大孔斜≤2.0°,井底水平位移≤10 m,全角变化率≤1.2°,全井孔径扩大率<15%,煤层段孔径扩大率<25%。

取芯要求:钻孔全孔取芯,2号煤层顶板以上50 m至终孔位置采用绳索取芯钻进,要求取芯直径≥60 mm,岩芯收获率≥85%,煤芯收获率≥90%。为减少煤(岩)芯在起出过程中的气体损失量,提升时间限定为:取芯内筒从提芯开始至出井口时间≤0.02 min/m×H(H为井深,m)。

钻井液要求:一开钻进钻井液配制以防塌、防漏为目的,使用常规泥浆,根据现场实际情况进行调整,必要时加入降失水剂和稀释剂,以保证正常钻进,提高钻效。二开钻进钻井液配制以防塌、防目标层污染为目的。目标层揭露后采用低固相钻井液钻进,钻井液密度不大于 1.05 g/cm³,必要时适当加入钾盐、胺盐等防塌处理剂,加入絮凝剂提升岩屑上返能力,以达到安全钻进的目的。

钻井工程质量要求:钻井工程质量严格按照《煤炭地质勘查钻孔质量标准》(MT/T 1042—2007)和钻井设计进行验收。

（2）地质录井

气测录井:气测录井主要监测第四系以下地层的含气情况。要求每米记录一个点,特殊情况加密记录;全烃为连续记录曲线,每米选最高值记录到原始记录上;无异常时,组分分析每 4 h 至少进行一次,如发现异常或钻时明显变低时,必须连续分析。发现气测异常时,立即停钻循环观察,加密测量钻井液密度、黏度,观察气显示情况、钻井液池面和体积变化。钻遇气显示时,及时抽取样品做点试验,做好记录,并取样做全脱分析,现场提供组分数据和初步解释成果。

岩、煤芯录井:岩、煤芯录井主要是对取芯钻进中钻取的岩、煤芯进行分层、鉴定与描述,达到建立岩性剖面的目的,岩、煤芯录井应严格按照《煤层气地质录井作业规程》(Q/CUCBM 0201—2002)要求执行。

岩屑录井:第四系不捞砂样,但必须判定基岩界面,进入基岩后,非含煤地层 2～4 m 捞取 1 包,含煤地层 1～2 m 捞取 1 包,每次取样量干重不得少于 1 000 g。严格按照迟到时间定点捞砂,并将岩样洗净晾干,妥善保管,对特殊岩性、岩屑做岩样汇集。具体操作严格按照《煤层气地质录井作业规程》要求执行。

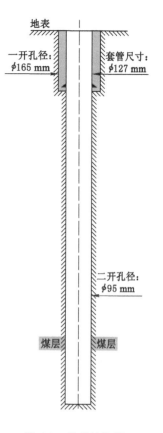

图 4-3 井身结构图

钻时录井:从见基岩开始每 1 m 记录 1 个钻时点,目标层井段每 0.5 m 记录 1 个钻时点。随时记录钻时突变点,以便及时发现煤层,卡准煤层深度、厚度等。钻井参数保持相对稳定,并记录造成假钻时的非地质因素,以便钻时能更好地反映地层岩性。经常校对钻具长度及井深,起钻前必须校对井深,井深误差不得超过 0.1 m。全井漏取钻时点数不超过全井钻时总点数的 0.3%,不漏取目的层井段钻时点。

工程参数录井:自二开开始进行全套工程参数录井。包括钻井参数、钻井液参数、地层压力参数、非烃类气体参数等。要做好压力监测,及时预告下部地层压力,调整钻井液相对密度。其中,录取的钻井参数包括钻头位置、悬重、钻压、扭矩、转盘转速、泵冲数、立管压力、套管压力等;钻井液参数包括钻井液体积、密度、温度等;地层压力参数包括泥页岩密度、地层压力、压力梯度、破裂压力等;非烃类气体包括二氧化碳、硫化氢、氢气等。

简易水文观测记录:钻进过程中均应做好简易水文观测记录工作。每次起钻后,下钻前测量一次水位(泥浆池液面、井筒液面);每钻进 2 h 记录一次钻井液消耗量(进入延安组后每 1 h 记录一次钻井液消耗量,不足 1 h 但大于 30 min 时也应观察钻井液消耗量)。如钻遇孔涌、漏水时,应观测其涌、漏水量,详细记录其层位、深度。在钻进过程中应做好与水文有关现象的观测和记录,主要包括水气涌出、水温异常以及遇溶洞、大裂隙和流沙、孔壁坍塌、钻具下落等,并及时通知有关人员,经同意后方可继续施工。消耗量与回次水位的实测次数不低于应测次数的 80%。

特殊作业时的地质录井:地球物理测井作业时,地质录井技术人员要与测井解释人员配合,向其提供本井实钻地质数据和井内情况,检查并记录实际测井项目、测量井段等,收集测井成果资料。处理复杂情况的地质录井作业,应将工程事故(如卡钻、顿钻、井塌、落物等)的时间、井深、位置及原因、处理措施和结果记录在案。

(3)地球物理测井

标准测井:全井标准测井,测井比例为 1:200,测试项目包括双侧向(DLL)、自然电位(SP)、自然伽马(GR)、双井径(CAL)。

综合测井:自 2 号煤层顶板以上 50 m 至孔底进行综合测井。测井曲线深度比例为 1:200,测试项目包括双侧向(DLL)、微球形聚焦(MSFL)、自然伽马(GR)、自然电位(SP)、双井径(CAL)、补偿密度(DEN)、补偿中子(CNL)、补偿声波(AC)、井温(TEMP)。

中途测井:进行试井钻孔在钻完 2 号煤层时,安排一次中途测井,以获取试井测试所需的井径、井斜、煤层深度和厚度等资料。

4.2.1.4 勘查成果

地面勘查工程钻探总进尺 3 846 m,其中绳索取芯 624 m、地质编录 3 846 m。现场施工及岩芯观测与描述如图 4-4 所示。

(a)   (b)

图 4-4　现场施工及岩芯观测与描述

(a)现场施工;(b)岩芯观测与描述

(1)地层划分与对比

地层单位主要以以往钻井、测井成果为依据,结合该井钻井成果及测井曲线的物理特征进行划分,见表 4-1。

表 4-1　地层划分成果表

地层单位			HLDM-1		HLDM-2		HLDM-3		HLDM-4		HLDM-5		HLDM-6	
系	统	组	底深/m	厚度/m	底深/m	厚度/m	底深/m	厚度/m	底深/m	厚度/m	底深/m	厚度/m	底深/m	厚度/m
第四系			75.00	75.00	36.55	36.55	17.65	17.65	35.00	35.00	4.35	4.35	71.05	71.05
白垩系	下统	K_1h	126.30	51.30	99.70	63.15	68.95	51.30	212.00	177.00			233.40	162.35
		K_1l	310.30	184.00	268.00	168.30	228.90	159.95	380.75	168.75	177.80	173.45	411.95	178.55

表 4-1(续)

地层单位			HLDM-1		HLDM-2		HLDM-3		HLDM-4		HLDM-5		HLDM-6	
系	统	组	底深/m	厚度/m	底深/m	厚度/m	底深/m	厚度/m	底深/m	厚度/m	底深/m	厚度/m	底深/m	厚度/m
侏罗系	中统	J_2a	325.55	15.25	386.45	118.45			403.30	22.55			422.00	10.05
		J_2z^2	410.20	84.65	446.80	60.35	349.70	120.80	491.65	88.35	276.30	98.50	535.45	113.45
		J_2z^1	486.55	76.35	586.15	139.35	424.70	75.00	554.90	63.25	357.95	81.65	602.90	67.45
		J_2y	591.25	104.70	617.40	31.25	553.40	128.70	634.20	79.30	475.20	117.25	719.35	116.45
	下统	J_1f	593.20	1.95	629.85	12.45	581.60	28.20	653.65	19.45	486.35	11.15	727.45	8.10
三叠系	上统	T_3w	634.00		36.55		596.60		680.80		527.80		763.25	

通过对比可以看出,在与下伏地层呈不整合接触外,地层整体上在横向上起伏不大(除富县组外),比较稳定。

(2)储集层划分

对地面油型气勘探钻孔进行气测录井分析,发现 6 个钻孔全部含有储气层,将共计发现的 13 层储气层进行小层划分和对比,最终确定这些储气层属于 4 个层位,分别为直罗组一段砂岩、延二段七里镇砂岩、富县组下部砂岩和瓦窑堡组顶部砂岩(表 4-2)。

表 4-2 地面油型气勘查钻孔含气层综合解译成果表(不含煤层)

序号	孔号	深度/m	厚度/m	岩性	储集层层位
1	HLDM-1	460.00~469.00	9.0	中粗粒砂岩	直罗组一段砂岩
2		608.00~610.00	2.0	细粒砂岩	瓦窑堡组顶部砂岩
3		612.00~615.00	3.0	细粒砂岩	瓦窑堡组顶部砂岩
4		617.00~632.00	15.0	细粒砂岩	瓦窑堡组顶部砂岩
5	HLDM-2	600.00~615.00	15.0	细粒砂岩	富县组下部砂岩
6	HLDM-3	512.93~515.73	2.8	细粒砂岩	延二段七里镇砂岩
7		591.94~597.04	5.1	细粒砂岩	瓦窑堡组顶部砂岩
8	HLDM-4	612.60~616.90	4.3	细粒砂岩	延二段七里镇砂岩
9		651.85~656.00	4.15	细粒砂岩	瓦窑堡组顶部砂岩
10	HLDM-5	321.00~325.00	4.0	中粗粒砂岩	直罗组一段砂岩
11		495.00~500.00	5.0	细粒砂岩	瓦窑堡组顶部砂岩
12		508.60~526.36	17.76	细粒砂岩	瓦窑堡组顶部砂岩
13	HLDM-6	546.75~547.80	1.05	中粗粒砂岩	直罗组一段砂岩

4.2.2 井下钻探(井下绳索取芯勘查)

4.2.2.1 勘查原则

根据项目研究需要,利用开拓和采掘巷道施工一定量的井下补充勘查工程,进行取芯钻探工作,获取 2 号煤层顶、底板 50 m 范围的地层岩性、厚度及瓦斯参数等信息。井下取芯钻探工程布置原则如下:

（1）地面勘探空白区。

（2）围岩瓦斯异常涌出部位或附近区域。

（3）未发生围岩瓦斯异常涌出的区域。

4.2.2.2 工程量设计

结合矿井开拓部署，布置井下取芯钻孔 21 个，其中 203 工作面运输巷 5 个、205 工作面运输巷 10 个、409 工作面辅运巷 6 个，如图 4-5 和图 4-6 所示。

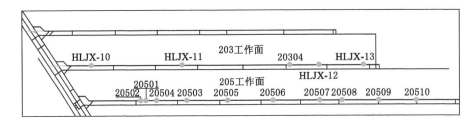

图 4-5 203 工作面和 205 工作面绳索取芯工程布置图

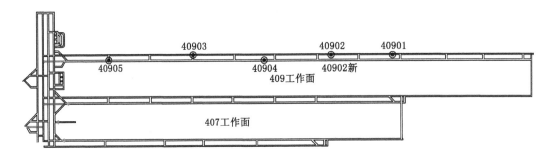

图 4-6 409 工作面绳索取芯工程布置图

4.2.2.3 工作内容及要求

（1）设备选型

井下勘查设备采用中煤科工集团西安研究院有限公司研发生产的 ZDY600SG 型井下绳索取芯钻机，该钻机是一种动力头式全液压钻机，钻机起拔能力强、转数范围宽，适用于煤矿井下绳索取芯钻进工艺。取芯钻杆长度不小于 80 m，取芯管长度 1.5 m。其设备组成如图 4-7～图 4-9 所示，钻机参数见表 4-3。

（a） （b）

图 4-7 ZDY600SG 型井下绳索取芯钻机组成

（a）ZDY600SG 型钻机；（b）液压绞车

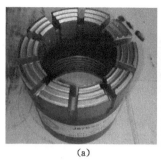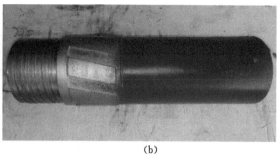

(a)　　　　　　　　　　　　(b)

图 4-8　金刚石取芯钻头与扩孔器

(a) 金刚石取芯钻头;(b) 扩孔器

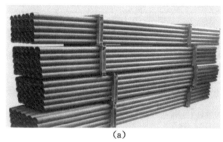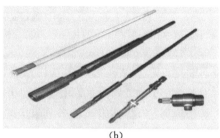

(a)　　　　　　　　　　　　(b)

图 4-9　取芯钻杆与内外管总成及打捞器

(a) 取芯钻杆;(b) 内外管总成及打捞器

表 4-3　ZDY600SG 型钻机主要技术参数一览表

技术指标	参数
额定扭矩/(N·m)	600～160
转速/(r/min)	160～540
最大给进力/起拔力/kN	36/52
主轴倾角/(°)	0°～90°
功率/kW	22
给进行程/mm	650
钻机质量/kg	1 300
外形尺寸(长×宽×高)/m	1.85×0.71×1.4

（2）煤、岩芯描述与编录

所有勘查钻孔均为全程取芯钻孔,要求岩芯采取率≥70%,煤层长度采取率≥90%。每一回次的煤、岩芯整理后及时进行编号、丈量,求取煤、岩芯采取率,并填写岩(煤)芯牌(票),进行煤岩观测、描述与编录工作;终孔后,编制钻孔柱状图。

（3）含气性监测

密切观测并记录钻时、孔口钻井液中冒油花和气泡等异常情况。钻进过程中,密切关注孔口瓦斯情况,记录钻孔瓦斯涌出现象(孔口喷孔或冒泡),监测并记录瓦斯涌出现象和涌出数据;同时,在每回次结束时进行钻杆内瓦斯浓度监测(岩芯提出后,将便携仪器放入钻杆内

3～5 min），记录监测数据及对应岩性。如图 4-10 所示。

(a)　　　　　　　　　　　(b)

图 4-10　井下施工现场及岩芯观测与描述

(a) 施工现场；(b) 岩芯观测与描述

4.2.2.4　勘查结果

对井下油型气勘查钻孔进行含气性统计，在 21 口取芯孔中，有 16 口钻孔（27 层）有气显示（表 4-4）。经过小层划分和对比，确定这 16 口钻孔的 27 层含气层属于 3 个层位，分别为 2 煤-3 煤层间砂岩、富县组下部砂岩和瓦窑堡组顶部砂岩。

表 4-4　井下取芯钻孔揭露含气层成果表（不含煤层）

序号	孔号	深度/m	厚度/m	岩性	含气层位
1	20304	3.68～15.50	11.82	细粒砂岩	富县组下部砂岩
2	20501	28.34～30.82	2.48	细粒砂岩	瓦窑堡组顶部砂岩
3		31.83～36.82	4.98	细粒砂岩	瓦窑堡组顶部砂岩
4		37.31～45.43	8.12	细粒砂岩	瓦窑堡组顶部砂岩
5	20502	31.17～33.13	1.96	细粒砂岩	瓦窑堡组顶部砂岩
6		35.33～39.43	4.11	细粒砂岩	瓦窑堡组顶部砂岩
7		40.12～48.66	8.54	细粒砂岩	瓦窑堡组顶部砂岩
8	20503	35.68～38.53	2.84	细粒砂岩	瓦窑堡组顶部砂岩
9	20504	28.47～42.24	13.77	细粒砂岩	瓦窑堡组顶部砂岩
10	20506	4.19～11.15	6.96	细粒砂岩	富县组下部砂岩
11	20507	6.54～10.65	4.11	细粒砂岩	富县组下部砂岩
12	20508	6.63～17.68	11.06	细粒砂岩	富县组下部砂岩
13		26.41～34.53	8.12	细粒砂岩	富县组下部砂岩
14	20509	0.55～5.32	4.77	中粒砂岩	2 煤-3 煤层间砂岩
15	20510	0.92～8.82	7.90	细粒砂岩	2 煤-3 煤层间砂岩
16		16.51～18.70	2.18	细粒砂岩	富县组下部砂岩
17		24.93～32.50	7.57	细粒砂岩	富县组下部砂岩
18	40901	38.09～51.46	13.37	细粒砂岩	瓦窑堡组顶部砂岩
19	40902 新	61.55～65.81	4.26	细粒砂岩	瓦窑堡组顶部砂岩

表 4-4(续)

序号	孔号	深度/m	厚度/m	岩性	含气层位
20	40903	6.37～10.55	4.18	细粒砂岩	富县组下部砂岩
21		65.43～68.40	2.97	细粒砂岩	瓦窑堡组顶部砂岩
22	40904	5.25～16.56	11.31	细粒砂岩	富县组下部砂岩
23		68.78～70.04	1.26	细粒砂岩	瓦窑堡组顶部砂岩
24	40905	24.10～27.05	2.95	细粒砂岩	富县组下部砂岩
25		33.07～40.31	7.24	细粒砂岩	瓦窑堡组顶部砂岩
26		57.81～63.63	5.81	细粒砂岩	瓦窑堡组顶部砂岩
27	HLJX-12	5.0～26.20	21.20	细粒砂岩	富县组下部砂岩

4.3 地球物理测井

4.3.1 油型气储集层在测井曲线上的地球物理响应特征

组成地层的各类岩石有不同的物理化学性质,可以利用测井地球物理方法获取井下各岩层的电化学、导电、声学、放射性等地球物理信息,然后通过人工干预与计算机处理,把采集的测井信息还原为岩层地质信息。油型气储集层因含有油、气或油气水混合流体,具有特殊的地球物理特征,在测井曲线上可以进行识别。一般而言,含有油、气的岩层在测井曲线上具有如下地球物理特征:

(1) 油层在测井曲线上的地球物理特征

① 油层的电阻率高,是油层在测井曲线上的最基本响应特征,在岩性相同的情况下,一般深探测电阻率是邻近水层的 3～5 倍以上。岩性越粗,含油饱和度越高,电阻率数值也越高。

② 在地层水矿化度与泥浆矿化度差异不是很大情况下,深探测电阻率数值大于浅探测电阻率数值,其差异远大于水层的差异。

③ 油层的自然电位异常幅度略小于邻近水层。

(2) 气层在测井曲线上的地球物理特征

① 与油层一样,最主要特征是深探测的电阻率数值较高。

② 由于受天然气影响,声波时差有增大或周波跳跃现象。

③ 由于气层含氢指数低,对快中子减速能力差,对伽马射线的吸收能力也差,而导致气层中子伽马数值高。

④ 补偿密度 DEN 与补偿中子 CNL 曲线重叠,具有镜像特征。

4.3.2 油井资料再解译技术

油井资料再解译技术是利用油田勘探钻井的测井曲线资料挖掘研究目标层段的含油、气层,这里的含油、气层不仅包含石油天然气行业中具有工业价值的油气产层,还包含对煤矿安全生产造成威胁,但不一定能够形成稳定天然气产出的含油气层。所以,油井资料再解译技术并不过多地研究储层流体的产能特性,着重于判断储集层是否含气。由此形成的测井曲线解译的步骤是:先进行地层的岩性与储集层划分,然后评价储集层的含气性。

（1）岩性划分

不同岩性的地层有着不同的物性特征，在测井曲线上对应呈现出不同的形态和幅值，利用测井曲线形态特征和测井曲线值相对大小，通过各测井曲线的对比分析，可以实现定性划分岩性，岩、煤层的主要物性反映特征见表 4-5。

表 4-5　岩、煤层主要物理特征及测井曲线特征

岩性	物理特征	曲线特征
泥岩	① 非渗透；② 低电阻；③ 低密度；④ 大时差（声速小）；⑤ 含放射性矿物多；⑥ 层理不发育	① 自然电位无异常；② 电阻率曲线有低值，感应幅度高；③ 密度曲线低；④ 声波时差曲线上有大幅度；⑤ 在自然伽马上幅度高
砂岩	① 有孔隙性和渗透性；② 电阻率较高；③ 泥质含量少	① 自然电位负异常；② 三侧向电阻率曲线幅值较高；③ 微电极有幅度差
砂质泥岩	介于泥岩与砂岩之间	① 三侧向电阻率曲线上有小的起伏，呈锯齿状；② 自然伽马曲线、声波曲线上介于砂岩与泥岩之间；③ 自然电位上无异常
煤层	① 电阻率高；② 密度小；③ 自然伽马低	① 电阻率曲线值较高；② 密度 < 2 g/cm^3；③ 声波时差大，在 500 μs/m 左右；④ 自然伽马曲线幅值最低
碳质泥岩	① 电阻率略高；② 密度较低；③ 自然伽马较低	各曲线幅值介于煤层与泥岩之间

研究地区测井解译井段为淡水泥浆条件下含煤岩系砂、泥岩剖面。根据自然电位曲线、自然伽马曲线、井径曲线和微电极曲线将砂岩和泥岩分开：砂岩的自然电位有明显的负异常，自然伽马为低值，井径有缩径现象，微电极有明显正幅度差，而泥岩的自然电位基本无异常，自然伽马为高值，井径可能有扩径现象，微电极无幅度差。煤层的自然电位异常不明显，在此，结合电阻率曲线、密度曲线、自然伽马曲线和声波时差测井曲线进行区分。煤层电阻率和声波时差都很高，高于砂岩和泥岩，而密度和自然伽马都很低，低于砂岩和泥岩。

由于砂岩的分类（粉砂岩、细粒砂岩、中粒砂岩和粗粒砂岩）是根据粒径划分的，而从测井曲线上无法识别砂岩的粒径大小，因此，从自然电位、微电极测井曲线所反映的渗透性特征来侧面判断。一般砂岩粒径越大，渗透性就越好，其自然电位负异常越明显，微电极正幅度差越大。

（2）储集层划分

储集层就是具有一定孔隙性和渗透性的岩层。人工解释划分储集层是根据测井资料把所研究井段中具备储集条件的岩层划分出来。采用的方法主要是根据自然电位、微电极测井及井径曲线来划分。

① 砂岩储集层在自然电位曲线上的特征

自然电位曲线在砂岩储集层上的特征是相对于泥岩来说的。在淡水泥浆条件下一般将泥岩作为基线，砂岩层上自然电位曲线为负异常。对同一地层水系的地层，自然电位异常幅度取决于泥浆滤液电阻率 R_{mf} 与地层水电阻率 R_m 的比值和地层的泥质含量。R_{mf} 与 R_m 差别越大,异常也越大,反之亦然;地层的泥质含量越多,自然电位异常越小。

② 砂岩储集层在微电极曲线上的特征

微电极测井主要包含微梯度和微电位两条曲线。微梯度探测深度浅,受泥饼的影响较大,微电位探测深度较深,主要反映冲洗带电阻率。在砂岩储集层上,因为有泥饼的存在,泥饼的电阻率较低,测得的微电位曲线幅度高于微梯度曲线幅度,称为"正幅度差",幅度差越大,渗透性越好。

③ 砂岩储集层在井径曲线上的特征

在砂泥岩剖面中,砂岩储集层一般存在着泥饼,使实测井径值小于钻头直径,且井径曲线平直,因此可参考井径曲线来划分储集层。

若没有微电极曲线,可以借助从测井数据处理得到的泥质含量的多少和密度孔隙度的大小来判断。在砂泥岩剖面中,一般自然电位存在负异常且泥质含量较少、孔隙度较大的可划分为储集层。

(3) 含气层综合判断方法

① 从识别出来的储集层中找出高电阻率异常层

含油气的地层属于高阻层,比邻近的水层或干层的地层电阻率都要高。含气层的综合判断首先要从识别出来的储集层中找出高电阻率异常层。研究发现该区油井资料中具有高电阻率异常的储集层电阻率值一般大于 18 Ω·m(依据该区油井资料的分析结果),因此,本次研究将地层电阻率大于 18 Ω·m 的地层视为高电阻率异常层。

② 针对高电阻率异常的储集层,分析其径向电阻率变化特征

用淡水泥浆钻井时,渗透性较好的砂岩段泥浆侵入较深,三个不同探测深度的电阻率曲线差异较大。当原始地层为含水层时,电阻率值向着远井方向递减,含水饱和度越高电阻率越小,所以,测得的视电阻率值深探测最小,浅探测最大,中探测居中,在测井图上,深、中、浅三条曲线由左向右平行排列;当原始地层为油气层时,油气层电阻值高于侵入带而低于井壁附近,所以,深探测电阻率大于中探测而小于浅探测,在测井图上,中、深、浅三条曲线由左向右依次排列。综上所述,根据三个不同探测深度的电阻率曲线的径向组合特征可以定性地初步判断油气水层。

③ 采用相邻水层电阻率比较的方法进一步判断含油气储集层

分析研究区测井曲线,在研究井段内选择岩性纯(不含泥质或很小)、厚度较大(3 m 以上)、深探测电阻率最低、SP 异常幅度最大、各种资料证明不含油气的地层为完全含水的纯水层,将其作为标准水层。由阿尔奇公式可得:

$$I = \frac{R_t}{R_0} = \frac{b}{S_w^n} = \frac{b}{(1-S_h)^n}$$

式中　I——电阻率增大系数,它是含油气岩石真电阻率 R_t 与该岩石 100% 饱含地层水时的电阻率 R_0 的比值;

R_t——岩石真电阻率,Ω·m;

R_0——100% 饱含地层水的岩石电阻率,Ω·m;

b——与岩性有关的系数,常取 $b=1$;

n——饱和度指数,与油气在孔隙中的分布状况有关,常取 $n=2$;

S_w——岩石含水饱和度;

S_h——岩石的含油气饱和度。

当含油气饱和度界限为 $S_h \geqslant 50\%$ 时，即有地层的电阻率 $R_t \geqslant 4R_0$，因此，油田上常将 $R_t/R_0 \geqslant 3 \sim 5$ 作为含油气层的标志之一。但本次研究地区含油气饱和度较低，为了避免解释时漏掉油气异常层，可降低判断油气层时 R_t 与 R_0 的比值。根据该区的解释经验，研究井段内邻近水层的地层电阻率分布在 $10 \sim 25$ Ω·m，凡储集层电阻率大于或等于 $2 \sim 3$ 倍标准水层电阻率的均可判定为含油气储集层。

采用这种比较方法要求标准水层在岩性、物性和矿化度方面尽可能与要解释的储集层一致。最终，可进行测井资料综合解释含油气储集层成果与气测录井异常层段相互比对，来相互验证已解释划定的含油气储集层。

4.3.3 油型气参数测井资料解译

（1）岩性划分

研究区的目标层段是 2 号煤层上下 50 m 范围，因此首先从油井测井曲线识别煤层，结合本区地质勘探成果，确定 2 号煤层层位，然后进一步核实目标层段的地层岩性。利用油井测井曲线解译 2 号煤层见表 4-6。

表 4-6　油井测井曲线 2 号煤层解译成果表

序号	井号	地层层位	煤层编号	顶底板深度/m	厚度/m
1	槐 157	延安组	2 号煤	$477.29 \sim 479.72$	3.94
2	槐 158	延安组	2 号煤	$327.31 \sim 331.25$	3.94
3	槐 159	延安组	2 号煤	$259.86 \sim 262.03$	2.17
4	槐 197	延安组	2 号煤	$527.25 \sim 529.87$	2.62
5	槐 198	延安组	2 号煤上	$496.75 \sim 497.56$	0.81
6	槐 198	延安组	2 号煤	$499.50 \sim 505.10$	5.6
7	槐 199	延安组	2 号煤	$484.60 \sim 489.42$	4.82
8	槐 200	延安组	2 号煤	$472.67 \sim 478.86$	6.19
9	黄参 24	延安组	2 号煤	$322.67 \sim 328.08$	5.41
10	黄参 39	延安组	2 号煤	$480.00 \sim 482.87$	2.87
11	黄参 39	延安组	3 号煤	$497.82 \sim 500.47$	2.65

（2）储集层划分

根据自然电位、微电极系测井及井径曲线，以槐 157 井为例，将本次研究目标层段中具备储集条件的岩层划分出来。

槐 157 井中侏罗统延安组 $426.80 \sim 428.95$ m 井段自然伽马为低值，最低为 90 API，自然电位异常值 -8 mV，存在负异常（图 4-11），井径曲线有缩径现象，微电极曲线正幅度差较大，划分为细粒砂岩储集层。

槐 157 井中侏罗统延安组 $456.00 \sim 459.00$ m 井段自然伽马为低值，最低为 66 API，自然电位异常值 -35 mV，有明显的负异常，异常幅度较大，井径曲线有缩径现象，微电极曲线明显增大，呈尖峰状，有较小正幅度差，划分为细粒砂岩储集层。

槐 157 井中侏罗统延安组 $465.30 \sim 468.70$ m 井段自然伽马为低值，最低为 59.53

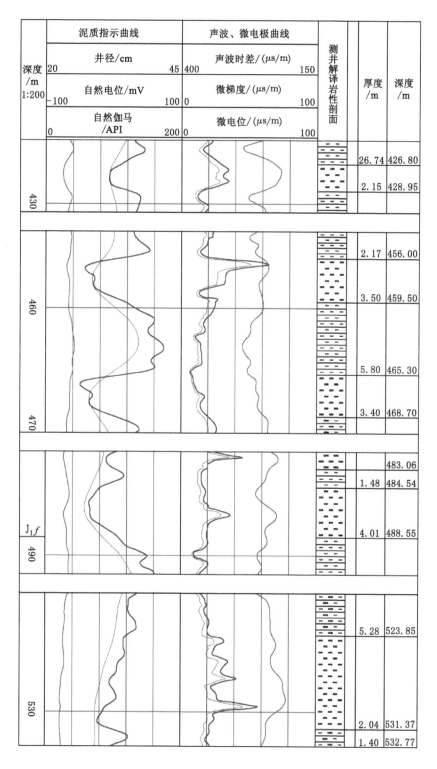

图 4-11　槐 157 井储集层测井响应特征

API,自然电位异常值－37 mV,有明显的负异常,异常幅度较大,微电极呈低值,有正幅度差,划分为细粒砂岩储集层。

槐 157 井下侏罗统富县组 484.54～488.55 m 井段自然伽马为低值,最低为 64.94 API,自然电位－43 mV,有明显的负异常,异常幅度大,微电极呈低值,有正幅度差,划分为细粒砂岩储集层。

槐 157 井上三叠统瓦窑堡组 523.85～531.37 m 井段自然伽马为低值,最低为 80 API,自然电位－28 mV,有明显的负异常,异常幅度较大,微电极呈高值,有正幅度差,划分为细粒砂岩储集层。

依次对其他油井测井曲线进行解释,共划分出 51 个储集层,见表 4-7。

表 4-7　油井资料储集层测井解译成果表

井号	深度/m	储层厚度/m	层位	岩性	自然电位/mV	自然伽马/API	解释结果
槐 157	426.80～428.95	2.15	延安组	细粒砂岩	－8.00	95.00	砂岩储集层
槐 157	456.00～459.00	3.50	延安组	细粒砂岩	－35.00	66.00	砂岩储集层
槐 157	465.30～468.70	3.40	延安组	细粒砂岩	－37.00	59.53	砂岩储集层
槐 157	484.54～488.55	4.01	富县组	细粒砂岩	－43.00	64.94	砂岩储集层
槐 157	523.85～531.37	7.52	瓦窑堡组	粉、细粒砂岩	－28.00	80.00	砂岩储集层
槐 157	532.77～539.97	7.20	瓦窑堡组	细粒砂岩	－32.00	82.00	砂岩储集层
槐 158	278.00～279.35	1.35	延安组	细粒砂岩	－21.00	65.00	砂岩储集层
槐 158	298.75～303.62	4.87	延安组	细粒砂岩	－8.00	90.00	砂岩储集层
槐 158	312.99～325.55	12.56	延安组	粉砂岩	－6.00	105.00	砂岩储集层
槐 158	350.94～353.17	2.23	富县组	细粒砂岩	－12.00	90.00	砂岩储集层
槐 158	356.00～357.60	1.60	瓦窑堡组	细粒砂岩	－17.00	93.84	砂岩储集层
槐 158	361.40～367.20	5.80	瓦窑堡组	细粒砂岩	－36.00	87.47	砂岩储集层
槐 159	236.61～237.89	1.28	延安组	细粒砂岩	2.00	51.00	砂岩储集层
槐 159	244.86～248.36	3.50	延安组	粉砂岩	20.00	90.00	砂岩储集层
槐 159	263.69～266.34	2.65	富县组	细粒砂岩	22.00	72.00	砂岩储集层
槐 159	269.32～274.08	4.76	富县组	粉砂岩	20.00	90.00	砂岩储集层
槐 159	301.19～302.62	1.43	瓦窑堡组	细粒砂岩	4.00	67.64	砂岩储集层
槐 159	309.32～311.18	1.86	瓦窑堡组	细粒砂岩	3.00	73.00	砂岩储集层
槐 159	313.92～315.31	1.39	瓦窑堡组	细粒砂岩	8.00	78.00	砂岩储集层
槐 197	476.64～479.94	3.30	延安组	细粒砂岩	36.00	68.00	砂岩储集层
槐 197	494.39～497.10	2.71	延安组	细粒砂岩	30.00	50.34	砂岩储集层
槐 197	500.75～503.70	2.95	延安组	细粒砂岩	20.00	55.96	砂岩储集层
槐 197	509.03～512.43	3.40	延安组	细粒砂岩	25.00	64.27	砂岩储集层
槐 197	515.51～526.18	10.67	延安组	细粒砂岩	26.00	71.95	砂岩储集层
槐 197	530.90～532.41	1.51	富县组	细粒砂岩	48.00	71.25	砂岩储集层
槐 197	567.34～571.82	4.48	瓦窑堡组	细粒砂岩	38.00	76.33	砂岩储集层

表 4-7(续)

井号	深度/m	储层厚度/m	层位	岩性	自然电位/mV	自然伽马/API	解释结果
槐 197	586.27~593.14	6.87	瓦窑堡组	细粒砂岩	31.00	72.38	砂岩储集层
槐 198	447.40~448.70	1.30	延安组	细粒砂岩	70.00	73.51	砂岩储集层
槐 198	466.84~470.48	3.64	延安组	细粒砂岩	58.00	82.43	砂岩储集层
槐 198	481.01~488.88	7.87	延安组	细粒砂岩	30.00	40.00	砂岩储集层
槐 198	513.82~515.64	1.82	富县组	细粒砂岩	70.00	79.00	砂岩储集层
槐 198	529.72~531.97	2.25	瓦窑堡组	粉砂岩	68.00	85.00	砂岩储集层
槐 198	534.03~537.02	2.99	瓦窑堡组	粉砂岩	65.00	80.00	砂岩储集层
槐 199	460.06~467.96	7.90	延安组	细粒砂岩	10.00	83.45	砂岩储集层
槐 199	496.72~501.11	4.39	富县组	细粒砂岩	18.00	105.00	砂岩储集层
槐 199	523.55~536.29	12.74	瓦窑堡组	细粒砂岩	10.00	100.00	砂岩储集层
槐 200	432.80~439.38	6.58	延安组	细粒砂岩	−30.00	67.00	砂岩储集层
槐 200	447.27~451.71	4.44	延安组	细粒砂岩	−43.00	52.00	砂岩储集层
槐 200	466.40~472.67	6.27	延安组	粉砂岩	−25.00	101.00	砂岩储集层
槐 200	482.64~488.92	6.28	富县组	细粒砂岩	−20.00	63.28	砂岩储集层
槐 200	499.03~504.23	5.20	瓦窑堡组	细粒砂岩	−20.00	94.97	砂岩储集层
槐 200	526.32~534.64	8.32	瓦窑堡组	细粒砂岩	−40.00	70.00	砂岩储集层
黄参 24	306.67~322.67	16.00	延安组	粉砂岩	60.00	107.00	砂岩储集层
黄参 24	372.93~378.61	5.68	富县组	细粒砂岩	5.00	65.00	砂岩储集层
黄参 39	444.85~448.03	3.18	延安组	细粒砂岩	23.00	66.61	砂岩储集层
黄参 39	451.65~454.23	2.58	延安组	细粒砂岩	25.00	66.67	砂岩储集层
黄参 39	459.90~465.53	5.63	延安组	细粒砂岩	32.00	76.20	砂岩储集层
黄参 39	487.83~496.61	8.78	延安组	细粒砂岩	32.00	75.40	砂岩储集层
黄参 39	510.08~514.74	4.66	富县组	细粒砂岩	40.00	82.44	砂岩储集层
黄参 39	517.94~522.00	4.06	富县组	细粒砂岩	45.00	100.00	砂岩储集层
黄参 39	533.68~536.30	2.62	瓦窑堡组	细粒砂岩	40.00	42.00	砂岩储集层

（3）含气层综合判断

槐 157 井中侏罗统延安组 426.80~428.95 m 细粒砂岩储集层从径向电阻率有变化，0.5 m、4.0 m、2.5 m 普通视电阻率值依次增大，深、中感应与八侧向电阻率曲线差异较大（图 4-12），深感应电阻率 68 Ω·m，中感应电阻率 40 Ω·m，八侧向电阻率为 52 Ω·m，微电极电阻率 30 Ω·m，深探测电阻率大于中探测电阻率和浅探测电阻率，意味着原始地层电阻率高于侵入带电阻率和冲洗带电阻率，可初步判断为含油气储集层。

该层段电阻率相比于该区标准水层来说（水层电阻率主要集中在 10~25 Ω·m），属于高电阻率异常层，认为该层段为含油气储集层。该层段对应声波时差值 220 μs/m，较低，没有出现周波跳跃现象。该层段气测微异常，进一步判断该储集层含气。

槐 157 井中侏罗统延安组 456.00~459.00 m 细粒砂岩储集层从径向电阻率来看，

深度/m 1:200	泥质指示曲线		普通电阻率曲线		声波、微电极曲线		双感应八侧向曲线		测井解译岩性剖面		厚度/m	深度/m
	井径/cm 20 ... 45		4米/(Ω·m) 0 ... 200		声波时差/(μs/m) 400 ... 150		深感应/(Ω·m) 2 ... 200					
	自然电位/mV -100 ... 100		2.5米/(Ω·m) 0 ... 200		微梯度/(μs/m) 0 ... 100		中感应/(Ω·m) 2 ... 200					
	自然伽马/API 0 ... 200		0.5米/(Ω·m) 0 ... 200		微电位/(μs/m) 0 ... 100		八侧向/(Ω·m) 2 ... 200					
420 430											26.74 2.15	426.80 428.95

图 4-12　槐 157 井延安组 420.00～430.00 m 井段综合测井图

0.5 m、2.5 m、4 m 普通视电阻率值依次增大,深、中感应与八侧向电阻率曲线差异较大 (图 4-13),深感应电阻率 43 Ω·m,中感应电阻率 42 Ω·m,八侧向电阻率为 102 Ω·m, 微电极电阻率 62 Ω·m,深探测电阻率大于中探测电阻率而小于浅探测电阻率,意味着 原始地层电阻率高于侵入带而低于冲洗带电阻率,可初步判断为含油气储集层。该层段 电阻率相比于该区标准水层来说(水层电阻率主要集中在 10～25 Ω·m),属于高电阻率 异常层,认为该层段为含油气储集层。该层段对应声波时差值 237 μs/m,较低,没有出现 周波跳跃现象,但结合气测曲线,该层段气测异常,异常值最高为 1.0%,进一步判断该储 集层含气。

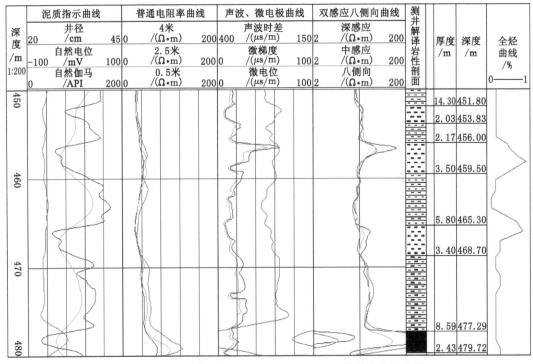

图 4-13　槐 157 井延安组 450.00～480.00 m 井段综合测井图

槐 157 井中侏罗统延安组 465.30～468.70 m 细粒砂岩储集层从径向电阻率来看，0.5 m、2.5 m、4 m 普通视电阻率变化不明显，深感应、中感应与八侧向电阻率曲线差异明显（图 4-13），深感应电阻率 18 Ω·m，中感应电阻率 22 Ω·m，八侧向电阻率为 30 Ω·m，随探测深度增加，电阻率呈降低趋势，而微电极电阻率为 14 Ω·m，最低。从径向电阻率变化来看，深探测电阻率小于中探测电阻率而大于浅探测电阻率，意味着原始地层电阻率高于侵入带电阻率而低于冲洗带电阻率，初步判断为水层。该层段对应声波时差值 256.32 μs/m，较低，没有出现周波跳跃现象，但结合气测曲线，该层段气测异常，异常值最高为1.0%左右，判断该储集层含气。

槐 157 井下侏罗统富县组 484.54～488.55 m 细粒砂岩储集层从径向电阻率来看，0.5 m、2.5 m、4 m 普通视电阻率变化不明显，深感应电阻率为 15 Ω·m，小于中感应电阻率与八侧向电阻率（图 4-14），意味着原始地层电阻率低于侵入带电阻率，该层段对应声波时差值222.78 μs/m，较低，没有出现周波跳跃现象，测井解释初步判断该层不含油气。但从气测曲线来看，该层有微异常。

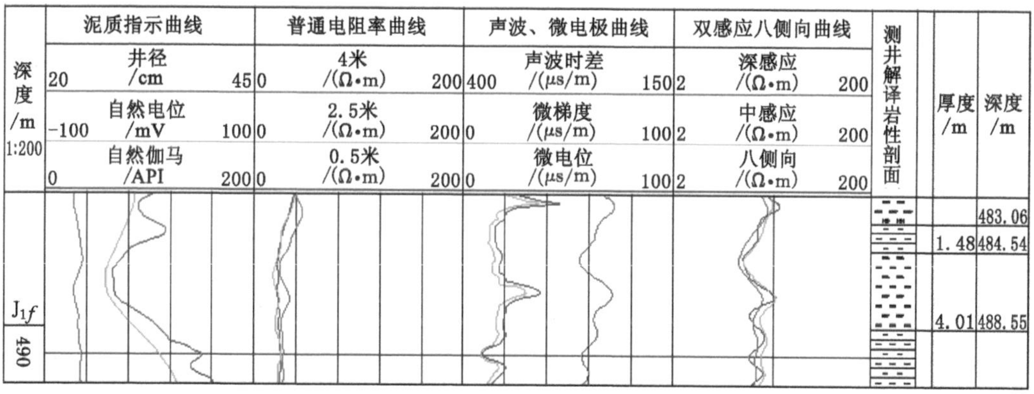

深度 /m 1:200	泥质指示曲线		普通电阻率曲线		声波、微电极曲线		双感应八侧向曲线		测井解译岩性剖面	厚度 /m	深度 /m
	井径 /cm 20 45		4米 /(Ω·m) 0 200		声波时差 /(μs/m) 400 150		深感应 /(Ω·m) 2 200				
	自然电位 /mV -100 100		2.5米 /(Ω·m) 0 200		微梯度 /(μs/m) 0 100		中感应 /(Ω·m) 2 200				
	自然伽马 /API 0 200		0.5米 /(Ω·m) 0 200		微电位 /(μs/m) 0 100		八侧向 /(Ω·m) 2 200				
J_1f 490										1.48 4.01	483.06 484.54 488.55

图 4-14　槐 157 井富县组 484.54～488.55 m 井段综合测井图

槐 157 井上三叠统瓦窑堡组 523.85～531.37 m 细粒砂岩储集层 0.5 m、2.5 m、4 m 普通视电阻率增大，径向变化不明显，深感应电阻率和浅感应电阻率增大，与八侧向电阻率没有明显的径向变化特征（图 4-15），原始地层电阻率与侵入带电阻率大小不确定，暂定为可疑层。该层段对应声波时差值最低为 205 μs/m，没有出现周波跳跃现象，测井解释初步判断该层不含油气。

依次对油井解译识别出的 51 个储集层做进一步深入分析，综合判定含油气储集层 25 层，详见表 4-8。

将上述解译的含气层与相应的气测录井结果进行了对比（表 4-9），可以看出：采用测井综合解译方法对目标层段的含油气储集层做出识别和判定，与气测录井结果较为一致。因此，本书提出的油井测井资料综合解译含气层的方法对油井资料的解译是适用的。

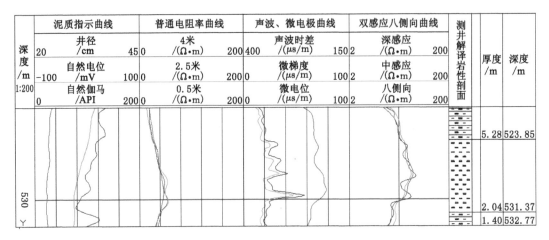

图 4-15　槐 157 井瓦窑堡组 523.85～531.37 m 井段综合测井图

表 4-8　油井含气层测井解译成果表

井号	深度范围/m	层厚/m	层位	岩性	声波时差/(μs/m)	冲洗带电阻率/(Ω·m)	地层电阻率/(Ω·m)	测井解释结果
槐 157	426.80～428.95	2.15	延安组	细粒砂岩	220.00	30.00	68.00	含气层
槐 157	456.00～459.00	3.50	延安组	细粒砂岩	237.00	62.00	43.00	含气层
槐 157	465.30～468.70	3.40	延安组	细粒砂岩	256.32	14.00	18.00	含气层
槐 157	484.54～488.55	4.01	富县组	细粒砂岩	222.78	16.00	15.00	含气层
槐 158	313.00～321.00	8.00	延安组	粉砂岩	248.00	23.00	27.00	含气层
槐 158	350.94～353.17	2.23	瓦窑堡组	细粒砂岩	235.00	26.00	27.00	含气层
槐 158	356.00～357.60	1.60	瓦窑堡组	细粒砂岩	241.46	25.55	27.23	含气层
槐 158	361.40～367.20	5.80	瓦窑堡组	细粒砂岩	260.58	16.94	18.30	含气层
槐 159	263.69～266.34	2.65	富县组	细粒砂岩	200.00	14.00	300.00	含气层
槐 159	301.19～302.62	1.43	瓦窑堡组	细粒砂岩	210.00	10.00	90.00	含气层
槐 159	313.92～315.31	1.39	瓦窑堡组	细粒砂岩	225.00	10.00	30.00	含气层
槐 197	494.39～497.10	2.71	延安组	细粒砂岩	262.75	5.00	23.55	含气层
槐 197	500.75～503.70	2.95	延安组	细粒砂岩	264.05	8.00	20.17	含气层
槐 197	509.03～512.43	3.40	延安组	细粒砂岩	250.00	6.00	18.00	含气层
槐 197	515.51～521.51	6.00	延安组	细粒砂岩	255.09	16.00	25.64	含气层
槐 197	573.17～575.00	1.83	瓦窑堡组	细粒砂岩	248.00	17.00	20.00	含气层
槐 200	432.80～439.38	6.58	延安组	细粒砂岩	220.00	28.00	30.00	含气层
槐 200	482.64～488.92	6.28	富县组	细粒砂岩	226.34	12.00	19.00	含气层
槐 200	499.03～504.23	5.20	瓦窑堡组	细粒砂岩	216.40	11.00	18.00	含气层
槐 200	526.32～534.64	8.32	瓦窑堡组	细粒砂岩	223.00	17.00	25.00	含气层
黄参 24	372.93～378.61	5.68	富县组	细粒砂岩	239.00	51.00	26.00	含气层
黄参 39	444.85～448.03	3.18	延安组	细粒砂岩	239.83	23.56	27.53	含气层

表 4-8(续)

井号	深度范围/m	层厚/m	层位	岩性	声波时差/(μs/m)	冲洗带电阻率/(Ω·m)	地层电阻率/(Ω·m)	测井解释结果
黄参 39	451.65～454.23	2.58	延安组	细粒砂岩	261.15	30.88	36.20	含气层
黄参 39	459.90～465.53	5.63	延安组	细粒砂岩	210.00	18.00	47.00	含气层
黄参 39	487.83～496.61	8.78	延安组	细粒砂岩	248.00	30.00	50.00	含气层

表 4-9　含气层解译结果与气测录井对比结果表

井号	深度/m	储层厚度/m	层位	岩性	测井解释结果	气测录井 全烃值/%	气测录井 判定结果
槐 157	426.80～428.95	2.15	延安组	细粒砂岩	含气层	0.40	微异常
槐 157	456.00～459.00	3.50	延安组	细粒砂岩	含气层	1.00	异常
槐 157	465.30～468.70	3.40	延安组	细粒砂岩	含气层	1.00	异常
槐 157	484.54～488.55	4.01	富县组	细粒砂岩	含气层	0.40	微异常
槐 159	313.92～315.31	1.39	瓦窑堡组	细粒砂岩	含气层	1.20	异常
槐 197	494.39～497.10	2.71	延安组	细粒砂岩	含气层	0.92	异常
槐 197	500.75～503.70	2.95	延安组	细粒砂岩	含气层	1.76	异常
槐 197	509.03～512.43	3.40	延安组	细粒砂岩	含气层	1.98	异常
槐 197	515.51～521.51	6.00	延安组	细粒砂岩	含气层	0.95	异常
槐 197	573.17～575.00	1.83	瓦窑堡组	细粒砂岩	含气层	0.93	异常
槐 200	482.64～488.92	6.28	富县组	细粒砂岩	含气层	1.00	异常
槐 200	499.03～504.23	5.20	瓦窑堡组	细粒砂岩	含气层	1.10	异常
槐 200	526.32～534.64	8.32	瓦窑堡组	细粒砂岩	含气层	1.20	异常

4.4　地震勘探

4.4.1　地面三维地震资料再解译

4.4.1.1　研究方法

三维地震勘探技术的发展应用使地震勘探的精度和分辨率大大提高,取得了丰富的地质成果,能够解决一些影响煤矿安全生产的矿井地质问题,为建设高产高效矿井、提高企业经济效益起到了极大的作用。地震勘探信息十分丰富,其勘探成果是一种十分宝贵的"信息资源",针对不同的目标采用不同的方法,可以挖掘不同的地震勘探信息。地震道积分将叠偏后的地质剖面的每一道分别进行积分(振幅累加),通过振幅的变化反映砂岩的变化,对薄层识别非常有利,适合于少井或无井地区的岩性及油气预测。而波阻抗反演技术是岩性地震勘探的主要手段,它将测井资料较高的垂向分辨率和地震较好的横向连续性相结合,得到既有较高垂向分辨率又有较好横向连续性的反演剖面。在煤矿井下有了实际采掘资料之后,可以对于原有的三维地震成果进行探采对比分析与重新解释;随着新的认识不断积累、提高和完善,借助于巷道掘进不断提供的动态地质信息,通过地震数据属性分析等新技术的应用,可以实现三维地震数据动态解释,从而为采区地质研究提供了一条重要的途径。

本次研究中 2 号煤层邻近上下赋存的砂岩体是重点关注对象,所以对收集到的黄陵二号煤矿二盘区三维地震数据体,通过目标处理来提高地震资料的处理精度,重点是围绕 203 工作面及附近区域,采取测井资料、三维地震资料的岩性反演手段,直观地展现出 2 号煤层上覆、下伏砂体的赋存特征和空间分布,然后结合探采对比分析,进行三维地震资料的地质动态成果解译,研究流程如图 4-16 所示。

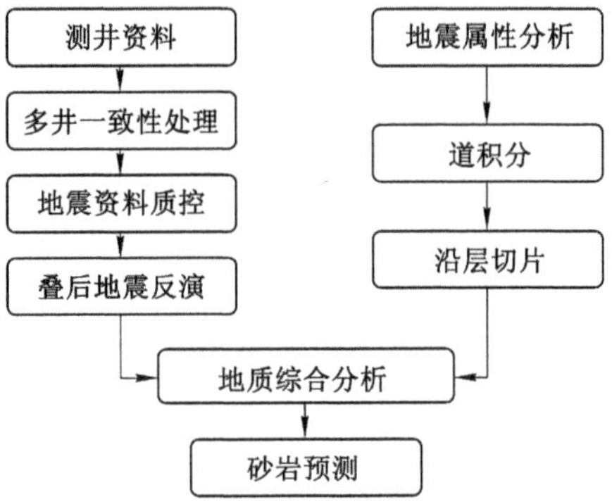

4.4.1.2 三维地震数据资料

黄陵二号煤矿二盘区三维叠后偏移数据体,

图 4-16 技术研究流程

叠后偏移数据体数据长度 1 s,采样间隔 1 ms,数据范围约 5.796 km²,收集的三维地震工区范围及 16 个钻孔位置,如图 4-17 所示。图 4-18 为叠后数据体某剖面,从剖面上看同相轴振幅变化自然,三维勘探区内高程变化较小,区内钻孔 N37、N38 附近地震资料较差。

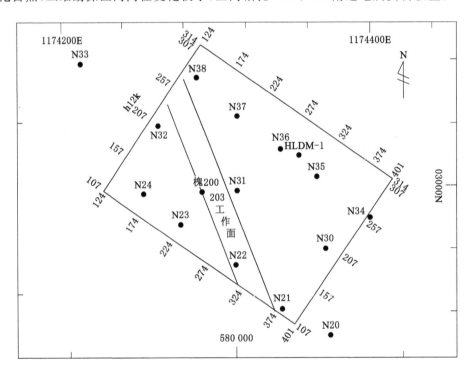

图 4-17 研究区范围及钻孔分布图

4.4.1.3 地震属性分析

地震道积分是一项利用转换的相对速度剖面进行地震分析的技术,与利用波阻抗剖面分析效果大致相近,对薄层识别非常有利,适合于少井或无井地区的岩性及油气预测。地震

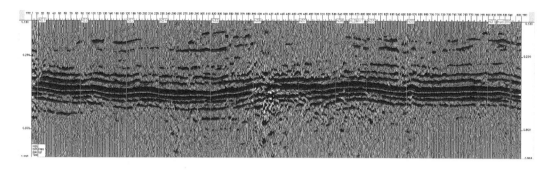

图 4-18 叠后偏移数据体联井剖面

道积分将叠偏后的地质剖面的每一道分别进行积分(振幅累加),通过振幅的变化反映砂岩的变化。对该区的原始三维偏移数据体进行了道积分处理,道积分联井剖面如图 4-19 所示。煤层上覆砂体和下伏砂体进行层位追踪,提取了不同的属性。图 4-20 与图 4-21 分别为煤层上覆、下伏砂体偏移数据体和道积分数据体的属性对比,从图中可看出,偏移数据体和道积分数据体属性中反映的砂体赋存特征、空间分布基本一致。

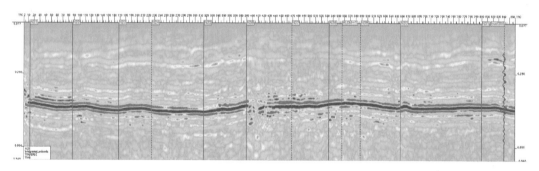

图 4-19 叠后偏移数据体道积分联井剖面

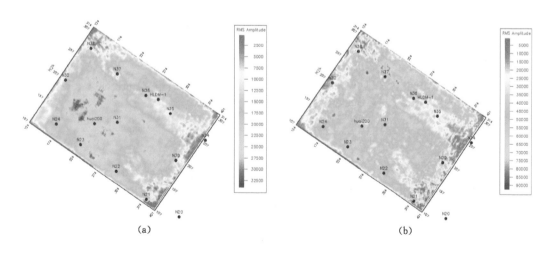

(a)   (b)

图 4-20 煤层上覆砂体偏移数据体和道积分数据体的属性对比

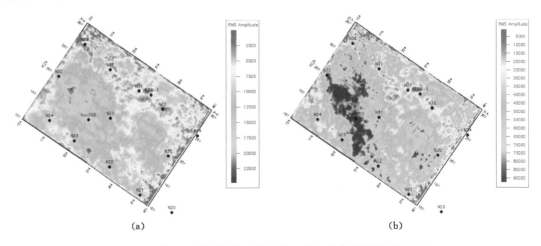

图 4-21　煤层下伏砂体偏移数据体和道积分数据体的属性对比

4.4.1.4　基于测井资料的叠后地震反演

砂岩厚度预测目前主要应用波阻抗反演方法,它将测井资料较高的垂向分辨率与地震较好的横向连续性相结合,得到既有较高垂向分辨率又有较好横向连续性的反演剖面,对地震资料进行高频和低频恢复,将地震有限频带扩展为宽带,把界面性的地震资料转换成可与测井资料对比,具有岩性特征并有明确地质意义的波阻抗资料,对其进行地质解译,从而达到岩性分布预测的目的。

波阻抗反演就是把叠后地震数据集中的每一道变换为一个伪声波阻抗(pseudo-acoustic impedance)曲线的过程。目前常用的波阻抗反演软件有 Jason、Strata 和 E-log 等,方法主要分三类:递归反演、稀疏脉冲反演、基于模型反演,本项目利用 Jason 软件进行波阻抗反演,采用基于模型反演结合稀疏脉冲的反演方法,该方法由于能够综合运用地震资料的横向连续性与测井资料的垂向分辨率,因而最终可以提高反演结果的精度,其反演流程如图 4-22 所示。本次在地震精细解译和测井处理的基础上,运用 Jason 反演软件进行岩性预测。

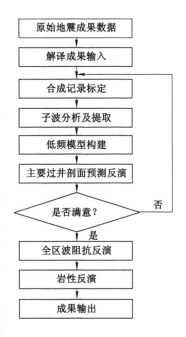

图 4-22　岩性反演流程图

（1）测井曲线校正与分析

本次共收集了 16 个钻孔资料,包括 N20、N21、N22、N23、N24、N30、N31、N32、N33、N34、N35、N36、N37、N38、HLDM-1 及槐 200,其中 N20、N33、N34 钻孔位于勘探区外。选取勘探区内的 13 个钻孔进行分析,其测井曲线系列主要为声波、自然伽马、井径、视电阻率、自然电位及密度,最终选定声波、自然伽马、视电阻率和密度曲线作为基础曲线(表 4-10)。从表 4-10 可看出:HLDM-1 钻孔终孔深度距离 2 号煤层底板 47.55 m,槐 200 钻孔终孔深度距离 2 号煤层底板约 267 m,其他 11 个孔的终孔深度距离 2 号煤层底板平均约 12.9 m,最小 8.75 m,最大 19.10 m。各钻孔柱状图显示 2 号煤层下部主要为砂泥互层。

表 4-10　钻孔资料测井系列统计表

钻孔	2 煤顶底板 /m	终孔深度 /m	终孔与 2 号煤层距离/m	声波	自然伽马	视电阻率	自然电位	密度
N-21	537.05～541.35	556	14.65	√	√	√	√	√
N-22	524.70～529.85	543	13.15	√	√	√	√	√
N-23	593.10～600.25	609	8.75	√	√	√	√	√
N-24	646.80～653.35	668	14.65	√	√	√	√	√
N-30	522.65～528.10	542	13.90	×	√	√	√	√
N-31	556.75～563.90	574	10.10	×	√	√	√	√
N-32	539.60～545.00	556	11.00	√	√	√	√	√
N-35	569.60～572.00	581.95	9.95	√	√	√	√	√
N-36	627.55～634.70	648.45	13.75	×	√	√	√	√
N-37	620.70～624.00	643.10	19.10	√	√	√	√	√
N-38	647.70～651.00	664.75	13.75	×	√	√	√	√
HLDM-1	585.00～588.00	635.55	47.55	√	√	√	√	√
槐 200	472.67～478.86	745.82	266.96	√	√	√	√	×

（2）子波提取及井震标定

子波的提取是波阻抗反演的基础,它能确定地震反射与地质界面的对应关系,同时也是认识工区地震资料波组特征的关键。在上述对井资料进行分析的基础上,对工区内的主要波组进行分析研究,以 HLDM-1 和槐 200 钻孔为主要钻孔对井曲线进行了分析、计算,得到了各井的伪声波时差曲线,以煤层作为标志层,进行多次标定和子波估算,并进行井震标定。图 4-23 为槐 200 钻孔煤层附近的柱状图,可看出煤层上覆存在延安组二段第一旋回下部砂

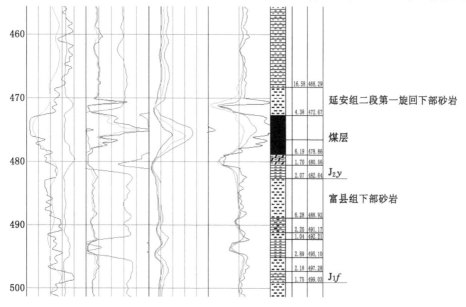

图 4-23　槐 200 钻孔柱状图（煤层附近）

岩,煤层下部存在富县组下部砂岩,该两段砂岩与煤层存在较强的波阻差异,形成波阻抗界面,煤层为负相位。本次研究主要针对煤层附近的两个强相位进行了研究,即煤层上部的延安组二段第一旋回下部砂岩与煤层下部的富县组下部砂岩。

(3)地质模型建立与叠后地震反演

通过测区内的层位解释成果数据、地质钻孔资料结合地质分层的资料,分析砂层横向变化情况,建立全三维低频模型,图4-24为地震提取子波生成的低频模型联井剖面。利用三维地震数据体、煤层反射波解释层位、测井数据、岩性及柱状数据,结合地质资料对勘探区进行了多井约束下的三维叠后波阻抗反演。图4-25为联井反演剖面。

图4-24 地震提取子波生成的低频模型联井剖面

图4-25 联井反演剖面

(4)砂体厚度趋势分析

在上述反演波阻抗数据体的基础上对目的层进行解释,得到最终的解释成果。图4-26为煤层上覆延安组二段第一旋回下部砂岩厚度趋势图,图4-27为煤层下伏富县组下部砂岩厚度趋势图。

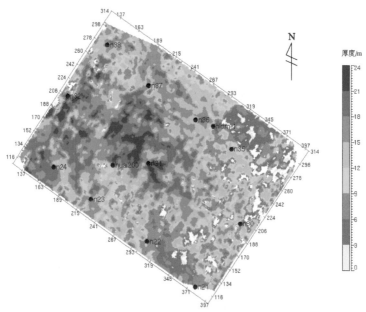

图4-26 煤层上覆延安组二段第一旋回下部砂岩厚度趋势图

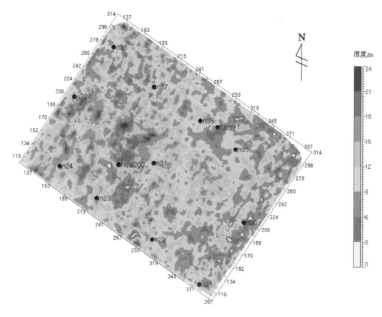

图 4-27　煤层下伏富县组下部砂岩厚度趋势图

4.4.2　井下二维地震勘探

为进一步查明煤层底板砂岩厚度分布情况,在 203 工作面回风巷和运输巷各布设一条二维测线,测线长度为 600 m,203 回风巷内的测线(以下称 L1 测线)位于 6 号联络巷以里 67.39 m 处,203 运输巷内的测线(以下称为 L2 测线)位于 5 号联络巷以外 84.83 m 处,具体如图 4-28 所示,共计完成生产物理点 122 个。

图 4-28　测线位置

4.4.2.1　地震资料处理

本次资料处理采用 SeisImager 处理软件,基于层析成像方法完成本区资料处理工作。整个资料处理主要由三大部分组成:

(1)初至时间拾取

初至波拾取的目的是得到地震波由激发点到接收点射线的最小传播时间,以作为层析反演射线走时的目标函数,拾取工作一般在共炮点道集上进行。本次处理观测系统和初至的拾取采用绿山软件进行,拾取完成后采用 SeisImager 处理软件进行反演。由于本次采用折射层析法对煤层下部速度结构进行反演,拾取时近炮点的直达波初至和远偏离距点的折射波初至均进行了拾取,如图 4-29 所示。

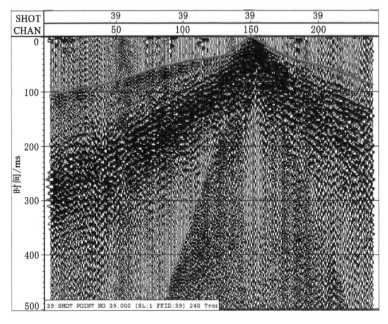

图 4-29　折射层析的初至拾取

（2）速度模型建立

层析反演速度结构需要建立初始的煤层下部速度结构,初始模型应能尽量反映客观变化规律,确保反演精度和迭代速度。本区直达波和折射波均较发育、清晰,因此在处理中采用折射波法建立初始的煤层下部速度结构,这种方法建立的速度结构与真实情况较为接近,可以很好地保证反演精度和迭代速度。

图 4-30 为将拾取的初至波按照偏移距进行绘图,并进行分段线性拟合,通过纵向线性插值后得到深度域的速度曲线,横向延拓后得到的二维初始速度模型,如图 4-31 所示。

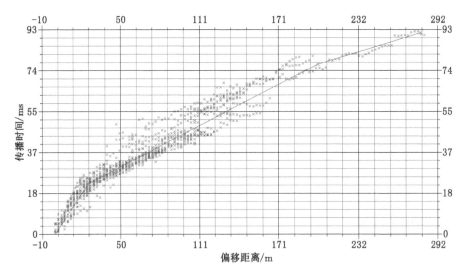

图 4-30　根据拾取的初至波和直射波进行初始速度建模

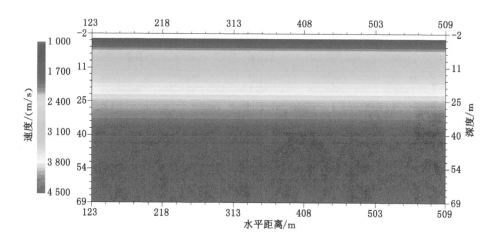

图 4-31　初始速度模型

（3）层析成像处理

在应用折射波法建立煤层下部速度模型后,将此速度结构作为初始的速度模型进行层析反演。层析反演过程首先在要对反演区域进行网格化处理,本次处理中采用的网格参数为 1 m×1 m。采用 SIRT 反演算法对浅层速度进行了重构,处理中反演次数选为 6 次（收敛曲线见图 4-32）。

4.4.2.2　解释成果

（1）L1 测线

利用上述层析成像技术对 L1 测线反演得到的深度-速度剖面如图 4-33 所

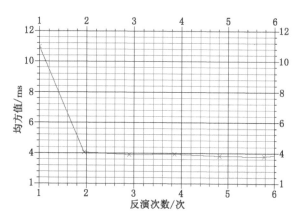

图 4-32　反演收敛曲线

示,解释线为根据 20304 钻孔资料对比解释得到的富县组内的砂泥岩界面和瓦窑堡组的顶界面。

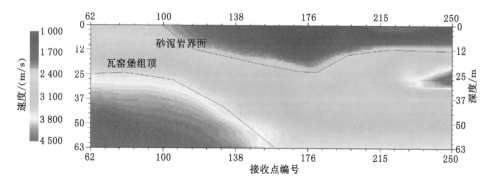

图 4-33　解释出的砂泥岩界面和瓦窑堡组顶界面

（2）L2 测线

利用上述层析成像技术对 L2 测线反演得到的深度-速度剖面如图 4-34 所示，解释线为根据 20304 钻孔资料对比解释得到的富县组内的砂泥岩界面和瓦窑堡组的顶界面。

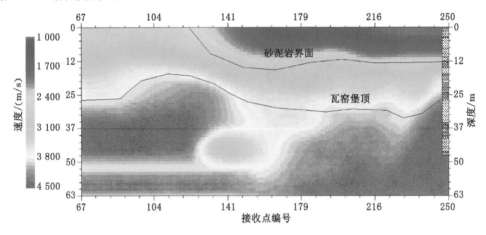

图 4-34　解释出的砂泥岩界面和瓦窑堡组顶界面

（3）基于井下二维折射的叠后地震反演

图 4-35 为 203 工作面的回风巷和运输巷的二维折射速度图与 203 工作面的叠合。图中可以看出，油型气高浓度区与速度剖面图的低速区较为吻合，这可能是由于岩层在含气后波传播速度降低所致［纵波速度在含气饱和度 20%～70% 范围内会显著减小（曾静波等2014；陈克勇等，2006）］。203 工作面的回风巷和运输巷的二维井下折射速度，结合原始三维地震数据进行了低速砂体的反演，通过反演获得了三维反演数据体，如图 4-36 所示。

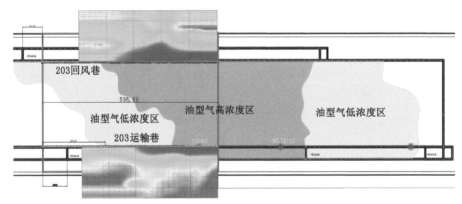

图 4-35　回风巷和运输巷的二维井下折射速度图与 203 工作面的叠合

203 工作面回风巷的反演剖面如图 4-37 所示，203 工作面运输巷的反演剖面如图 4-38 所示，与回风巷 L1 线和运输巷 L2 线二维井下折射速度图基本一致。

对反演的三维数据体进行了三维可视化和雕刻，提取了低阻抗（低速度）的砂体区域，并获得其厚度分布，与前期预测的范围对比吻合度较高，见图 4-39 反演结果与采掘工程图的叠合显示。

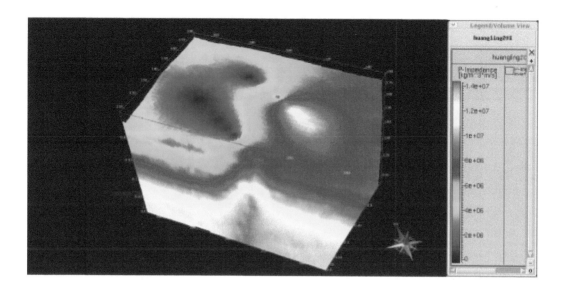

图 4-36　203 工作面反演三维数据体

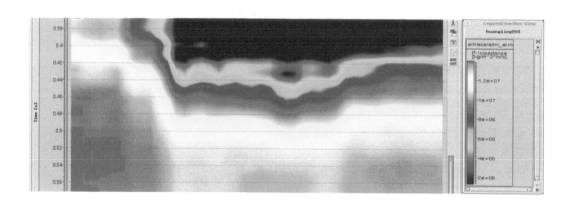

图 4-37　203 工作面回风巷 L1 线反演剖面

图 4-38　203 工作面运输巷 L2 线反演剖面

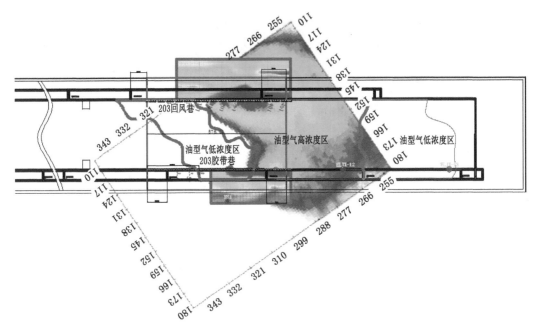

图 4-39　基于井下二维折射速度的叠后稀疏脉冲反演结果与采掘工程图的叠合

4.5　矿区油型气储集层综合判定及空间展布

4.5.1　油型气(瓦斯)储集层综合判定

　　根据地面补充勘查、井下取芯勘查、测井资料再解译等勘查资料的整理分析统计,矿区范围内总共有 7 个砂岩含气层段(表 4-11),其中,延三段砂岩、延二段二旋回砂岩以及 2 煤-3 煤层间砂岩等 3 层分布范围有限,在矿区范围内零星分布,不好做全区对比。因此,经过分析和研究,将 4 个连续性较好的砂岩储集层确定为本区的主要含气层,分别为直罗组一段砂岩含气层、延二段七里镇砂岩含气层、富县组下部砂岩含气层、瓦窑堡组顶部砂岩含气层(主要为瓦窑堡组第二旋回下部细粒砂岩和瓦窑堡第三旋回下部细粒砂岩层,见图 4-40)。

表 4-11　瓦斯、油型气储集层汇总表

重点含气层段	岩性	气测异常钻孔数/个	钻孔编号
直罗组一段砂岩	中粗粒砂岩	3	HLDM-1、HLDM-5、HLDM-6
延三段砂岩	细粒砂岩	4	YS12、槐 157、槐 197、黄参 39
延二段二旋回砂岩	粉砂岩	6	YS41、槐 157、槐 158、槐 197、槐 200、黄参 39
延二段七里镇砂岩	细粒砂岩	26	HLDM-3、HLDM-4、槐 157、槐 197、槐 200、N37、N25、N34、N46、N61、N17、N19、N47、N29、N4、N8、N10、N45、N1、N7、N16、N35、20509、20510、YS47、YS39
2 号煤层	煤	—	所有气含量测试及气测录井钻孔
2 煤-3 煤层间砂岩	细粒砂岩	2	20509、20510

表 4-11(续)

重点含气层段	岩性	气测异常钻孔数/个	钻孔编号
3 号煤层	煤	—	所有气含量测试及气测录井钻孔
富县组下部砂岩	中细粒砂岩	11	HLDM-2、槐 200、黄参 24、HLJX-12、20304、20506、20507、20508、40903、40904、40905
瓦窑堡组顶部砂岩 (第二、三旋回)	细粒砂岩	20	HLDM-1、HLDM-3、HLDM-4、HLDM-5、槐 157、槐 158、槐 159、槐 200、20501、20502、20503、20504、20510、40901、40902、40903、40904、40905、YS12、YS20

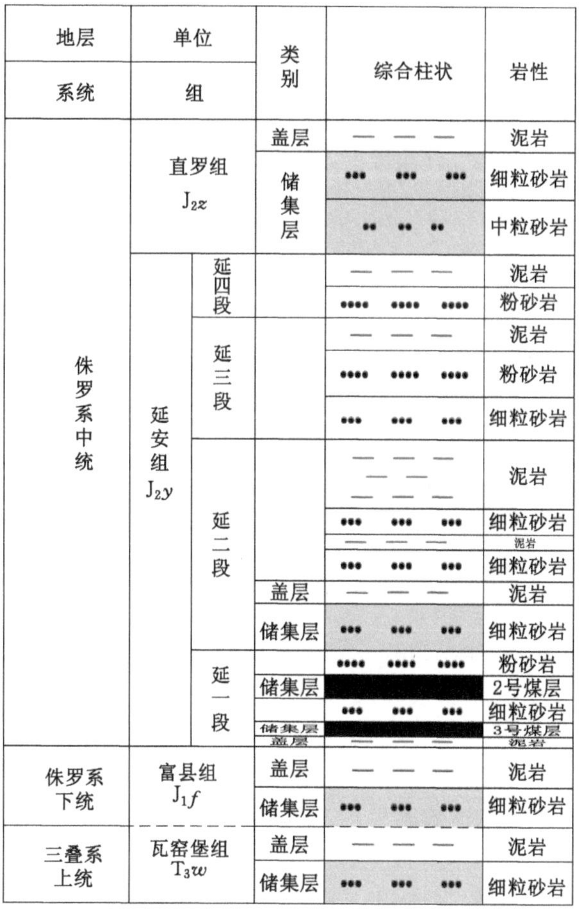

地层		单位		类别	综合柱状	岩性
系统		组				
侏罗系中统		直罗组 J₂z		盖层	— — —	泥岩
				储集层	••• ••• •••	细粒砂岩
					•• •• ••	中粒砂岩
		延安组 J₂y	延四段		— — —	泥岩
					•••• •••• ••••	粉砂岩
			延三段		— — —	泥岩
					•••• •••• ••••	粉砂岩
					••• ••• •••	细粒砂岩
			延二段		— — —	泥岩
					••• ••• •••	细粒砂岩
					— — —	泥岩
					••• ••• •••	细粒砂岩
				盖层	— — —	泥岩
				储集层	••• ••• •••	细粒砂岩
			延一段		•••• •••• ••••	粉砂岩
				储集层	███	2 号煤层
					••• ••• •••	细粒砂岩
				储集层	███	3 号煤层
				盖层	— — —	泥岩
侏罗系下统		富县组 J₁f		盖层	— — —	泥岩
				储集层	••• ••• •••	细粒砂岩
三叠系上统		瓦窑堡组 T₃w		盖层	— — —	泥岩
				储集层	••• ••• •••	细粒砂岩

图 4-40 储集层地层柱状示意图

同时,考虑煤层本身就是较好的储集层,因此结合矿区主要分布的 2 号煤层和 3 号煤层,综合确定矿区内有 6 个储集层,其中,油型气储集层 4 个,即直罗组一段砂岩含气层、延二段七里镇砂岩含气层、富县组下部砂岩含气层、瓦窑堡组顶部砂岩含气层;煤储层 2 个,即 2 号煤层和 3 号煤层。同时,所有气含量测试及气测录井钻孔均提示 2 号煤层和 3 号煤层含气,故下面仅对 4 个砂岩含气层的气显示情况进行叙述。

（1）直罗组一段砂岩含气层

地面 3 口井 HLDM-1 井、HLDM-5 井、HLDM-6 井气测录井显示含气层段均位于直罗组一段,岩性以中、粗粒砂岩为主,含气层位厚度为 1.05～9.0 m,平均厚度为 4.68 m,含气层段深度 321.00～574.80 m,其中最深为 HLDM-6 井,最浅为 HLDM-5 井。3 口地面井均位于井田的北部,直罗组一段中粗粒砂岩层较厚,在 34.95～44.11 m 之间,平均 38.74 m。

（2）延二段七里镇砂岩含气层

延二段七里镇砂岩含气层主要以细粒砂岩为主,含气层段深度变化较大,在 465.30～783.45 m 之间,其中,最深为 YS47 井(含气层段深度 759.65～783.45 m),最浅为槐 157 井(含气层段深度 465.30～468.70 m)。该含气层厚度变化较大,在 2.80～23.80 m 之间,平均为 7.22 m。

（3）富县组下部砂岩含气层

地面油井及补勘钻孔气测录井解译的含气层位深度变化较大,在 372.93～615.00 m 之间,其中最深为 HLDM-2 井,最浅为黄参 24 井,含气层段厚度 5.68～15.00 m,平均 8.99 m,岩性以细粒砂岩为主。井下勘查钻孔揭露的富县组含气层段垂直深度(距孔口)在 3.68～34.53 m 之间,最深为 20508 孔,其中 20508 孔和 20510 孔均有两层含气层,井下钻孔揭露含气层厚度在 2.19～21.2 m 之间,平均为 8.32 m,岩性主要以细粒砂岩为主,局部发现粉砂岩分布。

（4）瓦窑堡组顶部砂岩含气层

地面勘探井和油井气测录井解译显示,瓦窑堡组砂岩层含气层段深度在 465.30～656.00 m 之间,最深处位于地面 HLDM-4 井,最浅处为槐 157 井。含气层段厚度在 2.00～17.76 m,平均为 6.77 m,岩性以细粒砂岩和粉砂岩为主,气测录井解释在瓦窑堡组共有 12 层含气层,其中部分钻孔有多层含气层显示,如槐 200 井、HLDM-5 井和 HLDM-1 井。井下 205 工作面和 409 工作面勘查钻孔资料显示,共计揭露 14 层瓦窑堡组砂岩层含气层段,深度在 28.34～70.04 m 之间,最深处位于 40904 井,最浅处为 20501 孔,409 工作面勘查孔揭露的瓦窑堡组含气层段深度普遍大于 205 工作面。含气层段厚度在 1.26～13.77 m,平均为 5.84 m,岩性以细粒砂岩和粉砂岩为主,其中部分钻孔有多层含气层显示,20501 孔、20502 孔显示有 3 个含气层段,40905 孔显示有 2 个含气层段。此外,在井下探采钻孔钻进至瓦窑堡组地层时,有较为明显的冒气泡、漂油花等现象,充分说明了瓦窑堡组是本区一个重要的含气地层。

4.5.2 油型气(瓦斯)储集层空间展布

（1）直罗组一段砂岩

直罗组一段砂岩发育于直罗组下段,全井田分布,厚度为 13.0～77.89 m,平均 47.82 m。总体上直罗砂岩厚度变化不大,呈现中间厚、两端薄的趋势。除井田 N19、FX40 和 R126 钻孔以北和南部 R65 和 R55 钻孔以南部区域,沉积厚度小于 30 m 以外,其他区域沉积厚度基本大于 40 m。YS15、YS20 和 YS25 钻孔一线,沉积厚度较大,最厚达 80 m 以上(图 4-41)。直罗组一段砂岩顶面起伏不平,顶面标高为 719.22～974.86 m,平均 873.75 m,高差 255.64 m。总体上直罗组一段砂岩顶面标高等值线走向北北东,呈现东高、西低的趋势(图 4-42)。井田西部变化趋势较缓,FX40-R127-YS24 钻孔以西高程普遍低于 870 m,仅在 YS13 钻孔附近高程达 910 m。顶面最高处位于井田东南部 R1、N51 和 N55 钻孔一线,

高程达＋950 m 以上。直罗组一段砂岩与 2 号煤层间距变化较大，间距范围为 5.49～
115.8 m，平均 83.33 m。总体上直罗组一段砂岩与 2 号煤层间距较大，呈现由南向北间距
变大的趋势。井田范围内，直罗组一段砂岩与 2 号煤层间距普遍大于 70 m，仅个别钻孔附
近间距较小，南端 R55 钻孔间距最小为 5.49 m（图 4-43）。

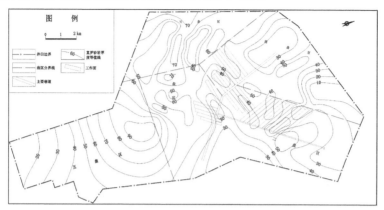

图 4-41　直罗组一段砂岩厚度等值线图

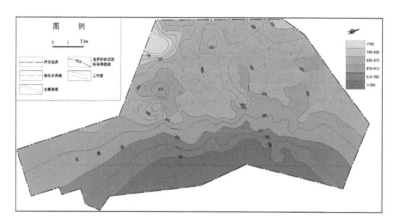

图 4-42　直罗组一段砂岩顶面标高等值线图

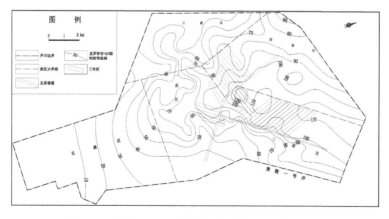

图 4-43　直罗组一段砂岩与 2 号煤层间距等值线图

（2）延二段七里镇砂岩

延二段七里镇砂岩沉积范围比较广,除在井田南端零星区域沉积缺失外,其他区域均有沉积,厚度为 0.35～29.05 m,平均 8.03 m。井田范围内延二段七里镇砂岩沉积厚度不大,普遍小于 15 m。仅在个别地方沉积较厚,如西南部 YS8、YS29 和 YS35 钻孔区域,北部 N36 和 N50 钻孔区域沉积厚度较厚,最厚达 25 m 以上（图 4-44）。延二段七里镇砂岩顶面标高 691.06～892.41 m,平均 760.34 m,高差 201.35 m。总体上顶面标高呈现西部低且平缓,东部高且陡的趋势（图 4-45）。西部由 720 m(N61 钻孔)升至东南部 900 m(R1 钻孔)。主巷道东北部 R78 钻孔附近,存在局部高点。

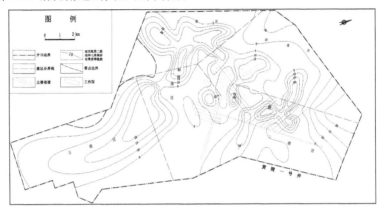

图 4-44　延二段七里镇砂岩厚度等值线图

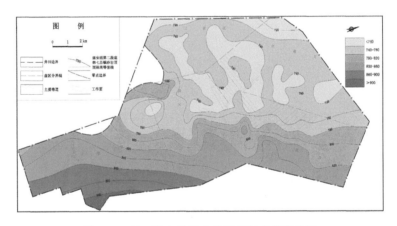

图 4-45　延二段七里镇砂岩顶面标高等值线图

延二段七里镇砂岩与 2 号煤层间距范围为 0～28.81 m,平均 1.48 m。总体上该段砂岩与 2 号煤层间距较小,大部分为 2 号煤层的直接顶板,间距为零。个别区域砂岩与 2 号煤层间距大于 18 m,尤其东南部 YS42 钻孔附近,达 30 m 以上（图 4-46）。

（3）2 号煤层

2 号煤层位于延安组第一段的中、上部,煤层厚度为 0～7.15 m,平均为 3.30 m。井田范围内,除在井田南端零星区域沉积缺失外,2 号煤层基本全区分布。总体上呈现厚度由中间向井田边界减小的趋势（图 4-47）。先期开采地段煤层较厚,普遍达 4 m 以上,中部 R53、N23 和 N25 钻孔一线沉积厚度达 6 m 以上,西部最薄处厚 0.05 m(FX16 钻孔)。2 号煤层

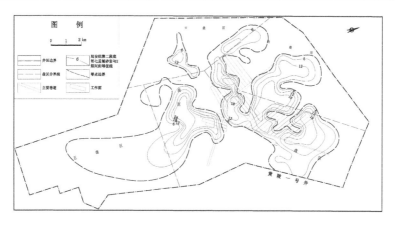

图 4-46 延二段七里镇砂岩与 2 号煤层间距等值线图

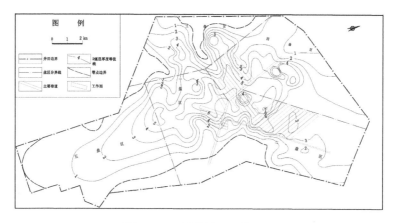

图 4-47 2 号煤层厚度值线图

全区大部可采,属厚度稳定的煤层。

2 号煤层顶面标高为 673.23~873.66 m,平均 744.22 m,高差 200.43 m。总体上顶面标高等值线走向北北东,呈现西北低、东南高的趋势(图 4-48)。井田内,2 号煤层顶面起伏不平,顶面最高处位于东部 R55、R62、N54 和 N55 钻孔一线,高程达+860 m 以上;顶面最

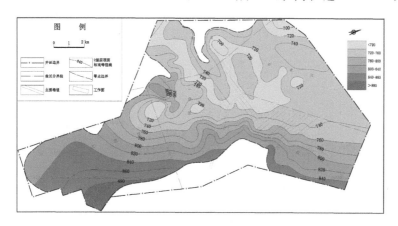

图 4-48 2 号煤层顶面标高值线图

低处位于 YS12 和 YS29 钻孔附近,高程在+680 m 以下。

（4）3 号煤层

3 号煤层位于延安组第一段的下部,煤层厚度为 0~3.80 m,可采范围内煤厚 0.85~3.80 m,平均厚 2.09 m。分布于井田内东北角一带,即二盘区西北部及四盘区东北部。总体上呈现厚度由中间向四周减小的趋势(图 4-49)。

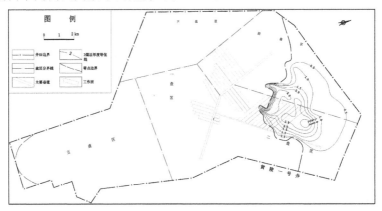

图 4-49　3 号煤层厚度值线图

3 号煤层顶面标高为 698.39~808.38 m,平均 734.37 m,高差 109.99 m。总体上顶面标高等值线走向北东,呈现西低、东高的趋势(图 4-50)。井田内 3 号煤层顶面呈一单斜,顶面最高处位于东部 N55 孔附近,高程达+810 m 以上;顶面最低处位于 N47 和 N38 钻孔附近,高程在+720 m 以下。

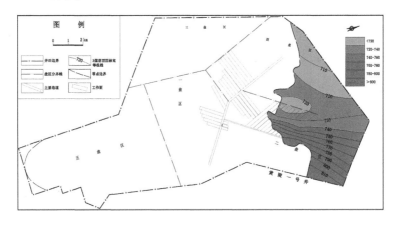

图 4-50　3 号煤层顶面标高等值线图

3 号煤层与 2 号煤层间距范围为 0~14.31 m,平均 5.48 m。总体上该段砂岩与 2 号煤层间距较小,在部分地区两层煤合并成一层,后面间距逐渐增大。总体表现为南部间距小、北部间距大的趋势(图 4-51)。

（5）富县组下部砂岩

富县组下部砂岩沉积范围不大,仅在井田北部区域和南部零星区域有沉积,厚度范围 0~27.23,平均 3.08 m。该组砂岩沉积厚度小,大部分小于 12 m,仅在井田东北部 R112 和

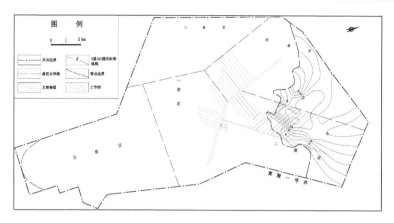

图 4-51 3 号煤与 2 号煤层间距等值线图

R127 钻孔一线,沉积厚度较大,最厚达 20 m 以上(图 4-52)。

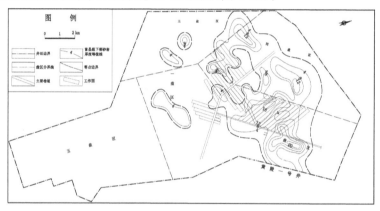

图 4-52 富县组下部砂岩厚度等值线图

该组下部砂岩顶面起伏不平,顶面标高 663.13～844.41 m,平均 727.20 m,高差 181.28 m。总体走向呈北北东向,顶面标高由西向东逐渐增高(图 4-53)。东部 N55 和 R107 钻孔一线高程达＋840 m 以上。

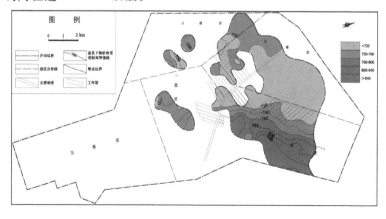

图 4-53 富县组下部砂岩顶面标高等值线图

该组下部砂岩赋存于 2 号煤层之下,与 2 号煤层间距 0～23.28 m,平均 6.28 m。总体上呈现由南部间距小、北部间距大的趋势。该段砂岩与 2 号煤层间距变化不大,一般间距 3.0～12.0 m,N47 和 N50 钻孔以北,间距达 15 m 以上(图 4-54)。

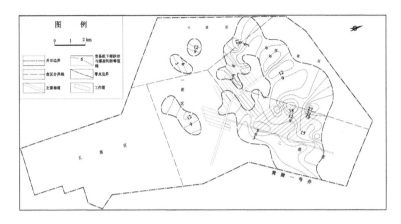

图 4-54　富县组下部砂岩与 2 号煤层间距等值线图

（6）瓦窑堡组顶部砂岩

该组砂岩沉积范围比较广,大部分钻孔未揭露该组底部,厚度变化范围为 1.23～56.97 m,平均 19.41 m。该组砂岩沉积厚度较大,除 R69 和 N39 钻孔区域沉积厚度小于 10 m 外,其他区域厚度普遍大于 20 m,R68 和 YS40 钻孔一线厚度达 50 m 以上(图 4-55)。

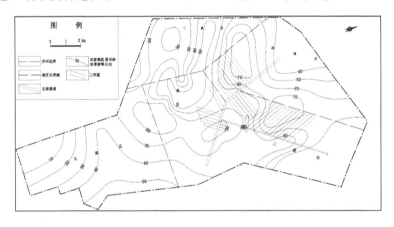

图 4-55　瓦窑堡组顶部砂岩厚度等值线图

该组砂岩顶面起伏不平,顶面标高 612.77～839.75 m,平均 708.94 m,高差 226.98 m。顶面标高等值线呈现由西北向东南逐渐增高的趋势(图 4-56)。东南部 R65 和 R1 钻孔一线逐渐增高至＋800 m 以上。

该组砂岩赋存于 2 号煤层之下,与 2 号煤层间距为 2.2～101.67 m,平均 32.67 m。总体上该段砂岩与 2 号煤层间距较大,普遍大于 25 m,仅在 N11 和 R24 钻孔附近,间距小于 15 m(图 4-57)。

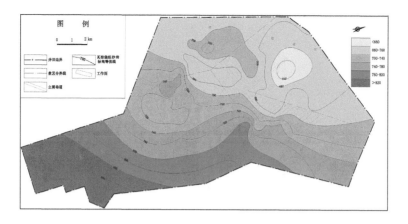

图 4-56　瓦窑堡组顶部砂岩顶面标高等值线图

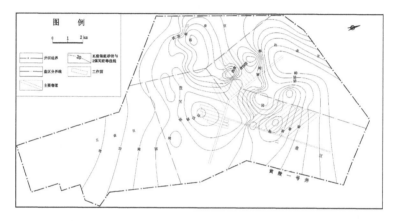

图 4-57　瓦窑堡组顶部砂岩与 2 号煤层间距等值线图

5 矿井油型气赋存规律及预测技术

5.1 油型气赋存主控因素分析

在黄陵二号井田范围内,迄今发现了18个异常涌出点(含钻孔涌出)(图5-1),将这些涌出点对应到相应储集层段,发现迄今为止瓦斯涌出层段主要集中在延二段七里镇砂岩段、富县组下部砂岩段和瓦窑堡组顶部砂岩段。通过分析这18个异常涌出点的分布规律,找出其主控因素,以期达到对未知范围的预测。

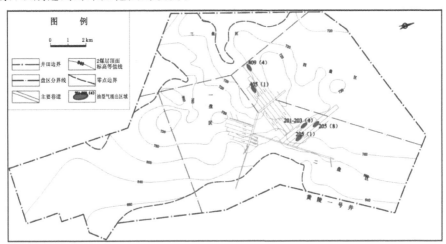

图 5-1 黄陵二号煤矿 18 个异常涌出点位置图

(1)褶曲构造

矿区构造简单,总体构造格架是一个具有波状起伏的倾向北西的单斜构造,地层倾角一般 1°～5°,局部达 7°～15°。从 2 号煤层底板等高线图上可以明显反映出:延安组呈一倾向北西西的单斜构造,其上发育有两个较大的宽缓波状起伏,一是位于井田中部,纵向贯穿井田大部的宽缓波谷,由近南北向转为北北东向,并逐渐变窄,长约 34 km,南部宽约 5 km,中部宽约 2.6 km,北部宽约 3.7 km,波幅 40～70 m;二是位于井田西部一走向北北东向的宽缓波峰,长约 28 km,宽约 3.5 km,波幅 20～30 m。

褶曲对瓦斯的赋存控制作用主要如下:当顶板封闭条件良好时,背斜轴部和向斜的转折端(斜坡)有利于瓦斯富集(袁珍,2007)。将 3 个储集层段的异常涌出点与对应储集层的顶面标高图进行叠合,发现涌出点的平面分布与褶曲形态有比较密切的关系,主要集中在背斜的轴部和背向斜转折端(斜坡)附近。如延二段七里镇砂岩储集层中瓦斯异常涌出点位于背斜和向斜转折端附近,富县组下部砂岩储集层中瓦斯异常涌出点位于宽缓背斜轴部和断裂附近,瓦窑堡组顶部砂岩储集层中瓦斯异常涌出点位于背斜轴部和背向斜转折端附近(图5-2~图5-4)。

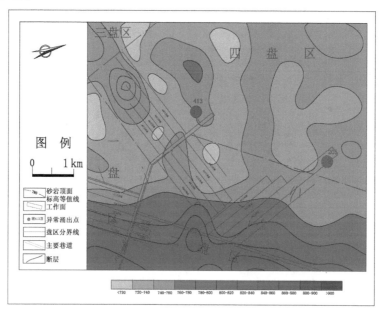

图 5-2　延二段七里镇砂岩储集层顶面标高与瓦斯异常涌出点位置图

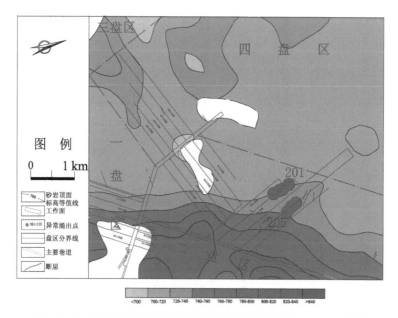

图 5-3　富县组下部砂岩储集层顶面标高与瓦斯异常涌出点位置图

(2)断裂构造

矿区内断裂发育较少,根据二维地震勘探和井巷采掘资料,井田共发育有 6 条规模较小的断裂,其中 $F_1 \sim F_4$ 断层是巷道揭露的新断层,F_5 和 F_6 断层在巷道揭露范围的外围,还没

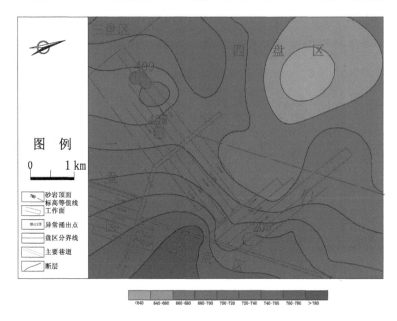

图 5-4　瓦窑堡组顶部砂岩储集层顶面标高与瓦斯异常涌出点位置图

有井巷工作验证。

　　井田内发育的断层均为高角度正断层,断层走向一般为 NE～SW,倾角 60°～80°,6 条断层中,除 F_3 断层的最大落差小于 10 m 外,其他各断层的最大落差均大于 10 m 小于 12.5 m,延伸长度为 1.80～3.80 km。在断层附近,瓦斯沿断层向上逸散,煤层上下地层的瓦斯含量不高。但在局部,会发育一些小裂隙,这些裂隙有可能沟通下部三叠系储层,而导致局部瓦斯大量聚集。2014 年 4 月 25 日凌晨,20501 钻孔在底板以下 29.8 m 发生严重喷孔,根据巷道瓦斯浓度及通风数据计算,该孔初始瓦斯涌出量约为 9 m^3/min,在喷孔层位,发现有裂隙存在(图 5-5)。富县组储集层中发现的异常涌出点也多位于断裂附近。

图 5-5　20501 取芯钻孔岩芯裂隙图

（3）储集层埋深

将异常涌出点位置与相对应的储集层埋深图进行叠合后发现，异常涌出点主要发生在矿井深部位置（图5-6～图5-8）。如延二段七里镇砂岩储集层中413工作面的异常涌出点位于埋深550～600 m之间，处于斜坡位置。

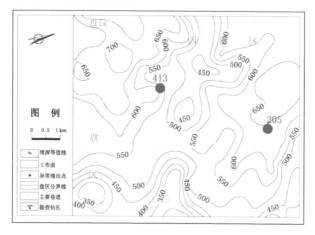

图5-6　延二段七里镇砂岩埋深与瓦斯异常涌出位置图

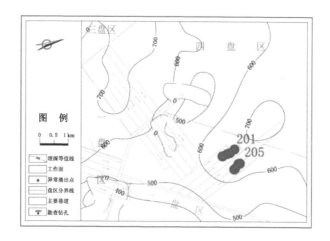

图5-7　富县组下部砂岩埋深与瓦斯异常涌出位置图

（4）储集层厚度

储层厚度也是影响油气含量的一个重要因素，理论上说，储层的厚度越大，油气的储集空间就越大，储集油气（瓦斯）的能力就越强（但不表示瓦斯含量一定就高）。延二段七里镇砂岩厚度为0.35～29.05 m，平均8.03 m；富县组下部砂岩厚度为0～27.23 m，平均3.06 m；瓦窑堡组顶部砂岩厚度为1.23～50.97 m，平均19.41 m。将异常涌出位置与储集层厚度进行叠合，发现储层厚度大的地方，并未发现大量瓦斯异常涌出。因此，储层厚度与瓦斯异常涌出并无明显联系（图5-9～图5-11）。对比各层的气测录井值及实际测得的瓦斯浓度，发现储层厚度与瓦斯含量（浓度）也无明显的线性关系。这说明在含煤地层内，储集层厚度对瓦斯异常涌出并无太大影响。

（5）储集层岩性

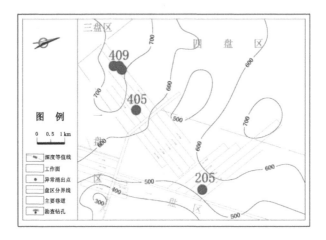

图 5-8 瓦窑堡组顶部砂岩埋深与瓦斯异常涌出位置图

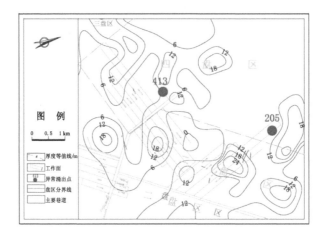

图 5-9 延二段七里镇砂岩厚度与瓦斯异常涌出位置图

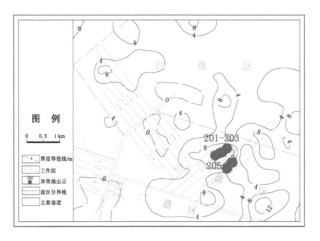

图 5-10 富县组下部砂岩厚度与瓦斯异常涌出位置图

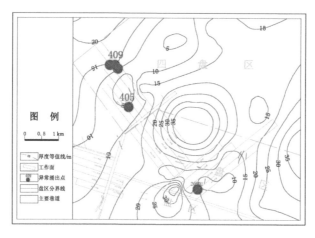

图 5-11　瓦窑堡组顶部砂岩厚度与瓦斯异常涌出位置图

储集层岩性决定着储层孔隙度、渗透率和成岩作用。一般情况下,岩性越粗,储层的孔隙度和渗透率就越好,储集油气(瓦斯)的能力就越强,反之越差。在井下施工的 21 口钻孔中,观测到瓦斯涌出的钻孔主要出气层位的岩性为细粒砂岩,仅有少量钻孔为细粒砂岩和粉砂岩互层。通过对比发现,细粒砂岩含气层位的钻孔瓦斯浓度明显高于粉砂岩和细粒砂岩互层的钻孔瓦斯浓度(表 5-1)。同时,对全井田范围内所有收集到的气测资料进行汇总对比,所有气测录井异常的层段岩性均为细粒砂岩和中粗粒砂岩,进一步研究表明在矿区范围内,储集层岩性主要为细粒砂岩和中粗粒砂岩(直罗组一段砂岩)。

表 5-1　井下部分取芯孔岩性与瓦斯浓度对应关系表

孔号	深度/m	岩性	瓦斯浓度/%
20501	39.03	细粒砂岩	90.00
20501	57.11	粉细砂岩互层	1.83
20502	56.03	细粒砂岩	>5.00
20502	64.53	粉砂岩	1.80
20506	12.36	粉砂质	0.03
20506	13.65	细粒砂岩	0.05
40901	44.15	粉细砂岩互层	0.03
40903	33.19	粉砂岩	0.47
40903	97.25	细粒砂岩	2.13

在井下施工过程中,发现许多异常涌出点在平面上涌出不连续,通过对井下取芯孔做连井剖面后发现,这些异常涌出点与砂岩的上倾尖灭和砂岩透镜体有非常密切的关系。上倾尖灭和砂岩透镜体作为一种不连续的储集层,在矿区范围内分布极不均匀。如在 203 工作面 1 800 m 左右,富县组下部砂岩储集层的瓦斯抽采孔浓度突然增高,在剖面上该部位为砂岩上倾尖灭端。

205 工作面也存在这一现象,延安组底部 2 号煤层和 3 号煤层之间的细粒砂岩上倾尖灭端、富县组砂岩储集层的上倾尖灭端在取芯过程中都发生了明显的瓦斯或油型气涌出（图 5-12）。砂岩透镜体一般分布范围较小,储层呈透镜状分布,一般被泥岩所包围,容易形成局部瓦斯及油型气聚集带,应加以重视。

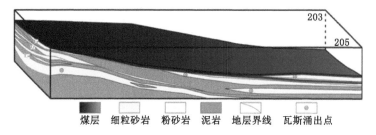

煤层　细粒砂岩　粉砂岩　泥岩　地层界线　瓦斯涌出点

图 5-12　205 工作面煤层底板三维示意图

（6）封盖条件

油气在储层（圈闭）中聚集成藏,盖层的封盖是一个重要因素。盖层的好坏及分布,直接影响着油气在储集层中的聚集和保存,是含油气系统的重要组成部分。

矿区延安组属于湖沼相沉积,整体粒度较细,泥岩、粉砂岩分布广泛,容易形成良好的区域盖层。以富县组砂岩储集层的盖层为例,盖层岩性以泥岩和粉砂质泥岩为主,在东北部发育有少量粉砂岩,说明富县组砂岩整体封闭条件较好,有利于下部瓦斯的保存（图 5-13）。纵观煤层上下 50 m 范围内,所有储集层的上部均与泥岩直接接触,少量与粉砂岩接触,泥岩的孔隙度均小于 2.6%,说明该地区泥岩的压实程度高,封闭性能好,区域盖层发育良好。因此,不再对其余储集层的盖层岩性进行详细描述。

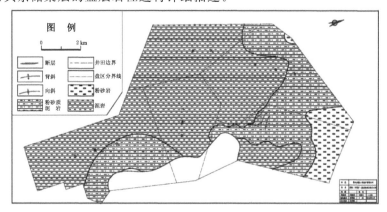

图 5-13　富县组砂岩储集层顶板岩性分布图

将矿井范围内的 18 个异常涌出点位置与其相对应储集层的盖层厚度进行叠合,试图找出异常涌出点分布位置与盖层厚度的关系。由图 5-14～图 5-16 可看出,异常涌出点的位置与盖层厚度关系并不明显。

（7）烃源岩条件

关于鄂尔多斯盆地中生界油气来源问题,前人已做过大量研究并基本达成共识,认为三叠系延长组中的长 9～长 4+5 油层组中沉积的深湖、半深湖泥岩有机质丰度、类型及成熟度良好,位于长 7 油层组中下部的"张家滩页岩"是鄂尔多斯盆地中生界优质烃源岩,其有机

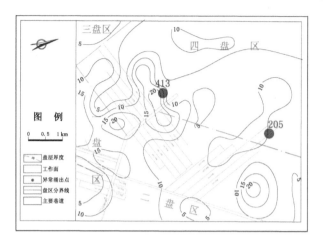

图 5-14　延二段七里镇砂岩异常涌出点位置与上覆盖层厚度图

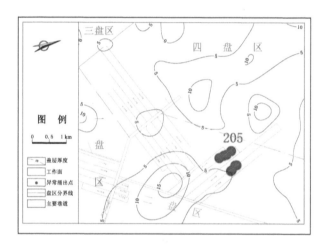

图 5-15　富县组下部砂岩异常涌出点位置与上覆盖层厚度图

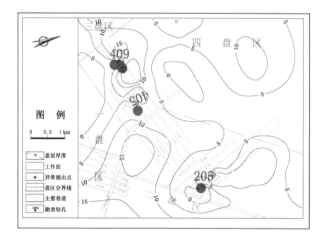

图 5-16　瓦窑堡组顶部砂岩异常涌出点位置与上覆盖层厚度图

质丰度最高,有机碳含量平均值大于 2%,氯仿沥青"A"的平均值大于 0.3%。

鄂尔多斯盆地中生界延长组镜质体反射率介于 0.50%～1.13% 之间,从盆地边缘向盆地内部增高,盆地南部高于北部。长 4+5 以上地层处于生油早期,长 4+5 以下延长组地层处于成熟阶段,甚至局部为高成熟阶段。根据前人研究成果,延长组烃源岩早白垩世(118 Ma)开始进入生油门限,早白垩世末期(10 Ma)石油大量生成;晚白垩世-古近纪以来持续有石油生成,部分烃源岩逐渐达到高成熟并开始有天然气生成。长庆油田石油地质志资料表明,延长组原油和侏罗系原油之间的同位素组成性质十分相似,与延长组烃源岩有良好的相关性,研究结果表明它们的来源是一致的,属于湖相原油,并确定了鄂尔多斯盆地南部中生界原油的主力烃源岩为延长组暗色泥岩。

研究区处于鄂尔多斯盆地南部,下部延长组烃源岩具有大面积分布,大面积生烃的特征,特别是长 7 沉积时期的张家滩页岩,是鄂尔多斯盆地主力烃源岩,其分布范围控制了油气的聚集和分布。油井资料表明,矿区以下张家滩页岩发育,该套地层生成的油气,有一部分逸散并聚集到煤系地层范围内。因此,下部三叠系烃源岩的展布对油气(瓦斯)分布从大范围上来说,有一定影响。

(8) 水文地质条件

矿井直接充水含水层为延安组裂隙含水层,补给条件差,富水性弱,钻孔单位涌水量 0.000 021 6～0.000 066 5 L/(s·m),小于 0.1 L/(s·m),水流交替作用慢,浅部地下水补给和排泄很难波及深部,中深部地下水交替缓慢,基本处于滞留状态,对瓦斯聚集比较有利。

根据上述对油型气各影响因素的分析可知,对在油气(瓦斯)赋存的各个因素中,每个因素对油气的赋存和展布都有一定影响,但影响程度不同。就 2 号井田范围内来说,下部烃源岩几乎是全区展布,因此在小范围来说,烃源岩的分布就不占主导;此外整个井田范围内水文地质条件差异不大,属于简单型,所以对油气的赋存控制作用不明显。同时,储层埋深也只是从区域上反映出油型气在深部区域相对富集,但从进一步分析可知深部油型气富集点仍是处在构造、砂岩上倾尖灭端或砂岩透镜体附近,故在此认为储层埋深只是反映油型气赋存的一种趋势,而非主控因素。

通过对油型气赋存的影响因素的对比分析,综合认为构造和岩性(细～粗粒砂岩、砂岩上倾尖灭及砂岩透镜体等)与油型气规律存在明显联系,即在背斜的轴部、背向斜的转折端、井田深部及砂岩上倾尖灭端(砂岩透镜体)油型气含量明显高于其他部位;同时,小的断层及微小裂隙会使下部储层与上部储层贯通,有利于瓦斯逸出。因此,在研究区范围内,油气的展布主要受构造(背向斜和断层)和岩性(细～粗粒砂岩、砂岩上倾尖灭及砂岩透镜体等)等因素控制。

5.2 油型气赋存规律预测技术

5.2.1 预测指标建立

煤油气共存矿井围岩气的赋存主要受构造(背斜和构造高点)和岩性(砂岩上倾尖灭、透镜体)等因素的控制,考虑储集层为围岩气的载体,因此,为了煤油气共存矿井的围岩气防治更加有针对性,以采动条件下围岩气储集层对煤层开采区域预测为基础,结合围岩气控气要素进行围岩气预测,即围岩气预测指标的建立要综合考虑围岩气储集层的分布和围岩气控气要素(开采煤层受邻近煤层瓦斯涌出影响较大时,邻近煤层按照控气要素考虑)。综合以上分析,确定围岩气预测指标为储集层分布、地质构造和岩性等指标(图 5-17)。

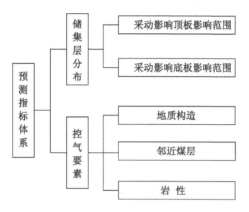

图 5-17 围岩气预测指标体系图

井田范围内 2 号煤层顶底板瓦斯及油型气的赋存和涌出主要受构造(背向斜和断层)和岩性(砂岩上倾尖灭、透镜体)等因素的控制,因此,在对瓦斯及油型气分布规律进行预测时,先逐一对各因素进行考虑,最后再进行综合汇总。

5.2.2 基于主控因素的油型气(瓦斯)区域预测

根据研究需要,对全井田范围垂直于主要构造线方向做了多条连井剖面线,如图 5-18 所示。通过这些剖面(图 5-19),能够基本反映全井田范围的构造面貌。需要特别说明是五盘区,由于见煤钻孔仅有 9 个,钻孔数量较少,对构造控制程度相对不足,不能完整体现构造形态,因此,对矿井东部五盘区的预测精度不足,对其瓦斯富集部位的预测仅为利用目前的勘查成果进行的推断,预测结果有待进一步验证。

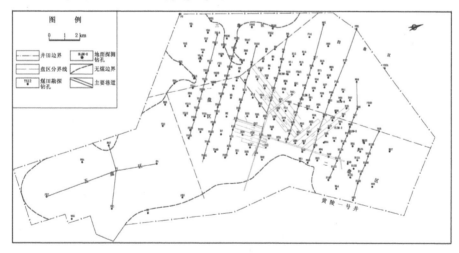

图 5-18 矿区连井剖面位置图

(1)基于构造因素的预测

基于沿主要构造线方向绘制的连井剖面(图 5-18),对与构造相关的 2 号煤层顶板和底板瓦斯及油型气可能的富集区域进行了预测(图 5-20 和图 5-21)。图中富集区域在剖面上

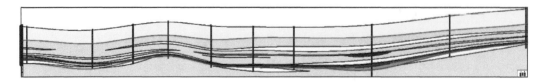

图 5-19　钻孔连井剖面示意图

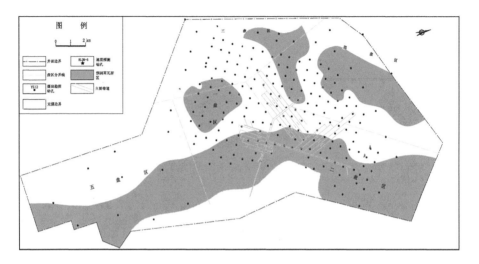

图 5-20　二号煤矿底板瓦斯及油型气区域预测（构造相关）

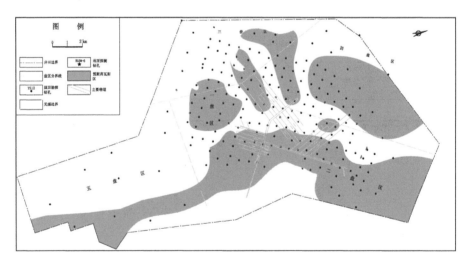

图 5-21　二号煤矿顶板瓦斯及油型气区域预测（构造相关）

均表现为背斜轴部或构造高点，由于矿区东部高、西部低，往东已经出了煤矿范围，看不到单斜高部位或背斜轴部，因此，推测可能为瓦斯富集部位。

（2）基于岩性因素的预测

在前文中确定的几个主要储集层中，砂岩透镜体和砂体上倾尖灭的展布对油型气的赋存起到重要影响。砂岩透镜体和砂体上倾尖灭作为一种特殊的油型气富集区，具有分布不连续，规律不明显的特点，因此，结合全井田范围内的 10 条主要连井剖面，对砂岩透镜体的展布范围和砂岩上倾尖灭的位置进行预测,进一步推断出 2 号煤层底板和顶板油型气可能富集的区域(图 5-22 和图 5-23)。这些富集部位均发育有砂岩透镜体或砂岩上倾尖灭,且盖层良好,对 2 号煤层顶底板瓦斯及油型气的聚集非常有利。

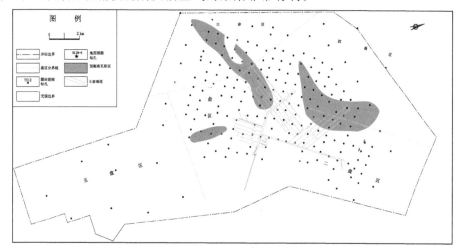

图 5-22 二号煤矿底板瓦斯及油型气区域预测(岩性相关)

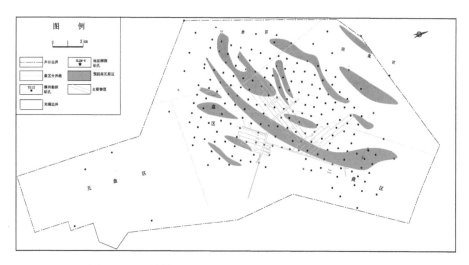

图 5-23 二号煤矿顶板瓦斯及油型气区域预测(岩性相关)

5.2.3 基于储集层分布的瓦斯及油型气区域预测

针对黄陵二号煤矿的实际情况及项目研究目标,项目组对各瓦斯及油型气储集层对煤矿开采的威胁程度做了分区。结合采矿因素,瓦斯及油型气威胁程度分区主要考虑的条件如下:

① 煤层上部采动裂隙带影响高度定为 60 m(据实际探测结果),煤层下部采动裂隙带影响深度定为煤层以下 40 m(据采动应力变化模拟结果)。因此认为,煤层采动后,赋存在煤层上方 60 m 以上和煤层下方 40 m 以下砂体中的瓦斯及油型气,由于采动裂隙高度影响不到这些区域,气体运移通道无法形成,这些砂体对采矿影响不大。

② 砂体与煤层间隔层多为泥岩和粉砂岩,其厚度大小在某种程度上影响着煤层采动后

受瓦斯及油型气威胁的程度,隔层厚度大的,受瓦斯及油型气威胁相对小;反之,则大。

③ 2号煤层的分布范围:仅在2号煤层分布区域考虑砂体对其影响,煤层缺失区域,不予考虑。

综合考虑以上因素,对各油型气储集层中气体对煤矿开采威胁程度做了分区预测,具体如下:

(1)直罗组一段砂岩

所有含油气层位中,直罗组一段砂岩孔隙发育、连通性好,渗透率高。总体上直罗砂岩与2煤层间距变化较大,呈现由南向北间距变大的趋势。隔层厚度为5.49~115.80 m,平均83.33 m,普遍大于70 m,仅个别钻孔附近间距较小,如南端R55钻孔间距最小为5.49 m(图5-24)。

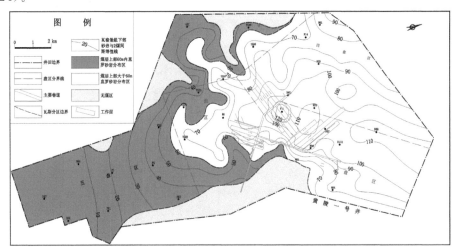

图5-24 煤层顶板直罗组一段砂岩瓦斯及油型气预测分区图

以采矿扰动条件下,裂隙带高度60 m估算,采矿可能导通直罗组一段砂岩中气体的范围为在五盘区全区以及三盘区和一盘区的部分区域,该区域直罗组一段砂岩与煤层隔层厚度小于60 m,五盘区隔层厚度为5.49~60 m,由南向北呈增大趋势;三盘区隔层厚度为40~70 m,由西向东呈增加趋势;一盘区的西部和东部隔层厚度为40~60 m。直罗组一段砂岩中气体对二、四盘区影响较小,四盘区直罗组一段砂岩与煤层隔层厚度为60~110 m,由西向东增大;二盘区隔层厚度为60~120 m,由东南向西北方向增大。

(2)延二段七里镇砂岩

延二段七里镇砂岩在黄陵二号煤矿范围内几乎全区分布,与2号煤层间距范围为0~28.81 m,平均1.48 m。总体上该段砂岩与2号煤层间距较小,大部分为2号煤层的直接顶板,间距为0。个别区域砂岩与2号煤层间距大于18 m,尤其东南部YS42钻孔附近,达30 m以上(图5-25)。

与直罗组一段砂岩不同,延二段七里镇砂岩与煤层的间距均在60 m范围内,黄陵二号煤矿井田范围内近一半区域延二段七里镇砂岩与2号煤层直接接触,为其直接顶板,这种情况下,延二段七里镇砂岩中气体对采矿影响比直罗组砂岩大得多。因此,可以将七里镇砂岩与2号煤层之间是否发育隔层作为一项重要因素考虑,进一步对七里镇砂岩的危险性进行细分：总体上，如果延二段七里镇砂岩与 2 号煤层之间有粉砂岩、泥岩等封隔性岩层存在，煤炭开采扰动条件下，如果采动裂隙没有延伸到隔层顶部，上部延二段七里镇砂岩的气体涌入采掘巷道的可能性较其他区域小一些，隔层厚度越大，涌入可能性越小，但不排除气体涌入可能。在这些区域，同样需要加强瓦斯监测和抽采；而无隔层分布的区域，瓦斯威胁相对大。下面分盘区叙述如下：

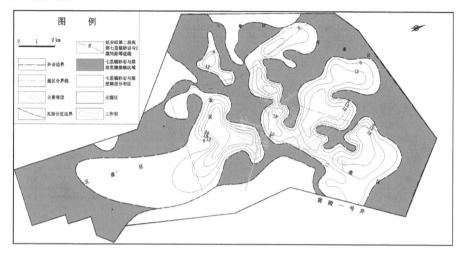

图 5-25　煤层顶板延二段七里镇砂岩瓦斯及油型气预测分区图

一盘区：该盘区中部及东南部（YS25、YS42、R29 钻孔为中心区域），延二段七里镇砂岩与煤层之间均发育隔层，厚度为 0～24 m，YS42 钻孔的延二段七里镇砂岩与煤层隔层厚度大于 24 m，该区域是一盘区受延二段七里镇砂岩中瓦斯及油型气威胁相对小的区域。除此之外，一盘区北部、南部部分区域、东北部延二段七里镇砂岩直接与煤层接触，采矿扰动下，砂岩中气体涌入巷道的可能性大。

二盘区：中部大部分区域延二段七里镇砂岩与煤层之间有隔层存在，主要为以 N57、R125、R123、槐 159 井为中心的西北-东南向区域，R40、R54、R113 钻孔为中心的西南-东北向带状区域，隔层厚度为 0～18 m，煤矿开采受延二段七里镇砂岩中瓦斯及油型气威胁相对小；东北部、西南部和西部的部分区域为直接接触，受延二段七里镇砂岩瓦斯威胁相对大。

三盘区：该盘区的延二段七里镇砂岩与煤层隔层分布于分别以 YS17 和 YS29 钻孔为中心的东西向条带和以 N3 钻孔为中心的南北向条带，最厚超过 12 m，煤矿开采受延二段七里镇砂岩中瓦斯及油型气威胁相对小；其余区域无隔层，受延二段七里镇砂岩瓦斯威胁相对大。

四盘区：在中东部以 F17-N59-N26 钻孔连线为中心的南北向条带、南部以 R23 钻孔为中心的东西向条带以及西部以 F14、N9 钻孔连线为中心的南北向条带区域，延二段七里镇砂岩与煤层之间存在隔层分布，厚度分别为 0～18 m，0～18 m 和 0～12 m，上述区域煤矿开采受延二段七里镇砂岩中瓦斯及油型气威胁相对小。该盘区中部、西北部和东北部七里镇砂岩与煤层间无隔层，受七里镇砂岩瓦斯威胁相对大。

五盘区：该盘区中部及东北部七里镇砂岩与煤层之间有隔层存在，厚度为 0～6 m。南部和西部均无隔层。总体上五盘区七里镇砂岩与煤层间隔层较薄或无隔层，煤矿开采受七里镇砂岩瓦斯威胁相对大。

（3）3 号煤层

在井田东北部 2 号主采煤层下部赋存有 3 号煤层（厚度 0.85～3.80 m），3 号煤层作为一个瓦斯赋存层位，对 2 号煤层底板瓦斯的富集也起到重要作用。由现已开采到的巷道观测，有 3 号煤层的区域，一般底板瓦斯均可能发生涌出，同时，实测 3 号煤层瓦斯含量为 1.54～4.99 m³/t，含量相对较高。受 2 号煤层的采动影响，3 号煤层会向采空区或工作面释放瓦斯。因此可以认为，凡是有 3 号煤层分布的地区，2 号煤层底板均有瓦斯赋存（图 5-26）。

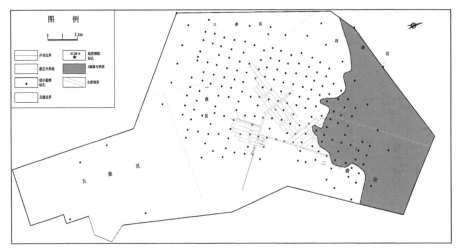

图 5-26　二号煤层底板下 3 号煤层瓦斯区域预测

3 号煤层分布于井田内二盘区西北部及四盘区东北部，与 2 号煤层间距范围为 0～14.31 m，平均 5.48 m，总体间距均比较小，均在煤矿开采的采动影响范围内，因此，在 3 号煤层赋存区，2 号煤层开采受到邻近 3 号煤层瓦斯威胁相对较大。

（4）富县组下部砂岩

与七里镇砂岩类似，富县组下部砂岩仅在黄陵二号煤矿北部赋存，全部位于 2 号煤层以下 40 m 的采动裂隙影响范围内，是瓦斯防治重点关注的层位。

富县组下部砂岩主要分布在二盘区和四盘区中部，凡是有富县组砂岩分布的区域，均有延安组一段 2 号煤层以下泥岩及粉砂岩、富县组上部泥岩及粉砂岩隔层存在，富县组下部砂岩与 2 号煤层间距 0～23.28 m，平均 6.28 m，一般间距 3.0～12.0 m，N47 和 N50 钻孔以北，间距达 15 m 以上（图 5-27），总体上呈现由南部间距小、北部间距大的趋势，该区域煤矿开采受富县组砂岩威胁相对大；二盘区和四盘区南部和北部无砂岩赋存。富县组下部砂岩在一、三盘区有小范围分布，五盘区无富县组砂岩赋存。该区域主要受下部瓦窑堡组砂岩气体的威胁。

（5）瓦窑堡组顶部砂岩

瓦窑堡组顶部砂岩与 2 号煤层间距为 2.20～101.67 m，平均 32.67 m。总体上该段砂岩与 2 号煤层间距较大，普遍大于 25 m，仅在 N11 和 R24 钻孔附近间距小于 15 m（图 5-28）。

根据采矿应力变化模拟结果，采矿扰动下，采动裂隙向煤层下部岩层延伸可能达到 40 m。基于此，瓦窑堡组顶部砂岩与煤层间距大于 40 m 的区域主要位于二、三、四盘区，隔

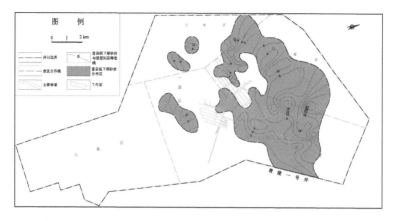

图 5-27　煤层底板富县组下部砂岩瓦斯及油型气预测分区图

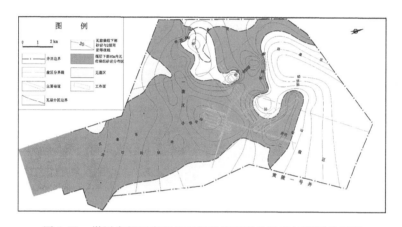

图 5-28　煤层底板瓦窑堡组顶部砂岩瓦斯及油型气预测分区图

层厚度在 40～60 m，且由南向北隔层厚度呈增大趋势，该区域采矿受瓦窑堡组顶部砂岩瓦斯威胁小；在二盘区西南部、四盘区中南部、三盘区南部部分区域隔层厚度小于 40 m，受砂岩中瓦斯及油型气威胁相对大。

一盘区、五盘区隔层厚度均低于采动裂隙影响范围 40 m，煤矿开采受瓦窑堡组顶部砂岩中瓦斯及油型气威胁大。一盘区仅西北角隔层厚度大于 40 m。

综上所述，尽管直罗组一段砂岩厚度大，分布范围 13.0～77.89 m，平均 47.82 m，层位分布稳定，总体厚度变化不大，且据邻区芦村一号煤矿资料，直罗组一段砂岩孔隙、渗透率相对较高，渗透率平均 $23.975 \times 10^{-3} \ \mu m^2$，孔隙度平均 13.27%，孔隙发育良好，连通性好，是本区域所有含气层位中储层品质最好的，达到了碎屑岩储层评价标准的Ⅳ类储层，为低孔渗储层。直罗组一段砂岩与 2 号煤层间距变化大，间隔 5.49～115.8 m，平均 83.33 m。一般来说，采矿扰动形成的垮落带和裂隙带的高度难以到达该层砂岩。但不排除该层砂岩中气体向煤矿巷道运移，故在煤矿开采期间，必须对揭露直罗组一段砂岩的区域采取防治措施，加强监测，防止事故发生。

含气层位中，延二段七里镇砂岩、富县组下部砂岩、瓦窑堡组顶部砂岩是回采 2 号煤层过程中需要重点防范的层位。七里镇砂岩与 2 号煤层间隔薄厚不一，在 0～28.81 m，2 号煤层顶板和下伏砂岩段紧邻煤层或与煤层距离较近，一旦煤矿开采，巷道形成负压区，在邻近煤层气体相对聚集的局部区域,气体可能会沿采矿形成松动圈层中裂隙向巷道运移聚集,造成瓦斯事故。瓦窑堡组顶部砂岩处于延安组煤系下部,本身为弱油气储层,由于中间富县组地层较薄(0~27.23 m,平均3.08 m),在采矿形成松动圈裂隙高度大的区域,可能导通瓦窑堡组下部含气层中的气体,形成向巷道"供气"的气源,加剧瓦斯事故的发生。

因此,延二段七里镇砂岩、富县组下部砂岩、瓦窑堡组顶部砂岩是在回采2号煤层过程中瓦斯及油型气灾害防治的重点层段,随着开采的进行,直罗组一段砂岩也要引起足够的重视。

5.2.4 顶底板瓦斯及油型气综合预测

为了对井田范围的2号煤层顶底板瓦斯及油型气的防治更加有针对性,以采动条件下直罗组砂岩、七里镇砂岩、富县组下部砂岩、瓦窑堡组砂岩瓦斯对煤层开采区域预测为基础,结合构造、岩性及3号煤层(仅底板)等控气因素对瓦斯及油型气的区域预测结果,进行黄陵二号煤矿2号煤层顶底板油型气(瓦斯)综合预测,综合预测结果划分为3级,分别表示为Ⅰ级、Ⅱ级和Ⅲ级。预测方法和等级划分详述如下:

(1)2号煤层顶板油型气(瓦斯)综合预测

① Ⅰ级区域:该区域2号煤层顶板以上60 m范围内有储集层分布,但未发现有构造或岩性等控气因素;

② Ⅱ级区域:该区域2号煤层顶板以上60 m范围内有储集层分布,存在地质构造或岩性等单一控气因素;

③ Ⅲ级区域:该区域2号煤层顶板以上60 m范围内有储集层分布,存在地质构造和岩性等两种控气因素。

(2)2号煤层底板油型气(瓦斯)综合预测

① Ⅰ级区域:该区域2号煤层以下40 m范围内有储集层分布,但未发现有地质构造、岩性或3号煤层等控气因素;

② Ⅱ级区域:该区域2号煤层以下40 m范围内有储集层分布,存在地质构造、岩性或3号煤层等单一控气因素;

③ Ⅲ级区域:该区域煤层以下40 m范围内有储集层分布,存在构造、岩性或3号煤层等两种或多种控气因素。

在以上分析的基础上,绘制出了黄陵二号煤矿顶底板瓦斯及油型气综合预测分区图(图5-29和图5-30)。从顶板瓦斯及油型气综合预测分区图中可以看出,Ⅲ级区域在一盘区主要分布在YS4-YS43-YS51、R7-R15-R29、YS21-YS40、YS19-YS53和YS29-YS38-P5-R11钻孔附近;二盘区分布较为集中,主要分布在R40-N21R42-R123钻孔一带;三盘区主要分布在YS34-YS48-R2、YS52-N9钻孔附近;四盘区分布在N5-N7-R35、N17-R71-N27-R60、N45-N47、F17-N59钻孔附近;五盘区未发现Ⅲ级含气区域。Ⅱ级区域分布范围相对较大,一盘区主要分布在东西两侧;二盘区集中发育在东部;三盘区分布范围较小,靠近盘区东部较为发育;四盘区分布较为分散,中部和南部区域相对分布范围较大;五盘区只在盘区东部发育。因为煤层顶板60 m范围内储集层在全井田内都有发育,因此,Ⅱ级、Ⅲ级分布范围以外的其他所有地区均为Ⅰ级区域,其分布范围较为广泛。

底板开采瓦斯及油型气综合预测分区图中Ⅲ级区域相对顶板来说较为集中,主要发育在二、四盘区东北部,三盘区只在R7-YS44钻孔零星分布,其余盘区未见分布。Ⅱ级区域分布范围与顶板类似,不同的是各个盘区的Ⅱ级区域分布范围明显均有扩大,说明底板瓦斯及油型气灾害较顶板更为严重。Ⅰ级区域除三、四盘区局部区块未见发育以外,几乎也是全区分布。

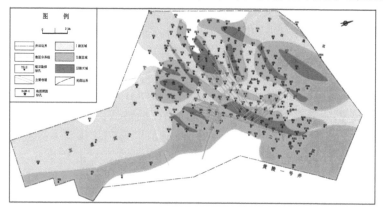

图 5-29   2 号煤层顶板瓦斯及油型气综合预测与区域划分图

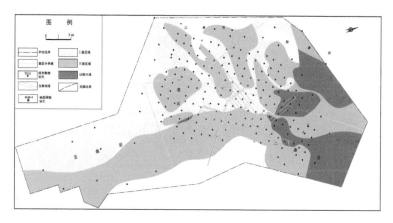

图 5-30   2 号煤层底板瓦斯及油型气综合预测与区域划分图

需要说明的是,Ⅰ级区域为储集层分布区,受致密砂岩气勘探难度和勘探程度制约,不排除局部发育有异常构造或岩性尖灭等特殊情况,如五盘区勘探程度有限,只有极少的勘探钻孔进行控制,大部分地区只能靠现有资料推测,准确度较低;Ⅱ级区域虽然受单一控气因素控制,但并不表示危险性一定小于Ⅲ级区域,也应采取足够的预防措施;Ⅲ级区域受多种控气因素控制,含油型气的可能性非常高,有些区域已经在采掘过程中得到验证,应引起足够的重视。同时,在矿区范围内,还发育一系列小断层,受当前勘探精度和技术水平制约,还不能对所有小断裂进行预测,但断裂作为一个重要的油型气运移通道,可以沟通深部储集层,导致油型气异常涌出,因此,应加强对小断裂的预测和关注。此外,本书提出的底板40 m采动影响范围是以 203 工作面各项参数为基础进行的模拟,众所周知,采动影响范围受多种因素控制,当工作面长度变化、底板岩性和构造等因素发生变化时,采动影响范围发生变化甚至会大于 40 m。综上所述,本结论是建立在目前的勘探水平下做出的推断,推断结果有待进一步验证。

5.3 油型气地质图编制

5.3.1 目的和意义

油型气赋存、分布受储层、地质构造及岩性等地质条件控制,存在明显的分区分带规律,且油型气涌出与储层距主采煤层的距离密切相关。故通过油型气地质规律研究,查清油型气储层、地质构造及岩性(砂岩透镜体、砂岩上倾尖灭体等)的分布,准确掌握油型气储集层距主采煤层的距离,使采掘工作面的油型气防治工作能够做到有的放矢。由于油型气相关参数较多且分散、各资料之间相互独立,应用时需查阅和整理具体某一方面的油型气地质资料,在使用起来不够方便。因此,需要编制一种图件能够把抽象的地质规律、油型气分布和涌出规律形象化、具体化,并进行量化和着色(彩色),能清晰地反映采掘工作面各种地质和油型气信息,此图件即为煤矿采掘工作面油型气地质图。

采掘工作面油型气地质图能够把抽象的地质规律、油型气分布和涌出规律形象化、具体化,同时达到层次清晰,一目了然,高度概括地表达采掘工作面油型气信息和地质信息,使煤矿各级管理人员和工程技术人员、科研院所研究人员在研究和掌握煤矿采掘工作面油型气地质规律、油型气赋存和涌出规律时有了共同的语言,是煤油气共生矿井油型气灾害预测、油型气防治和采掘部署的基础依据。采掘工作面油型气地质图高度集中反映煤层采掘揭露、地质勘探及专项勘查等手段测试的油型气地质信息,可准确地反映采掘工作面油型气赋存规律和涌出情况,准确预测油型气储层分布及厚度、储层距主采煤层距离等油型气地质信息,是服务于采掘工作面油型气灾害预测、油型气防治和采掘部署依据的基础性图件。

5.3.2 编制方法

(1) 资料收集与整理

① 地质资料收集

收集的地质资料应包括以下几个方面:

a. 工作面范围及邻近的勘查钻孔资料(钻孔综合柱状图、地质剖面图、测井曲线、气测录井资料等);

b. 采掘工程平面图、掘进工作面写实图;

c. 采掘工作面地质说明书及相关图件;

d. 断层、褶皱、顶底板岩性变化,地球物理方法探测的断层、岩层及岩性等;

e. 含水层、隔水层、水文地质钻孔观测描述记录等水文地质资料;

f. 地震、电法勘探等物探资料。

② 地质资料整理

按照规范标准的要求,整理采掘工作面油型气地质资料。

③ 油型气资料收集

收集的油型气资料应包括以下几个方面:

a. 掘进工作面油型气涌出资料;

b. 采煤工作面油型气涌出资料;

c. 抽采钻孔油型气涌出资料;

d. 地面地质勘探钻孔、油气井勘探钻孔、井下取芯钻孔和油型气探查钻孔等油型气涌出资料；

e. 油型气异常涌出点；

f. 油型气压力点；

g. 油型气抽采方案、抽采量等。

④ 油型气资料整理

按照规范标准的要求，整理采掘工作面油型气资料。

（2）等值线及区域预测方法

① 油型气储层厚度等值线

分析煤田地质勘探、油气勘探、井下取芯和探采钻孔等钻孔资料，统计每个钻孔、探测点油型气储层的厚度和钻孔坐标，编制油型气储层厚度等值线。

② 油型气储层与煤层间距等值线

分析煤田地质勘探、油气勘探、井下取芯和探采钻孔等钻孔资料，统计每个钻孔、探测点油型气储层顶（底）界面标高、煤层底（顶）板标高及钻孔坐标数据，计算油型气储层顶（底）界面到煤层底（顶）板的间距，编制油型气储层与煤层间距等值线。

③ 油型气区域预测

分析气测录井、钻孔油型气涌出等资料，综合研究影响油型气富集的储层、盖层、地质构造等各种因素，结合采掘工作面地质剖面、采掘过程中油型气涌出资料，预测油型气区域。

④ 采掘工作面地质剖面

依据勘查钻孔地质资料和掘进工作面写实图，沿掘进工作面方向编制采掘工作面煤层顶底板 50 m 范围内的地质剖面。

5.3.3　编图要求

（1）地质内容要求

a. 选用 1∶1 000 或 1∶2 000 采掘工作面工程平面图作为地理底图。

b. 地质勘探钻孔、油气井勘探钻孔、井下取芯钻孔孔位及 1∶200 煤层顶底板 50 m 范围内地层柱状图等地质信息，背斜、向斜、断层、陷落柱等地质内容。

（2）油型气内容要求

a. 油型气储层与煤层间距等值线；

b. 油型气储层厚度等值线；

c. 油型气压力点、异常涌出点，包括油型气压力、浓度、涌出量、时间、标高、埋深、岩性及小柱状等；

d. 油型气区域预测。

5.3.4　图件绘制

① 底图及其内容

底图应反映最新的地质信息、测量信息和采掘信息。

② 底图绘制

底图必须进行分层数字化，按照要求进行绘制。

③ 油型气参数点绘制

按照要求和实际测定位置将油型气涌出点和油型气压力点等油型气参数测试点绘制到

底图上。

④ 等值线和油型气分布区绘制

等值线绘制和油型气分布区应按照要求编绘到底图上,绘制时应按照以下规则:

a. 油型气储层厚度等值距可选择 1 m、3 m、5 m 等;

b. 油型气储层与煤层间距等值距可选择 5 m、10 m、15 m 等;

c. 绘制油型气区域预测边界线。

5.3.4.1 地质图图例

下面以采掘工作面油型气地质图图例来加以说明,见表5-2。

表 5-2　采掘工作面油型气地质图图例

名称	标记	说明	字体、颜色、线型等
油型气涌出点	涌 $\dfrac{10}{700}\bigg|\dfrac{1}{13.12.1}$	分子左侧为最大涌出量(m^3/min),右侧为有无油气味(有:1,无:0);分母左侧为标高(m),右侧为涌出时间(年.月.日)	左侧为宋体,字高3;右侧字体为新罗马字体,分子及分母左侧字高2.5,分母右侧字高1.5;圆直径3 mm,线宽0.1 mm,颜色值为RGB(255,0,0)
油型气压力点	P $\dfrac{0.30}{12}\bigg|\dfrac{10}{13.12.1}$	分子左侧为压力测值(MPa),右侧为储层距煤层间距(m);分母左侧为储层厚度(m),右侧为压力测定时间(年.月.日)	左侧为新罗马字体,字高3;右侧字体为新罗马字体,分子及分母左侧字高2.5,分母右侧字高1.5;圆直径3 mm,线宽0.1 mm,颜色值为RGB(255,0,255)
地面地质勘探钻孔	● $\dfrac{ZK\text{-}1}{20}\bigg|J_1f$	分子上方为钻孔编号,分母左侧为终孔距2号煤层间距(m),右侧为终孔层位	内圆半径1.5 mm,外圆半径2.5 mm;标注字体为新罗马字体,字高2.5,线宽0.1 mm,颜色值为RGB(0,0,0)
油气井勘探钻孔	桩200 $\dfrac{桩200}{600}\bigg|T_3v$	分子上方为钻孔编号,分母左侧为终孔距2号煤层间距(m),右侧为终孔层位	内圆半径1.5 mm,外圆半径2.5 mm;标注字体为新罗马字体,字高2.5,线宽0.1 mm,颜色值为RGB(0,255,0)
井下取芯钻孔	芯 $\dfrac{20503}{50}\bigg|J_1f$	分子上方为钻孔编号,分母左侧为终孔距2号煤层间距(m),右侧为终孔层位	外圆半径3 mm,圆内字体为宋体,字高3;标注字体为新罗马字体,字高2.5,线宽0.1 mm,颜色值为RGB(0,0,0)
油型气浓度测定点	C $\dfrac{205JD48}{50}\bigg|_{13.12.1}$	分子上方为浓度测试点编号,分母左侧为浓度测定最大值(m),右侧为测定时间(年.月.日)	内圆半径1.5 mm,外圆半径2.5 mm;标注字体为新罗马字体,字高2.5,线宽0.1 mm,颜色值为RGB(0,0,255)
油型气储层厚度等值线	—5—	单位:m	字体为新罗马字体,字高3,线型为实线,线宽0.1 mm,颜色值为RGB(255,0,255)

表 5-2(续)

名称	标记	说明	字体、颜色、线型等
储层距煤层间距等值线	～10	单位,m	字体为新罗马字体,字高3,线型为实线,线宽0.1 mm,颜色值为 RGB(255,0,0)
油型气分布区			边界线颜色值为 RGB(255,0,0),线宽 0.5 mm,填充颜色值为 RGB(253,235,175)
向斜轴		箭头表示岩层倾斜方向;每 100 mm 为一组,组间距 10 mm	轴线线宽 0.6 mm,箭头线宽 0.1 mm,颜色值 RGB(0,127,0)
背斜轴		箭头表示岩层倾斜方向;每 100 mm 为一组,组间距 10 mm	轴线线宽 0.6 mm,箭头线宽 0.1 mm,颜色值 RGB(0,127,0)
正断层、逆断层	(1)　　(2)	(1) 为正断层,(2) 为逆断层	线宽 0.1 mm,颜色值为 RGB(0,127,0)
实测、推断陷落柱	a　　b	a 为实测陷落柱,b 为推断陷落柱	线宽 0.1 mm,颜色值为 RGB(0,127,0)

5.3.4.2　资料统计表格

采掘工作面油型气地质图资料统计表格共分为以下几种:

(1) 采掘工作面钻孔信息表(表 5-3)

表 5-3　采掘工作面钻孔信息表

序号	钻孔编号	钻孔位置 (X,Y,Z)	煤层		终孔		含油气情况	施工时间	施工单位	等级	备注
			厚度/m	埋深/m	层位	深度/m					

统计人(签字):

(2) 采掘工作面油型气参数测试资料表(表 5-4)

表 5-4　采掘工作面油型气参数测试资料表

序号	位置	样品深度/m	岩性	气体成分/%				孔隙度/%	渗透率/$10^{-4}\ \mu m^2$	压力/MPa	涌出量/(m³/min)	备注
				CH_4	CO_2	N_2	其他					

统计人(签字):

(3) 采掘工作面油型气储层信息统计表(表 5-5)

表 5-5　采掘工作面油型气储层信息统计表

序号	钻孔编号	钻孔位置 (X,Y,Z)	2号煤层顶/底板标高/m	顶/底界标高/m	距离/m	厚度/m	岩性	备注

统计人(签字):

（4）采掘工作面断层统计表（表 5-6）

表 5-6　采掘工作面断层统计表

序号	编号	位置	断层性质	倾向	倾角/(°)	落差/m	延展长度/m

统计人(签字):

（5）采掘工作面油型气涌出量统计表（表 5-7）

表 5-7　采掘工作面油型气涌出量统计表

序号	日期(年/月/日)	风排量/(m³/min)		抽采量/(m³/min)	油型气涌出量/(m³/min)
		CH₄浓度/%	风量/(m³/min)		

统计人(签字):

（6）钻场油型气抽采量统计表（表 5-8）

表 5-8　钻场油型气抽采量统计表

序号	钻场编号	位置	日期(年/月/日)	混合流量/(m³/min)	抽采浓度/%	抽采纯量/(m³/min)	备注

统计人(签字):

5.3.5　203工作面油型气地质图绘制

（1）资料整理

① 地质资料整理

收集工作面附近的基础地质资料,并将相应的地质信息填入对应的资料统计表中,详见表 5-9 和表 5-10。

表 5-9　203工作面钻孔信息表

序号	钻孔编号	煤层		终孔		含油气情况	施工时间	施工单位	等级
		厚度/m	埋深/m	层位	深度/m				
1	R86	4.90	323.90	T_3w	451.36		1993-11	194队	甲级
2	N21	4.30	537.05	J_1f	556.66		2009-11	194队	甲级
3	N22	5.15	524.70	J_2y	544.70		2009-9	194队	甲级

表 5-9(续)

序号	钻孔编号	煤层		终孔		含油气情况	施工时间	施工单位	等级
		厚度/m	埋深/m	层位	深度/m				
4	N31	3.60	556.75	J_1f	580.12		2009-09	194 队	甲级
5	N32	5.40	539.60	J_1f	566.88		2010-07	194 队	甲级
6	N38	3.35	647.70	J_1f	672.32		2009-08	194 队	甲级
7	槐 200	6.19	472.67	T_3w	745.82	有	2012-08	华龙	甲级
8	20304			T_3w	50.09	有	2014-04	二号煤矿	甲级
9	HLJX-10			T_3w	50.00		2014-01	二号煤矿	甲级
10	HLJX-11			J_1f	35.55		2014-03	二号煤矿	甲级
11	HLJX-12			T_3w	51.30	有	2014-03	二号煤矿	甲级
12	HLJX-13			T_3w	51.18		2014-03	二号煤矿	甲级

表 5-10　203 工作面断层统计表

序号	编号	位置	断层性质	倾向/(°)	倾角/(°)	落差/m
1	P2-2	回风巷至巷口 2 464 m	正断层	295	52	0.4
2	P2-8	切眼距运输巷 260 m	正断层	244	35	1.2

统计人(签字):

② 油型气资料整理

收集整理工作面采掘过程中的油型气数据,将相应的油型气信息填入对应的资料统计表中,并反映在地质底图上(表 5-11)。

表 5-11　工作面油型气储层信息统计表

序号	钻孔编号	钻孔位置 (X,Y)	2 号煤层顶/底板标高/m	顶/底界标高/m	距离/m	厚度/m	岩性
1	R86	3 953 182.95,36 580 320.12	767.89	760.19	7.70	9.6	细粒砂岩
2	N21	3 953 825.73,36 580 545.36	752.33	740.19	12.14	7.95	细粒砂岩
3	N22	3 954 332.64,36 579 991.46	759.41	747.41	12.00	9.43	细粒砂岩
4	N31	3 955 207.56,36 580 008.09	739.50	739.50	0	26.25	细粒砂岩
5	N32	3 955 962.96,36 579 062.49	744.51	727.66	16.85	9.22	细粒砂岩
6	N38	3 956 532.34,36 579 530.36	730.47	714.92	15.55	3.17	细粒砂岩
7	槐 200	3 955 190.349,36 579 611.13	726.33	726.33	0	6.27	细粒砂岩
8	20304	3 955 322.33,36 579 773.38	726.84	725.82	1.02	11.82	细粒砂岩
11	HLJX-12	3 955 576.36,36 579 675.98	720.83	718.00	2.83	21.20	细粒砂岩
12	HLJX-13	3 955 973.89,36 579 523.41	719.04	714.71	4.33	24.80	细粒砂岩

(2) 油型气地质规律研究

203 工作面总体为一缓坡,油型气富集区位于工作面中部的斜坡上,属于构造斜坡带成藏。同时，富县组上部的砂岩储层发育河口砂坝微相沉积，砂岩孔隙度较高，可以作为很好的储层，在砂岩的上倾尖灭方向，油型气大量赋存，砂体上部覆盖的厚层延安组泥岩，对运移来的油型气起良好的阻挡作用，因此，具有岩性圈闭气藏特征。综合分析认为，203工作面煤层底板油型气赋存主要受构造和岩性控制，为典型的构造-岩性圈闭气藏。

（3）203工作面油型气地质图编制

以1∶1 000的203工作面平面图为地理底图，在系统收集整理采掘工作面及邻近区域的采掘揭露和测试分析的全部油型气资料及地质资料的基础上，进行203工作面油型气地质规律研究，并对油型气分布、储层厚度进行了预测，编制完成203工作面顶板和底板油型气地质图，如图5-31和图5-32所示。

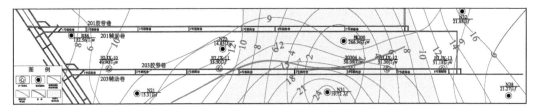

图5-31　203工作面顶板油型气地质图

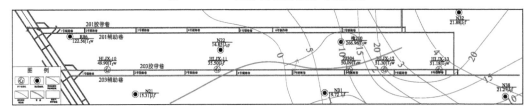

图5-32　203工作面底板油型气地质图

6　采掘工作面油型气运移及涌出规律

6.1　采掘工作面围岩变形特征理论分析

6.1.1　掘进巷道围岩松动破坏理论

（1）围岩破裂形态分析

一般而言，岩石的破裂面可分为以下 5 种类型，如图 6-1 所示。图 6-1(b)是围岩在压应力下的典型破裂，浅层围岩容易表现出此种破坏形态。但在深部高围压复杂应力状态下，岩石会发生脆延转化，破坏形态为多重剪切破裂，如图 6-1(c)所示。根据统计断裂力学和岩体的层次构造理论，岩体可看作含有微裂纹的块体材料，高围压约束了微裂纹的贯穿性发展，迫使更多的微裂隙萌生形成"隐裂隙"，岩石的延性是以其形成大量"稳定性"的微裂纹，使岩石的变形具有足够多的自由度为代价的。围岩破坏过程不是瞬时的，存在大量微裂缝发展、联合和形成宏观裂缝的过程，需要一段时间来完成。而拉伸破裂为脆性断裂，岩石在破坏之前的变形量很小，表现为突然破坏，相对于延性的多重剪切破裂，破坏过程所需时间要少得多，存在量级上的差别。因此，当围岩不同部位所处的应力环境能满足多重剪切破坏和拉伸破坏条件时，拉伸裂缝会先于剪切破裂出现。

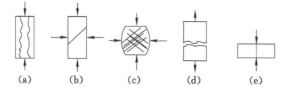

图 6-1　围岩破裂面形态

(a) 劈裂破裂；(b) 剪切破裂；(c) 多重剪切破裂；(d) 拉伸破裂；(e) 由线荷载产生的拉伸破裂

巷道开掘过程中，围岩的应力场实质上由两部分构成：一部分是由初始地应力引起的，即静力部分；另一部分由巷道壁卸载引起，即动力部分，是随时间发生变化的。因此，围岩应力场及变形破坏过程是一个渐进的过程。

（2）巷道初始状态及计算模型

以圆形水平巷道为例，分析巷道周围岩石的应力状态。设其所处位置的原始地应力状态如图 6-2 所示（以压应力为正）：

$$p_y = \gamma_0 H$$
$$p_z = \xi p_y, \quad p_x = \lambda p_y$$

式中　H——深度；

　　　　γ_0——上部岩石平均容重；

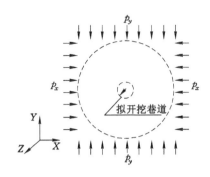

图 6-2　围岩原始应力状态

p_x，p_y，p_z——水平、竖直及轴向的地应力。

巷道开挖引起的应力场分为两部分，即静力部分和动力部分。首先假设开挖引起的应力场是弹性的，根据弹性力学知识和边界条件得到原岩应力作用和开挖扰动引起的弹性应力场和位移场，如图 6-3 所示。

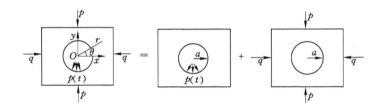

图 6-3　围岩应力场分解

当该弹性应力场满足破裂条件时，岩体发生破裂，形成破裂区。如介质达到极限拉伸应变，则认为此处介质位移不连续，产生拉伸裂缝；如达到极限剪切应变，则按照前文理论，认为围岩应力降为残余强度，如图 6-4 所示。

（3）开挖引起的围岩应力场

巷道外部受到远场原岩应力的作用，而内壁受到一个随时间变化的内压作用，开挖过程是动力问题。设开挖的巷道半径为 a，认为距巷道远处围岩应力不受开挖影响，以半径 $b=20a$ 截出一大圆，采用极坐标描述围岩的应力状态，如图 6-5 所示。图中 $f_{\theta\theta}$，f_{r0} 为洞壁处围岩切向应力和径向应力。

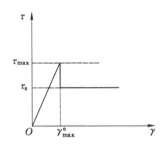

图 6-4　锯齿形岩石模型

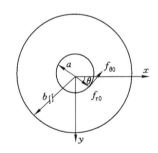

图 6-5　洞壁处围岩应力分析示意图

通过应力分析,可得:

$$f_{r0} = \frac{p_x + p_y}{2} - \frac{p_x - p_y}{2} \cos 2\theta$$

$$f_{\theta0} = \frac{p_x - p_y}{2} \sin 2\theta$$

(4)巷道围岩变形破坏机理

巷道开挖后,一般总要引起巷道周边围岩的收敛变形位移,围岩位移量有围岩弹性变形位移、塑性变形位移、破裂膨胀变形位移。

$$\sum U = U_{结构} + U_{弹} + U_{塑} + U_{破}$$

其中,$U_{弹}$ 与 $U_{塑}$ 在安设支护前就发生了,并且它的量很小,其量不足以充填一般支护与围岩的安设空间。因此这两种变形位移不能构成实质上的支护压力。一般情况下,假设围岩遇水没有明显膨胀变形位移,则据此可推断巷道围岩变形位移量主要是由围岩破裂后非连续体沿破裂面张开、转动、滑移等所造成的,该部分位移量不同于连续介质以质点方式向巷道内位移,同时它是以岩块作为基本单位,既有岩块内部质点的相对移动,又有岩块的整体移动。

根据巷道围岩变形成因不同可分为结构变形、碎胀变形和弹塑性变形。结构变形是由于巷道上覆岩层结构-关键岩梁与围岩应力二次分布引起的,碎胀变形是由于围岩非连续体沿破裂面张开、转动、滑移等所造成的。

在巷道开挖前,岩体处于三向应力的初始状态,若初始地应力 σ_0 的值大于岩体的单轴抗压强度 R_c 时,岩体处于潜塑性状态。一旦开挖后,岩体就会处于塑性状态(破坏),围岩将发生破裂,这种破裂将从周边开始逐渐向深部扩展,直至达到另一新的三向应力平衡状态为止。

实验室实验结果显示,峰值前岩石试件体积变形量很小,峰值后非连续岩石块体位移占巷道周边位移量的 85%～95%,围岩破裂膨胀位移占绝大部分。

应力扩容是指泥质软岩等受力后其中的微裂隙扩展、贯通而产生的体积膨胀现象,它是组成岩石的集合体间隙或更大裂隙受力扩容而产生的。与吸水膨胀不同,应力扩容属于力学机制。围岩所处应力环境一般存在初始应力与工程应力,初始应力场是岩体沉积与赋存中长期形成的,包括构造应力、自重应力和封闭应力。构造应力是地质史上由于构造运动残留于岩体内部的应力。当构造运动稳定后,经过长期的地质历史作用,基本可以认为岩体重新压实。构造应力和自重应力在原岩应力状态下的岩体不存在明显膨胀效应。封闭应力是在各种地质因素长期作用下残存于结构内部的应力。它是可以自我平衡的、被封闭的,并以内能的形式固化在岩块的内部,只有当改变应力状态时它的力学各向异性效应才会显现出来,使得在裂隙和裂纹的端部有更大的应力集中,仅仅靠封闭应力作用并不能引起岩块的膨胀。工程应力一般为扰动应力,其引起的膨胀效应是地下工程开挖工作引起的应力重分布超过围岩强度或岩体过分变形造成的,它是应力扩容的主要形成因素。

软岩的扩容性对围岩的稳定有重要影响。岩体扩容会使巷道形成挤压变形区,造成严重的底鼓,而且扩容也会影响岩体的裂隙开度与孔隙度,从而为水的渗流提供通道与空间。岩体的扩容主要取决于应力状态,如果把原岩应力环境下的巷道围岩当作一种三向等压静水应力状态的话,那么巷道开挖使得切向应力在巷道围岩表层附近出现局部应力集中,而径向应力在巷道表层得以释放,产生应力偏量(图 6-6)。一点应力状态的二阶应力张量可分解为球应力张量和偏应力张量,表示如下:

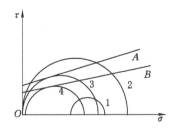

图 6-6　巷道开挖后围岩强度和应力变化

$$\begin{bmatrix} \sigma_{xx} & \tau_{xy} & \tau_{xz} \\ \tau_{yx} & \sigma_{yy} & \tau_{yz} \\ \tau_{zx} & \tau_{zy} & \sigma_{zz} \end{bmatrix} = \begin{bmatrix} \sigma_{xx}-\sigma_{c} & \tau_{xy} & \tau_{xz} \\ \tau_{yx} & \sigma_{yy}-\sigma_{c} & \tau_{yz} \\ \tau_{zx} & \tau_{zy} & \sigma_{zz}-\sigma_{c} \end{bmatrix} + \begin{bmatrix} \sigma_{c} & 0 & 0 \\ 0 & \sigma_{c} & 0 \\ 0 & 0 & \sigma_{c} \end{bmatrix}$$

球应力张量是一种三向等压状态,根据弹性力学知识可知,在三向等压应力条件下,不会引起岩体扩容变形,只有偏应力张量才会引起巷道围岩扩容变形,对应力扩容的影响最大。在非水化膨胀类型的岩体中开挖巷道所引起的扩容变形主要是应力扩容引起的,防止应力扩容必须做到及时补偿三向应力中的最小应力相(径向应力),尽量减小偏应力作用,及时采取补强措施改善围岩应力状态。如图 6-7 所示。

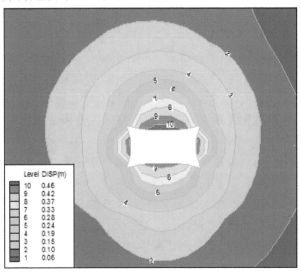

图 6-7　巷道开挖后围岩变形

巷道围岩塑性区半径为:

$$R = a \left[\frac{(p_0 + c \cdot \cot\varphi)(1-\sin\varphi)}{p_i + c \cdot \cot\varphi} \right]^{\frac{1-\sin\varphi}{2\sin\varphi}}$$

式中　R——塑性区半径;

a——巷道半径；

p_0——原岩应力；

p_i——支护阻力；

c——岩石内聚力；

φ——内摩擦角。

黄陵矿区掘进巷道存在的两个难题：一是底板岩性软弱裂隙发育，二是底板富含油型气（瓦斯），掘进过程中沿扰动裂隙涌出致灾。

6.1.2 综采工作面采动卸压理论

工作面开采之后，由于工作面煤层的开采厚度相对于开采宽度小得多，所以，可以将采场假设为图 6-8 所示的力学模型，令开采宽度 $L_x = 2$ m，在采场远处受原始应力 $\sigma = \gamma H$ 及侧向压力 $\lambda\sigma$ 的作用。其中，γ 为上覆岩层的容重；H 为采深；λ 为侧压系数；r,θ 分别为采场端部岩体中单元体在极坐标 $x\text{-}y'$ 下的极径（屈服区的范围）和极角。

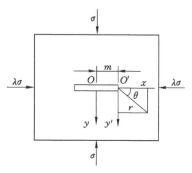

图 6-8 采场模型图

根据弹性力学，并将采场简化为平面应力状态，即 $\sigma_3 = 0$。计算得出主应力：

$$\begin{cases} \sigma_1 = \dfrac{\gamma H}{2}\sqrt{\dfrac{L_x}{r}}\cos\dfrac{\theta}{2}\left(1+\sin\dfrac{\theta}{2}\right) \\[2mm] \sigma_2 = \dfrac{\gamma H}{2}\sqrt{\dfrac{L_x}{r}}\cos\dfrac{\theta}{2}\left(1-\sin\dfrac{\theta}{2}\right) \\[2mm] \sigma_3 = 0 \end{cases}$$

以往人们常将 Mohr-Coulomb 准则作为采场端部岩石是否发生破坏的理论依据，该准则主要适应压剪破坏，而煤体开挖后，煤壁附近由三维应力状态转化成二维应力状态，由于自由面的存在，煤壁易发生张拉破坏。因此，这里采用更符合实际情况的 Griffith 准则来确定煤壁的破坏范围。采用 Griffith 准则作为岩石破坏与否的条件进行判断，即

$$\begin{cases} \dfrac{(\sigma_1+\sigma_3)^2}{8(\sigma_1-\sigma_3)} = -\sigma_t, & (\sigma_1+\sigma_3 \geqslant 0) \\[2mm] \sigma_3 = \sigma_t, & (\sigma_1+\sigma_3 < 0) \end{cases}$$

式中 σ_t——岩石单轴抗拉强度。

将上述式子整理得采场边界屈服区的范围为

$$r = \dfrac{\gamma^2 H^2 L_x}{256\sigma_t^2}\cos^2\dfrac{\theta}{2}\left(1+\sin\dfrac{\theta}{2}\right)^2$$

当 $\theta=0$ 时，上式表示采场端部水平方向屈服区长度 r'_0，为

$$r'_0 = \dfrac{\gamma^2 H^2 L_x}{256\sigma_t^2}$$

又根据滑移线场理论，开采后底板破坏状态如图 6-9 所示。经计算整理得到底板最大破坏深度：

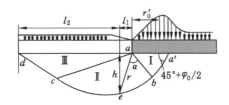

图 6-9　底板破坏形态示意图

$$h_1 = \frac{\gamma^2 H^2 L_x \cos \varphi_0}{512\sigma_t^2 \cos\left(\dfrac{\pi}{4} + \dfrac{\varphi_0}{2}\right)} e^{\left(\frac{\pi}{4} + \frac{\varphi_0}{2}\right)\tan \varphi_0}$$

底板岩体最大破坏深度到工作面端部的水平距离为

$$l_1 = h_1 \tan \varphi_0$$

采空区内底板岩体破坏区沿水平方向最大长度为

$$l_2 = r'_0 \tan\left(\frac{\pi}{4} + \frac{\varphi_0}{2}\right) e^{\frac{\pi}{2}\tan \varphi_0}$$

6.2　采动围岩裂隙发育规律探测方法及技术

6.2.1　综掘巷道围岩裂隙测试

6.2.1.1　现场测试方案

（1）观测项目

a. 巷道表面位移监测；

b. 巷道顶板离层监测；

c. 巷道两帮深部离层监测；

d. 锚杆（索）载荷监测；

e. 围岩钻孔窥视。

（2）测站布置

巷道掘进过程中测站布置遵循"便于观测且数据采集效率高"的原则，根据现场条件，选择在黄陵二号煤矿 405 工作面掘进巷道典型区段进行矿压观测，区段长度为 155 m。巷道表面位移测站、顶板及帮部多点位移计、锚杆索测力计等测站要求紧跟迎头安装，滞后迎头距离不得大于 5 m。巷道支护期间矿压监测总体布置情况如图 6-10 所示。

6.2.1.2　巷道表面位移特征分析

（1）巷道周边变形速度分布

图 6-11～图 6-15 为巷道围岩变形速度随着距迎头距离变化的分布情况。巷道表面位移测站布置在各个周边的中部，因此变形速度基本代表了围岩变形速度的最大值（与应力分布特征有所不同）。

（2）巷道围岩变形特征

通过观测数据进行筛选、处理和分析，从图 6-16 可以看出，两帮变形速度的较大值分布在距迎头 5～40 m 段。其中单帮最大变形速度为 8 mm/d，两帮的最大变形速度为 12 mm/d。在距迎头 44 m 以外，巷道两帮变形速度逐渐减小，距迎头 56 m 以外，两帮变形

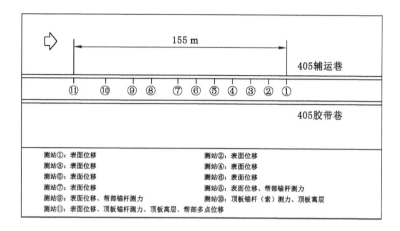

图 6-10 测站布置平面图

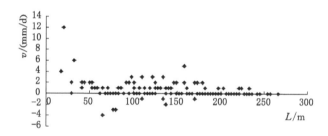

图 6-11 回采帮变形速度分布图

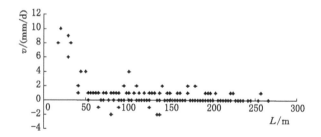

图 6-12 两帮移近速度分布图

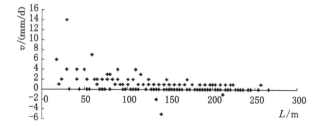

图 6-13 顶板下沉速度分布图

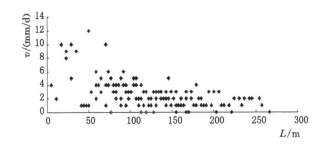

图 6-14　底鼓变形速度分布图

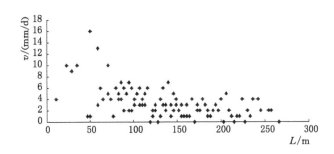

图 6-15　顶板变形速度分布图

速度降至 1 mm/d 以下;距迎头 104 m 以外,两帮变形速度稳定在 0.3 mm/d 以下。即可以认为在测点附近顶板岩性及支护参数情况下,巷道开挖后距迎头 44 m 以内变形较剧烈,距迎头 104 m 以外巷道变形基本稳定,掘进巷道迎头应力影响范围为 104 m 左右。

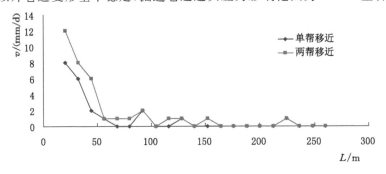

图 6-16　两帮变形速度-距迎头距离(v-L)曲线

　　两帮围岩变形过程曲线如图 6-17 所示,在距迎头 44 m 以外两帮及单帮变形量逐渐趋缓,距迎头 152 m 以外两帮变形量稳定在 34 mm 左右,单帮变形量稳定在 20 mm 左右。

　　图 6-18 和图 6-19 分别为顶底板变形速度和变形量曲线。由图中可知,顶底板的变形情况较两帮更为复杂,变形稳定的周期也更长。

　　在观测期间,顶底板累计移近量为 64 mm,其中顶板下沉量 21 mm,底鼓量 43 mm,底鼓占 67.2%;顶板下沉速度最大为 7 mm/d,底鼓速度最大为 11 mm/d。

　　所测巷道掘出后,测点所处煤层顶板下沉速度较小,在距迎头 65 m 外,速度降至 1 mm/d 以下,107 m 外顶板下沉速度稳定在 0.5 mm/d 以下,迎头应力对顶板影响范围为

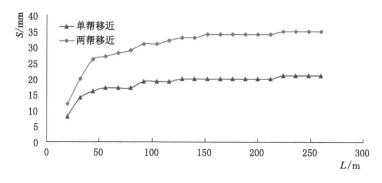

图 6-17 两帮变形量-距迎头距离(S-L)曲线

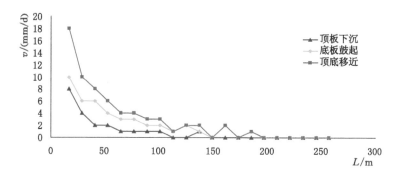

图 6-18 顶底板变形速度-距迎头距离(v-L)曲线

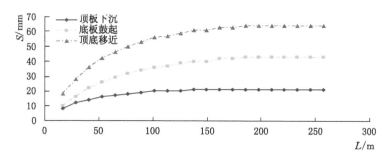

图 6-19 顶底板移近量-距迎头距离(S-L)曲线

100 m 左右;但底鼓变形速度较快,最大时为 11 mm/d,距迎头 150 m 外,底鼓速度降至 0.5 mm/d,基本趋于稳定,迎头应力对底板影响范围为 150 m 左右。

6.2.1.3 掘巷期间围岩裂隙发育特征观测

钻孔窥视仪主要用来通过在岩层中钻孔探测岩层的构造(图 6-20),可以用来探测、测量、记录裂口、裂缝,也可用来发现填有钻屑的裂缝。其主要用途为探测巷道围岩裂隙圈范围及其变化情况;测试围岩岩层在受力过程中位移变化量;探测煤层及其顶板岩层的岩性、厚度;探测巷道及采煤工作面顶板离层、破裂、破坏情况;探测断层、裂隙等地质构造。

(1)测站参数:图 6-21 为 405 辅运巷窥视钻孔布置图,顶板的 2 组钻孔分别从巷道顶板中部及两个肩角处向上施工,顶板中部钻孔垂直向上,顶板两个肩角向煤帮倾斜 60°施工,底角钻孔斜向下 45°施工,钻头为 32 mm、孔深 10 m。

图 6-20　钻孔窥视仪

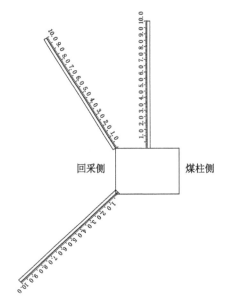

图 6-21　窥视钻孔布置图

（2）连续观测范围：巷道掘进影响期内，窥视围岩裂隙圈发育情况。

（3）在采用钻孔窥视仪观测围岩内部破坏情况时，采用前进式，即一边慢慢推进摄像头，一边记录围岩的破坏情况，当观测到孔内围岩的破坏或裂隙时，记录下围岩破裂的深度和破坏程度，并且记录下视频此时的时间，这样能够将围岩破坏的深度、破坏程度和形式与记录的视频文件对应起来。具体见顶板钻孔、巷道顶板中部钻孔及底板钻孔的孔内观测记录，见表 6-1～表 6-3。

表 6-1　肩角钻孔内破坏观测记录

深度/m	破坏特征
0.1～1.0	异常破碎区，煤线
3.6～4.0	横向裂隙
4.7～4.7	横向裂隙
6.9～7.0	横向裂隙
8.0～8.1	横向裂隙

表 6-2　巷道中部顶板钻孔内破坏观测记录

深度/m	破坏特征
0.1～0.7	异常破碎区,煤线
2.6～2.9	横向裂隙
4.5～4.6	横向裂隙
6.9～7.0	横向裂隙

表 6-3　巷道底板钻孔内破坏观测记录

深度/m	破坏特征
0.1～1.0	异常破碎区,煤线
1.7～2.4	破碎带、横向裂隙
4.5～5.0	破碎横向裂隙
6.0～6.5	破碎横向裂隙
7.7～8.5	破碎横向裂隙

（4）围岩深部裂隙分布状况

根据钻孔窥视仪观测的巷道围岩内部的破坏情况,巷道向外 8.0 m 左右范围内的围岩破碎、破坏较为严重,此区域可认为是巷道围岩裂隙发育圈。因此,抽采钻孔的封孔深度应大于 8 m。底板油气层盖层厚度大于 8 m 时,巷道掘进油型气涌出危险性小;底板油型气层盖层厚度小于 8 m 时,巷道掘进油型气涌出危险性大。

6.2.2　综采工作面围岩裂隙测试

6.2.2.1　顶板裂隙发育高度探测

（1）裂隙带探测方法

采用井下仰孔分段注水观测的采空区顶板裂隙带高度探测技术方法。该技术方法的特点是在煤矿井下已采工作面周围选择合适的探测场所,向采空区上方施工仰斜钻孔。钻孔应避开垮落带而斜穿裂隙带,达到预计的裂隙带顶界以上一定高度。使用"钻孔双端封堵测漏装置"沿钻孔进行分段封堵注水,测定钻孔各段注水的漏失流量,以此了解上覆岩层的破坏和裂隙发育情况,确定裂隙带的上界高度,如图 6-22 所示。

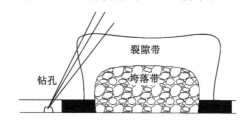

图 6-22　井下仰孔分段注水法裂隙带探测示意图

"钻孔双端封堵测漏装置"是进行井下仰孔分段注水观测的主要设备,它包括孔内封堵注水探管和孔外控制阀门及观测仪表系统。

（2）探测钻孔设计

在 205 工作面观测剖面施工 3 个钻孔作为监测钻孔，具体情况见表 6-4。

表 6-4　205 工作面观测剖面探测钻孔参数表

孔号	孔径/mm	仰角/(°)	方位	钻孔斜长/m	终孔垂高/m	备注
1#	113	40	垂直巷道向 207 工作面	110	70	采前对比孔
2#	113	40	垂直巷道向 205 工作面	110	70	采后探测孔
3#	113	50	垂直巷道向 205 工作面	92	70	采后探测孔

该观测剖面 3 个钻孔中 1# 钻孔为对比孔；2#、3# 钻孔为采后监测孔。各设计钻孔的终点距 2 号煤层顶板均为 70 m，如图 6-23 所示。

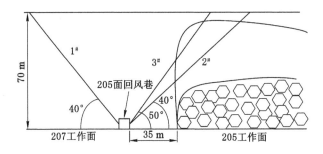

图 6-23　205 工作面观测剖面钻孔布置图

在 405 工作面观测剖面施工 3 个钻孔作为监测钻孔，具体情况见表 6-5。

表 6-5　405 工作面观测剖面探测钻孔参数表

孔号	孔径/mm	仰角/(°)	方位	钻孔斜长/m	终孔垂高/m	备注
1#	113	40	垂直巷道向 407 工作面	110	70	采前对比孔
2#	113	40	垂直巷道向 405 工作面	110	70	采后探测孔
3#	113	50	垂直巷道向 405 工作面	92	70	采后探测孔

该观测剖面 3 个钻孔中 1# 钻孔为对比孔；2#、3# 钻孔为采后监测孔。各设计钻孔的终点距 2 号煤层均为 70 m，如图 6-24 所示。

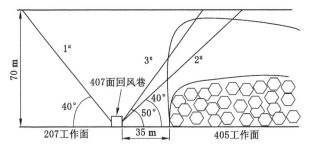

图 6-24　405 工作面观测剖面钻孔布置图

（3）垮落带高度测定

垮落带内岩层破碎，完全失去连续性，岩块呈不规则状态，杂乱堆积于采空区内，岩块之间空隙多，连通性强。因此，从现场施工的经验看，钻孔很难穿过垮落带，强行施工必然造成夹钻、卡钻等现象，导致钻探事故，即使钻孔施工完成，也无法保障钻孔成孔。确定垮落带的高度主要用于确定裂隙带的下界，避免钻孔施工过程中误穿造成事故和避免高位抽采钻孔受工作面通风在垮落带的影响降低抽采浓度和抽采效率，因此本次采用经验公式计算综合分析。

根据现行《建筑物、水体、铁路及主要井巷煤柱留设与压煤开采规范》，缓倾斜（0°～35°）单一煤层开采，煤层采后垮落带高度的预计公式为：

$$H_m = \frac{M}{(K-1)\cos\alpha}$$

式中　H_m——垮落带高度，m；

　　　M——煤层采厚，m；

　　　K——垮落岩石碎胀系数；

　　　α——煤层倾角，（°）。

205 工作面和 405 工作面 2 号煤层全煤层回采，实际最大采高分别为 6.0 m 和 6.1 m，煤层倾角分别取 3°和 2°，覆岩为细、粉砂岩取 K 为 1.3，计算得 205 工作面采后覆岩垮落带高度为 20 m，405 工作面采后覆岩垮落带高度为 21 m。

为了对垮落带高度公式计算结果进行验证，根据矿井生产实际，在 207 回风巷距停采线 900 m 处布置钻场向 205 工作面采空区方向施工了 3 个观测钻孔（表 6-6）。由于垮落带内岩层破碎，岩块呈不规则状态，杂乱堆积于采空区内，岩块之间空隙多，连通性强。现场施工中钻孔很难穿过垮落带，强行施工必然造成夹钻、卡钻等现象，导致钻探事故，因此，验证工程的实施需谨慎严密，既满足验证测试需要，又要避免造成钻探事故，本次采用了在施工中通过严密观测钻孔反水漏失情况，来对采空区垮落带高度计算结果进行验证考查。

表 6-6　205 工作面垮落带高度验证探测钻孔参数表

孔号	孔径/mm	仰角/(°)	方位	钻孔斜长/m	水平距离/m	终孔垂高/m
1#	94	16	垂直巷道向 205 工作面	42	40	11
2#	94	29	垂直巷道向 205 工作面	52	45	25
3#	94	23	垂直巷道向 205 工作面	51	47	20

1# 钻孔施工到 42 m 时，钻压明显下降，钻孔开始反水明显减少，直至最后几乎不再反水，对应位置距 2 号煤顶板垂高为 11 m，通过 1# 钻孔的施工观测发现钻孔在采空区垮落区域内钻压有下降波动，水量漏失明显。

2# 钻孔施工到 47 m 时，钻孔反水稍有漏失，一直施工到 52 m，对应位置距 2 号煤顶板垂高为 25 m，钻孔反水漏失并不明显，同时钻压变化也不明显，由 2# 钻孔的施工观测可以发现此处垮落带高度范围应小于垂高 25 m。

3# 钻孔施工到 45 m 时，钻孔反水开始漏失，对应位置距 2 号煤顶板垂高为 18 m，钻压有下降波动，继续钻进至 51 m，对应位置距 2 号煤顶板垂高为 20 m，钻孔几乎不再反水。

通过 3 个钻孔施工观测结果发现，205 工作面采空区垮落带高度的计算结果 20 m 符合实际,是合理的,验证了 205 工作面和 405 工作面采后覆岩垮落带高度计算的可靠性。

(4) 205 工作面观测剖面裂隙带高度

利用采前 205 工作面 1# 钻孔对采后 2#、3# 钻孔观测数据进行垂高原始地层漏失量校正,获得数据见表 6-7。

表 6-7 205 工作面观测剖面数据校正

2# 钻孔		3# 钻孔	
距煤层顶板垂高/m	漏失量/(L/min)	距煤层顶板垂高/m	漏失量/(L/min)
70.4	0.8	70.1	2.2
68.5	0.4	68.9	3.0
66.5	1.2	67.8	2.4
64.6	3.4	66.6	0.6
63.6	5.6	65.5	1.8
62.7	5.8	64.3	5.2
61.7	4.6	63.2	6.2
60.7	4.8	62.0	3.6
59.8	4.0	60.9	0.2
58.8	18.4	59.8	26.4
57.9	9.4	58.6	11.0
56.9	6.2	57.5	8.8
55.9	12.2	56.3	3.8
54.0	20.2	55.2	13.2
53.0	16.8	54.0	2.4
52.1	12.6	52.9	11.0
51.1	7.6	51.7	3.0
50.1	15.2	50.6	11.4
49.2	19.2	49.4	13.0
48.2	16.6	48.3	3.2
47.2	26.4	47.1	11.2
46.3	20.2	46.0	1.2
44.4	14.0		
42.4	5.6		
40.5	5.8		
38.6	3.2		

利用"三带"监测分析系统软件对观测数据进行分析并绘制获得了 205 工作面观测剖面的钻孔分段注水漏失量分布图和钻孔分段注水漏失量曲线图,如图 6-25 和图 6-26 所示。

① 采前 1# 钻孔

205 工作面观测剖面的采前探测 1# 钻孔打在 2 盘区 208 工作面未受采动影响的上部

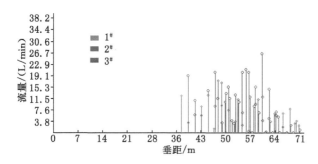

图 6-25　205 工作面观测剖面注水漏失量分布图

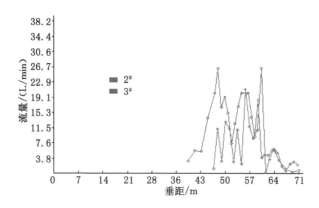

图 6-26　205 工作面观测剖面注水漏失量曲线图

覆岩范围内,从数据中可以发现整个观测段连续发育有漏水点,最大在煤层顶板上 38.6 m 段达到 19.0 L/min,最小是 3.6 L/min,平均 9.6 L/min。

② 采后 2# 钻孔

205 工作面观测剖面的采后探测 2# 钻孔打在 2 盘区 205 工作面采空区上部覆岩范围内,探测数据与采前 1# 钻孔进行原始地层漏失校正,从以上数据校正分析中发现,距煤层顶板垂高在 44.3～58.8 m 段出现连续显著漏失,平均漏失水量均达到 15.4 L/min,受采动影响裂隙发育;59.8～63.6 m 段连续弱漏失,平均漏失水量 5.0 L/min,受采动影响裂隙发育较弱;63.6 m 以上到 70.4 m 段仍有漏失,漏失水量最大达 3.4 L/min,平均漏失水量 1.4 L/min,基本可视为采动影响裂隙不发育。

③ 采后 3# 钻孔

205 工作面观测剖面的采后探测 3# 钻孔打在 2 盘区 205 工作面采空区上部覆岩范围内,探测数据与采前 1# 钻孔进行原始地层漏失校正,从以上数据校正分析中发现,距煤层顶板垂高在 47.1～59.8 m 段出现连续显著漏失,平均漏失水量均达到 9.9 L/min,受采动影响裂隙发育;62.0～64.3 m 段连续弱漏失,平均漏失水量 5.0 L/min,受采动影响裂隙发育较弱;64.3 m 以上到 70.1 m 段仍有漏失,但漏失水量最大达 3.0 L/min,平均漏失水量 2.0 L/min,基本可视为采动影响裂隙不发育。

④ 采空区顶板裂隙带

通过以上数据分析 205 工作面观测剖面受采动影响裂隙带发育顶界高度约为煤层顶板

以上 65 m 层位,裂隙带较发育段顶界高度约为煤层顶板以上 60 m 层位。

(5)405 工作面裂隙带高度

利用采前 1# 钻孔对采后 2#、3# 钻孔观测数据进行垂高原始地层漏失量校正,获得数据见表 6-8。

表 6-8　405 工作面观测剖面数据校正

2# 钻孔		3# 钻孔	
距煤层顶板垂高/m	漏失量/(L/min)	距煤层顶板垂高/m	漏失量/(L/min)
70.4	3.0	71.2	3.4
69.4	1.2	68.9	1.0
67.5	0.8	66.6	2.8
66.5	1.8	64.3	6.4
65.6	5.4	63.2	4.4
64.6	4.6	62.0	6.6
63.6	5.8	60.9	12.2
62.7	3.8	59.8	12.4
61.7	12.0	58.6	15.4
60.7	8.6	57.5	14.8
59.8	13.4	56.3	12.2
57.9	6.4	55.2	14.2
55.9	4.0	54.0	17.6
54.0	5.2	52.9	18.4
53.0	10.4	50.6	16.0
52.1	2.0	48.3	14.0
51.1	19.8	46.0	16.4
50.1	18.8	43.7	3.2
48.2	19.0	41.4	1.8
46.3	11.6		

利用"三带"监测分析系统软件对观测数据进行分析并绘制获得了 405 工作面观测剖面的钻孔分段注水漏失量分布图和钻孔分段注水漏失量曲线图,如图 6-27 和图 6-28 所示。

① 采前 1# 钻孔

405 工作面观测剖面的采前探测 1# 钻孔打在 4 盘区 407 工作面未受采动影响的上部覆岩范围内,从数据中可以发现整个观测段连续发育有漏水点,最大漏失量在孔深 37.6 m 段达到 17.6 L/min,最小漏失量 1.6 L/min,平均 7.8 L/min。

② 采后 2# 钻孔

405 工作面观测剖面的采后探测 2# 钻孔打在 4 盘区 405 工作面采空区上部覆岩范围内,探测数据与采前 1# 钻孔进行原始地层漏失校正,从以上数据校正分析中发现,距煤层顶板垂高在 46.3~61.7 m 段出现连续显著漏失,平均漏失水量均达到 10.9 L/min,受采动影

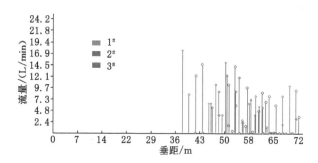

图 6-27 405 工作面观测剖面注水漏失量分布图

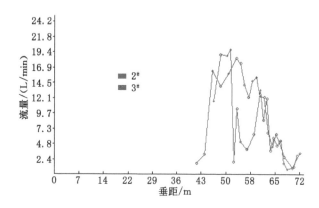

图 6-28 405 工作面观测剖面注水漏失量曲线图

响裂隙发育;62.7～65.6 m 段连续弱漏失,平均漏失水量 4.9 L/min,受采动影响裂隙发育较弱;65.6 m 以上到 70.4 m 段仍有漏失,但漏失水量最大 3.0 L/min,平均 1.7 L/min,基本可视为采动影响裂隙不发育。

③ 采后 3# 钻孔

405 工作面观测剖面的采后探测 3# 钻孔打在 4 盘区 405 工作面采空区上部覆岩范围内,探测数据与采前 1# 钻孔进行原始地层漏失较正,从以上数据较正分析中发现,距煤层顶板垂高在 46.0～60.9 m 段出现连续显著漏失,平均漏失水量均达到 14.9 L/min,受采动影响裂隙发育;62.0～64.3 m 段连续弱漏失,平均漏失水量 5.8 L/min,受采动影响裂隙发育较弱;64.3 m 以上到 71.2 m 段仍有漏失,但漏失水量最大 3.4 L/min,平均 2.4 L/min,基本可视为采动影响裂隙不发育。

④ 采空区顶板裂隙带

通过以上数据分析 405 工作面观测剖面受采动影响裂隙带发育顶界高度约为煤层顶板以上 66 m 层位,裂隙带较发育段顶界高度约为煤层顶板以上 62 m 层位。

(6) 采空区顶板裂隙带发育分析

煤层回采后上覆岩层"三带"发育,受煤层采厚、煤层倾角、采矿方法、顶板管理、上覆岩层结构和岩性条件、基岩厚度、煤层埋深等因素控制,而且随着时间的推移采动形成的上覆岩层裂隙带是一个由下向上、由内而外的持续发展过程。因此,上覆岩层的"三带"虽各自特征明显不同,但其在地层垂向上的界面是逐渐过渡的,发育具有连续性,从试验探测结果漏失水量的持续性也体现了这一特征。同时裂隙带垂向裂隙和离层裂隙的发育受上覆岩层本身岩层结构、岩性条件影响,依据关键层理论,顶板关键层对离层及裂隙的产生、发展与时空分布起控制作用,205 工作面主要受到上部厚约 33 m 的泥岩层控制,而 405 工作面则主要受到上部厚约 36 m 的泥质粉砂岩控制。在受到采动影响后,在地应力和采动应力综合影响下分层明显的交互岩层及硬岩与软岩交接处常常是裂隙带发育的有利地带,采前监测孔出现的漏水点,往往也是采后裂隙带发育的基础,而两个观测剖面的采前孔并非绝对未受采动影响,在这些地方,即使是较小的采动影响,也会在地层的薄弱地带形成局部裂隙,随着采动影响的加剧和持续影响,这些地方的局部裂隙逐渐扩展,形成连续的裂隙带。

6.2.2.2 底板裂隙发育深度测试

(1)底板卸压变形观测方案

① 观测目的

通过工作面底板不同深度钻孔围岩变形观测,了解工作面底板采动过程围岩体卸压变化过程和深度,为底板瓦斯油型气抽采技术参数设计提供参考。

② 观测钻孔要求

采煤工作面内 20~40 m 底板下施工卸压观测钻孔,在观测钻孔内下套管,注浆固管后,套管内二次钻进超过套管长度 3 m,形成钻孔套管前端 3 m 观测段。

③ 卸压观测内容

钻孔套管前端 3 m 观测段采动过程的钻孔壁的变形、观测段钻孔内渗漏水等矿压显现。

④ 测试钻孔设计施工

钻孔施工采用 ZDY-4200S 钻机。先施工 ϕ94 mm 钻孔,再扩孔至 ϕ133 mm。钻孔内下外径 89 mm 的水煤管。钻孔施工后及时下外径 89 mm 的水煤管,孔口段 5 m 套管采用聚氨酯和 P.O42.5 水泥+外加剂进行封孔固定,管内压力灌注水泥浆,注浆压力不小于5 MPa。待水泥固化 7 d 后,采用 ϕ65 mm 钻头及配套钻杆在套管内二次钻进,钻进超过套管前端 3 m 进入底板煤岩石区段,形成卸压观测钻孔,如图 6-29 所示。

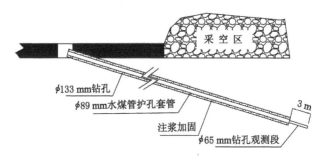

图 6-29 底板观测钻孔示意图

⑤ 测点布置

工作面前方 150 m 外布 2 组底板钻孔,每组 4 个钻孔,钻孔间距 6 m,两组组间距 30 m,每组钻孔深度分别为底板下 10 m、20 m、30 m、40 m,钻孔与工作面 15°斜交。具体见测试钻孔布置图 6-30。

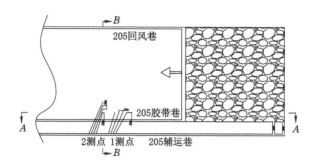

图 6-30　测试钻孔布置图

（2）底板卸压变形观测结果及分析

① 1 测点观测结果

1 测点观测情况（表 6-9）分析：钻孔位于工作面前方 10 m 时,底板下－10 m 处已出现钻孔变形,在钻孔位于工作面至采空区 120 m 期间,底板下－10～－40 m 变形量和变形速度急剧增加,至工作面采空区 120 m 后,底板下－40 m 进入流变松散膨胀变形区（图 6-31）。

表 6-9　测点各钻孔观测情况

测点位置	1 号钻孔 底板下 10 m	2 号钻孔 底板下 20 m	3 号钻孔 底板下 30 m	4 号钻孔 底板下 40 m
超前工作面 10 m	钻孔壁轻微变形、少量掉渣	基本完好	完好	完好
工作面下方	严重变形、裂隙、掉渣垮孔	钻孔变形、掉渣	完好	完好
进入采空区 10 m	钻孔严重变形、垮孔、见水	钻孔变形、裂隙、少量掉渣	基本完好	完好
进入采空区 30 m	孔内出水	掉渣、垮孔	基本完好	完好
进入采空区 60 m	孔内出水	垮孔出水	钻孔壁变形、掉渣	基本完好
进入采空区 100 m	孔内出水	垮孔出水	钻孔变形、掉渣垮孔	钻孔变形、掉渣
进入采空区 120 m	孔内出水	垮孔出水	垮孔	钻孔变形、掉渣
进入采空区 200 m	孔内出水	垮孔出水	垮孔	钻孔变形、掉渣

② 2 测点观测结果

2 号测点观测情况（表 6-10）分析：钻孔位于工作面前方 10 m 时,底板下－10 m 处已出现钻孔变形,在钻孔位于工作面至采空区 60～100 m 期间,底板下－10～－40 m 变形量和变形速度急剧增加,至工作面采空区 100 m 后,底板下－40 m 进入流变松散膨胀变形区（图 6-32）。

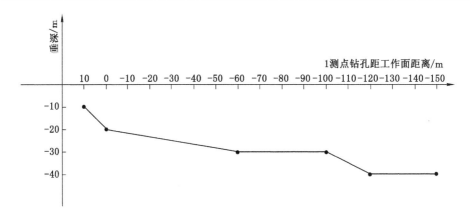

图 6-31　1# 钻孔底板变形曲线

表 6-10　测点各钻孔观测情况

测点位置	1 号钻孔 底板下 10 m	2 号钻孔 底板下 20 m	3 号钻孔 底板下 30 m	4 号钻孔 底板下 40 m
超前工作面 10 m	钻孔壁轻微变形、少量掉渣	基本完好	完好	完好
工作面下方	严重变形、裂隙、掉渣垮孔	钻孔变形、掉渣	完好	完好
进入采空区 10 m	钻孔严重变形、垮孔、见水	钻孔变形、裂隙、少量掉渣	基本完好	完好
进入采空区 30 m	孔内出水	掉渣、垮孔	基本完好	完好
进入采空区 60 m	孔内出水	垮孔出水	钻孔壁变形、掉渣垮孔	钻孔变形、掉渣
进入采空区 100 m	孔内出水	垮孔出水	钻孔变形、掉渣垮孔、见水	钻孔变形、掉渣垮孔
进入采空区 120 m	孔内出水	垮孔出水	垮孔	钻孔变形、垮孔
进入采空区 200 m	孔内出水	垮孔出水	垮孔	垮孔

③ 底板钻孔瓦斯浓度及瓦斯压力观测

钻孔处在工作面前方 10～20 m,钻孔瓦斯油型气浓度由 1% 左右逐渐上升至 50%～80%,在钻孔处于工作面下方,上升 90%～100%,处于工作面采空区后方 40～80 m,浓度下降至 5%～10%,处于 80 m 以后,浓度逐渐衰竭,如图 6-33 所示。

钻孔处在工作面前方 10～20 m,钻孔瓦斯油型气压力由 0～0.2 MPa 逐渐上升,在钻孔处于工作面下方,上升至 1 MPa 左右,处于采空区 10～30 m 期间压力上升到最高,处于工作面采空区后方 30～60 m,压力快速下降,处于 60 m 以后,压力逐渐衰竭,如图 6-34 所示。

④ 钻孔内瓦斯油型气窥视

钻孔处于工作面前方 10 m 时出现孔内瓦斯油型气涌出,钻孔处于工作面下方,涌出快速增加;钻孔处于工作面采空区 10～30 m 时,钻孔内瓦斯油型气涌出最大且有水涌出,处

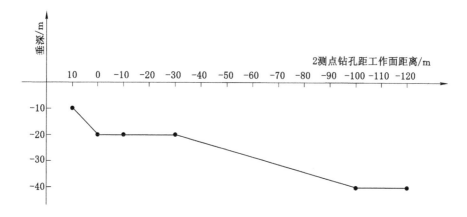

图 6-32　2#钻孔底板变形曲线

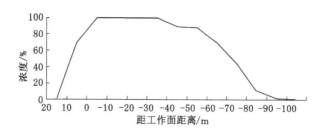

图 6-33　1 号测点钻孔瓦斯油型气浓度随工作面距离变化曲线

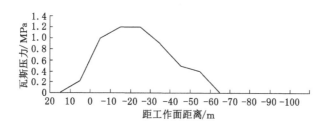

图 6-34　1 号测点钻孔瓦斯油型气涌出压力随工作面距离变化曲线

于 60 m 后瓦斯油型气涌出逐渐衰竭且孔内出水。底板钻孔窥视如图 6-35 所示。

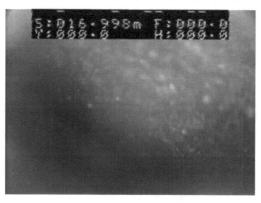

图 6-35　底板钻孔窥视图

综上所述,距工作面前方 10 m 时,底板卸压开始发育裂隙,采空区后方 10~30 m 范围内,工作面底板下 10~30 m 范围内,出现较大卸压变形,应在此区域进行底板卸压瓦斯油型气抽采。

6.3　综掘工作面油型气运移规律

6.3.1　研究对象及其地质条件

黄陵二号井田地势呈西北高东南低态势,海拔高程为 +1 537.28~+1 022.75 m,最高处位于金盆梁附近,最低处位于沮水河河谷索罗湾一带,2 号煤层底板等高线处于 +710~+740 m 之间。最大埋深高达 827.28 m,平均埋深为 520 m。405 工作面开采区域的 2 号煤层平均厚度 5.95 m。

405 工作面位于二号井田四盘区左翼。工作面设计走向长度 1 985 m,工作面倾向长度 230 m。平巷断面为矩形,平巷均沿煤层底板掘进。405 工作面辅运巷不仅作为 405 工作面辅助运输使用,405 工作面回采结束后又要作为 407 工作面回风巷使用,405 辅运巷经受了两次采动影响。工作面的巷道布置如图 6-36 所示。煤层直接顶板为细砂岩为主,层位较稳定,厚度 3.73 m,局部夹有薄层粉砂岩,多与煤层直接接触;基本顶以灰色~深灰色粉砂岩为主,水平状层理、波状层理、变形状层理发育,含植物化石碎片,夹有细砂岩薄层,底部变为粗粉砂岩,层厚平均为 16.44 m;煤层底板为泥岩、砂质泥岩,少量碳质泥岩,含植物根化石,层位稳定,该层遇水膨胀,直接底为 3.73 m 厚泥岩,基本底为 7.34 m 厚粉砂岩。地层柱状如图 6-37 所示。

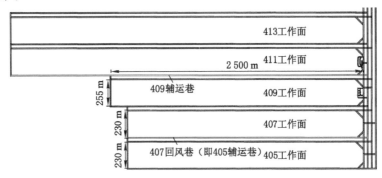

图 6-36　工作面巷道布置平面图

6.3.2　研究方法及模型建立

本次数值计算采用 Mohr-Coulomb 本构模型,三维模型在 x、y、z 方向的尺寸为 100 m ×200 m×48 m,共有网格约 47 万个、节点约 50 万个,巷道断面尺寸为净宽×中高 = 5 000 mm×3 800 mm,建立的 405 辅运巷数值计算模型如图 6-38 所示。

模型顶部边界设计埋深 520 m,采用应力边界,按上覆岩层自重施加均布载荷,岩层取平均密度 2 500 kg/m³,下边界为固定 x、y、z 方向边界位移,模型的前后左右边界设置为位移边界,固定水平方向边界位移,如图 6-39 所示。

数值计算采用的煤岩层相关物理力学参数见表 6-11。

序号	岩石名称	岩性柱状	平均厚度/m	岩性描述
27	粉砂岩		16.44	灰色、深灰色，水平状层理、波状层理、变形状层理。含植物化石碎片，夹有细砂岩薄层。底部变为粗粉砂岩。岩芯以柱状及短柱状为主。RQD：68%
28	细粒砂岩		3.73	灰白色、灰色，成分以石英及暗色岩屑为主。分选性差，泥钙质胶结。波状层理，层面富集云母片。中下部夹有石英细砂岩，石英含量达95%，坚硬。底部夹有薄层粉砂岩。岩芯以短柱状及柱状为主。RQD：36%
29	2号煤		5.95	黑色、块状，以半亮型煤及半暗型煤为主，夹有薄层暗煤，条痕褐黑色，沥青状光泽及弱沥青状光泽，阶梯状断口，条带状结构，块状构造。内生裂隙较发育。部分被方解石充填。夹矸为泥岩；结构为5.20(0.25)0.50
30	泥岩		3.73	深灰色，团块状、鳞片状，遇水易碎，风化后为碎块状。岩芯以短柱状及碎块状为主。RQD：29%
31	粉砂岩		7.34	灰绿色，团块状，有滑面，夹有灰绿色细砂岩薄层。岩芯以柱状及短柱状为主，有碎块状。RQD：52%

图 6-37　地质柱状图

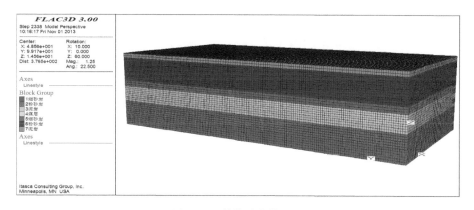

图 6-38　数值计算模型图

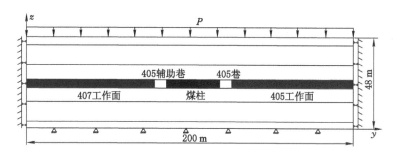

图 6-39　模型边界条件

表 6-11　数值模拟岩层及岩性参数表

岩石名称	密度/(kg/m³)	体积模量/GPa	剪切模量/GPa	内摩擦角/(°)	抗拉强度/MPa	内聚力/MPa
细砂岩	2 600	16	68.5	24.4	3.12	6.00
粉砂岩	2 800	48	12.5	30.5	6.00	8.00
泥　岩	2 500	44.5	11.4	20.9	1.26	4.00
煤　层	1 380	12	3.9	30.0	0.80	2.32

6.3.3　掘进巷道扰动应力分析

针对黄陵二号煤矿地质条件及巷道与工作面空间展布关系,为得到 405 运输巷和辅运巷巷道掘进稳定性的影响规律,分析巷道掘进开挖围岩变形机理,采用以下方案进行模拟。

首先模拟 405 运输巷掘进对 405 辅运巷的扰动影响。405 运输巷与辅运巷掘进期间,受掘进巷道扰动影响,煤岩体内原有应力平衡被打破,应力重新分布,巷道四周垂直应力及水平应力分布如图 6-40 和图 6-41 所示。

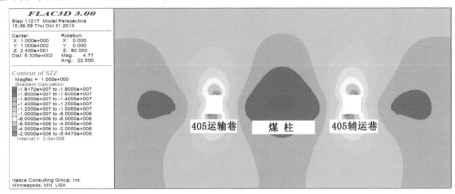

图 6-40　掘进巷道扰动垂直应力分布

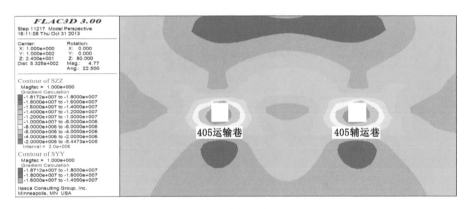

图 6-41　掘进巷道扰动水平应力分布

405 运输巷与辅运巷在时间上基本属于同时掘进,在空间上两条巷道之间留设有 30 m 保护煤柱。在两巷掘进期间,巷道四周煤岩体内原有应力平衡被打破,应力重新分布,煤柱内部 13～16 m 区域产生应力集中,集中应力呈椭圆形分布,应力值高达 18.2 MPa,应力集中系数约为 1.4。两巷在掘进时期,因有煤柱保护,巷道四周应力分布基本相同,但 405 辅运巷巷道两帮受垂直应力影响较大,顶底板受影响较小,而 405 辅运巷巷道两帮受水平应力影响较小,顶底板受水平应力影响较大。总体来讲,405 辅运巷帮部围岩极易在深部水平应力作用下产生较大蠕变,顶底板易受深部垂直应力作用产生较大蠕变,因此在掘进初期应给予重视。

6.3.4　掘进巷道扰动塑性区分析

为对比分析掘进巷道扰动对 405 辅运巷的影响,对 405 辅运巷单独掘进进行了三维模拟。405 辅运巷单独掘进塑性区分布如图 6-42 所示,受掘进巷道扰动影响,405 辅运巷巷道四周塑性区分布如图 6-43 所示。

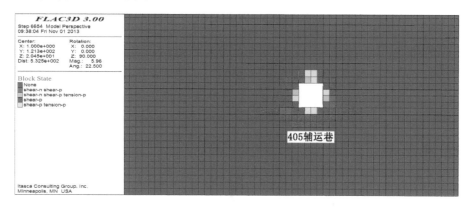

图 6-42 405 辅运巷单独掘进塑性区分布

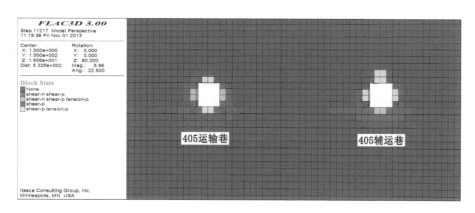

图 6-43 巷道四周塑性区分布

图 6-42 主要反映了 405 辅运巷在单独掘进过程中,巷道四周应力重新分布,并达到新的平衡,在此期间围岩受到调整应力作用发生破坏,顶底帮以剪切破坏为主,对比图 6-43 可知,其应力作用时间较短,破坏程度较小,围岩尚能保持一定的完整性,而在两巷同时掘进时,掘进巷道扰动产生的转移应力对 405 辅运巷持续作用,巷道围岩遭受张拉及剪切破坏程度更剧烈,围岩更松散破碎。

由图 6-43 可知,在两巷掘进期间,巷道四周围岩在垂直应力和水平应力的综合作用下发生了剪切及张拉破坏。405 辅运巷两帮围岩中部主要发生张拉破坏,深部岩体发生剪切破坏,这是由于帮部煤体较脆,在垂直应力和水平应力的作用下深部煤体容易发生剪切滑移,巷道表面围岩受深部煤体由内向外的挤压作用易产生张拉破坏,两帮塑性区范围约为3.4 m,巷道肩角因应力集中也产生了较大范围的剪切破坏;对于巷道底板,其岩性为泥岩,抗拉、抗剪强度均较低,在扰动应力作用下底板岩层发生了剪切及张拉破坏,破坏范围深达7.1 m;巷道顶部为细砂岩组成的坚硬顶板,其抗拉强度较大,但在垂直应力作用下,巷道顶板产生挠曲变形,顶板中部弯矩最大,最易产生张拉破坏,破坏深度达 3.4 m。

6.3.5 掘进巷道扰动围岩位移分析

两巷掘进期间,受侧向扰动应力影响,405 辅运巷巷道上部出现下向位移,下部出现上向

位移,两帮内移,根据布置于巷内监测点可作出顶底板及两帮位移曲线,如图 6 44 和图 6 45
所示。

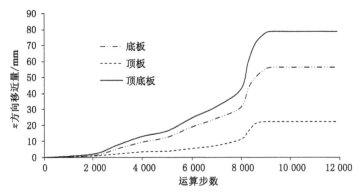

图 6-44　顶底板移近曲线

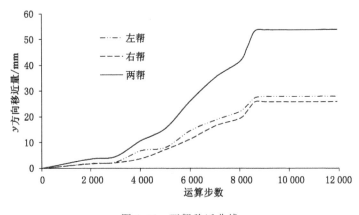

图 6-45　两帮移近曲线

由图 6-44 可知,在巷道掘进过程中,顶底板在扰动应力作用下发生了明显的竖向位移,
尤以底板鼓起最为突出,底鼓量达到 59 mm,顶板下沉量约为 22 mm,顶底板移近总量为
81 mm,但底鼓量占总量的 72.8%,可知在掘进巷道扰动应力中对底板影响最为突出。

图 6-45 反映的是 405 辅运巷两帮向巷道中心线水平位移情况,由图可知左右两帮向巷
内移近量差别不大,但靠近煤柱侧的左帮位移量相对较大,即越靠近 405 运输巷,应力扰动
影响越大,左帮最大位移量为 28 mm,右帮移近量为 26 mm,两帮总移近量为 54 mm,两帮
位移总量小于顶底板移近总量。

6.4　综采工作面油型气运移规律

6.4.1　采场顶板变形及油型气运移规律数值模拟

(1)计算模型建立

以黄陵二号煤矿 205 工作面为原型,采用 FLAC3D 软件,建立受覆盖岩层重力作用下
的三维空间力学模型。模型坐标系规定如下:x 轴为煤层走向方向,y 轴为煤层倾向方向,z
轴为竖直方向即重力方向。沿 x 轴方向长 600 m,y 轴方向长 400 m,z 轴方向高 150 m,模

型底边即 $z=0$ 处到地面设定高度为 600 m,煤层倾角 5°,模型自下到上共划分 30 000 个单元体,33 201 个节点,8 号煤层为模拟的开采煤层,如图 6-46 所示。

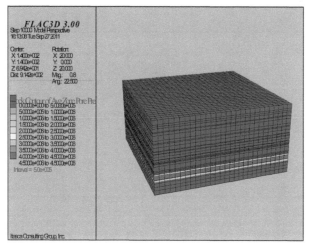

图 6-46　整体模型

模型从 $x=50$ m 处开切眼,模拟开采分为 6 个阶段,开采长度分别为 10 m、20 m、20 m、50 m、50 m 和 50 m,即从 $x=50$ m 处开采到 $x=250$ m 处,累计开采 200 m。模型计算采用莫尔-库仑屈服准则。

(2)顶板横向离层裂隙发育区

当工作面向前推进时,采空区上方上覆岩层将产生离层裂隙,纵向位移可真实地反映岩层沉降而产生离层裂隙发育状况。图 6-47 为不同累计进尺下 $x=100$ m 面上的竖向位移云图。

由图 6-47 可看出,在距离切眼 50 m($x=100$ m)的切面上,纵向位移场均呈不均匀沉降状态分布;每个阶段的开采过程中,该面上的竖向位移最大值分别为 3.52 mm、27.47 mm 和 147.48 mm。随着工作面的推进和采动影响,在竖直方向上出现不均匀下沉,沉降量不同的岩层将伴随着横向裂隙发育。位移变化趋势与回采推进距离直接相关,而位移变化的大小与距开采煤层顶板的高度有关。工作面顶板裂隙的发育可以通过工作面顶板以上不同倍采高的纵向位移随工作面推进的变化进行考察。

图 6-48 为工作面顶板以上不同倍采高竖向位移随工作面推进的变化曲线。由图可以看出,在距离切眼 10 m 切面($x=60$ m)上,当工作面累计推进 10 m 时,5～15 倍采高处沉降量比较均匀,几乎重合为一条曲线,也相对较小,沉降不明显,离层裂隙发育也不明显;当工作面累计推进 30 m 时,不同采高处开始呈不均匀沉降,随着工作面的推进,13 倍和 15 倍采高沉降曲线趋于重合,位于所有曲线上面,而 5 倍和 7 倍采高的下沉曲线趋于重合且位于所有曲线的下方,10 倍采高处纵向位移曲线位于所有曲线中间。可以判断在工作面顶板以上 10 倍采高处覆岩离层最明显,横向裂隙发育最剧烈;当工作面采过切面后,不同倍采高处下沉的不均匀性才开始加剧,是因为采空区顶板覆岩受采动影响后应力场重新分布而逐渐被压实。

(3)顶板纵向裂隙发育区

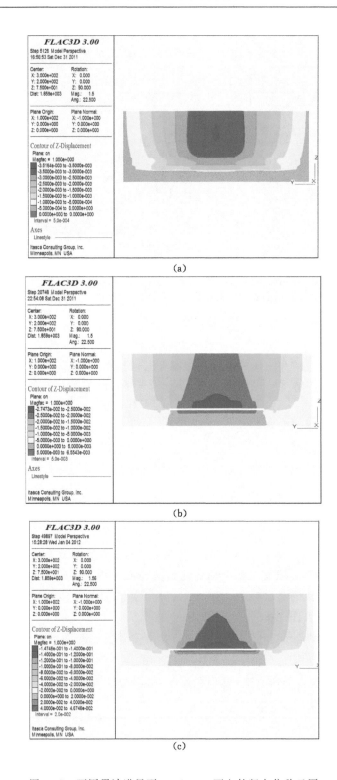

图 6-47　不同累计进尺下 $x=100$ m 面上的竖向位移云图
(a) 累计进尺 10 m；(b) 累计进尺 50 m；(c) 累计进尺 200 m

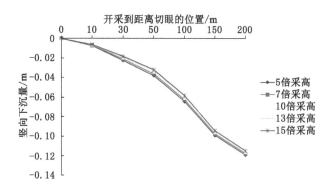

图 6-48 $x=60$ m 的切面上不同倍采高竖向位移随工作面推进的变化曲线

煤层开采后,卸压区内岩层以拉应力为主,当其超过岩体的极限抗拉强度时,便出现纵向裂隙,因此在顶板覆岩周期断裂时,煤壁前方顶板岩层内产生开口向上的纵向裂隙,在煤壁后方顶板岩层内产生开口向下的纵向裂隙。试验结果表明:13 倍和 15 倍采高处,采前和采后水平应力(y 方向)始终保持受压状态,不会出现纵向裂隙;7 倍和 10 倍采高区域,随着工作面的推进,水平应力值(倾向)均由负变为正,说明应力从原始的受压变状态变为采动后的受拉状态,且最大为 3.80×10^6 Pa,模拟分为 16 层,顶板 $7 \sim 10$ 倍各层抗拉强度极限最大为 1.8×10^6 Pa,所以会产生纵向裂隙。考虑重力场重新分配,由图可知,7 倍采高以下将随着工作面的推进而逐渐被压实,判定顶板以上 7 倍到 10 倍采高处于纵向裂隙最发育区。

综上所述,工作面顶板以上 10 倍采高处,纵横向裂隙发育剧烈且相互导通,成为良好的瓦斯运移通道,属于高瓦斯富集区域。抽采裂隙带卸压瓦斯的高位钻孔布置在此区域附近,可以达到较好的开采层采煤工作面采动卸压瓦斯的抽采效果。同时,此范围内油气层在开采时会涌出开采空间,应加以控制。

6.4.2 采场底板变形破坏及油型气运移数值模拟

6.4.2.1 数值模型建立

建立数学模拟是计算机数值模拟的首要任务,模型建立的正确性决定了模拟结果是否符合实际情况。为了尽可能地符合原始地质条件,需要对原始地质条件作一定的假设和简化,以利于数学计算。模拟作了以下假设:① 松散层与上覆岩层厚度利用补偿荷载来替代;② 原始应力场为自重应力场;③ 岩石破坏准则选择使用库仑-摩尔准则。

在计算模型建立时,虽然不同的计算软件建模方式不同,但是模型主要解决的问题基本一致为计算范围、边界、模拟参数等几个问题。模型计算范围及边界条件内容如下:

计算范围:以黄陵二号煤矿 205 工作面 2 号煤层底板为研究对象,煤层开采沿模型走向进行,建立模型的走向长 400 m,倾向宽 570 m,垂直方向 191 m,2 号煤层厚度取 5 m。在计算范围内取 2 号煤层平均埋深 550 m,模拟 2 号煤层上部 105 m 岩层,模型顶部至地表的岩体采用自重施加垂直方向荷载,煤层底板包括 86 m 厚的岩层模型。经过单元划分,形成计算网格,共计 435 480 个单元,456 576 个节点。如图 6-49 所示。

模型边界条件:① 模型边界:为了消除边界效应,在模型走向上,两端各留 140 m 宽度边界,倾向两端留 150 m 边界。② 力学边界:模型下端采用全部约束,左右侧面分别约束

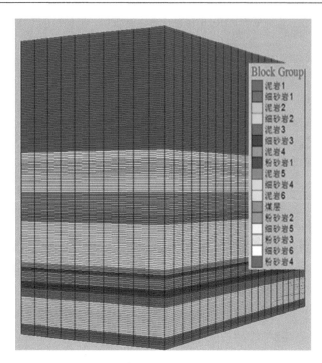

图 6-49 模型示意图

x 方向位移,前后侧面约束 y 方向位移,上端面为自由端。模型顶面受到上覆地应力作用,根据岩体自重计算公式计算获得上覆岩层初模型外垂直应力为 11.25 MPa。

计算参数及本构模型:模型参数的选取主要是根据《黄陵矿区油气井对煤炭安全生产影响综合评价》报告中对 2 号煤层顶底板岩性的力学测试结果,结合我国其他矿区不同类型顶底板岩石样品的测试结果而获得的综合值,其结果见表 6-12。

表 6-12 模拟所需物理参数情况

岩性	体积模量/GPa	剪切模量/GPa	内聚力/MPa	内摩角/(°)	抗拉强度/MPa	密度/(kg/m³)
泥岩	1.51	0.65	2.0	20.9	1.26	2 400
粉砂岩	4.46	1.12	4.0	24.9	2.13	2 500
细砂岩	5.28	1.65	6.0	25.6	2.50	2 600
煤层	0.57	0.24	1.2	18.0	1.20	1 400

本次模拟所涉及的材料均属于弹性材料,因此模拟所采用的本构模型为库仑-摩尔塑性模型。库伦-摩尔判断屈服的准则表达式为:

$$\begin{cases} f^s = \sigma_1 - \sigma_3 N_\phi + 2c \sqrt{N_\phi} \\ f^t = \sigma_3 - \sigma^t \end{cases}$$

式中　σ_1, σ_3——最大主应力和最小主应力;

　　　c, ϕ——材料的内聚力和内摩擦角;

　　　σ^t——抗拉强度;

N_ϕ——与内摩擦角相关的系数，$N_\phi = \dfrac{1+\sin\phi}{1-\sin\phi}$。

当 $f^s=0$ 时材料将发生剪切破坏；当 $f^t=0$ 时材料将发生拉伸破坏。

6.4.2.2 数值计算方案

对不同的回采阶段，不同深度煤层底板应力分布、破坏状态进行模拟研究，本次模拟开采长度 120 m，工作面宽度 270 m，根据岩体自重计算公式（$P=\gamma H$）计算获得上覆岩层初模型外垂直应力为 11.25 MPa，具体实施方案如下：

① 工作面回采分步开采，每步回采 20 m，回采宽度 270 m，累计开挖 6 步，完成开挖 120 m。

② 底板监测模型中部底板深度分别：1 m、3 m、5 m、10 m、20 m、30 m 和 40 m。

③ 沿工作面倾向每隔 10 m 监测底板应力、变形等情况。

④ 通过对煤层开采的过程模拟，监测回采过程中底板应力分布、底板位移变化及破坏区的变化情况。如图 6-50 所示。

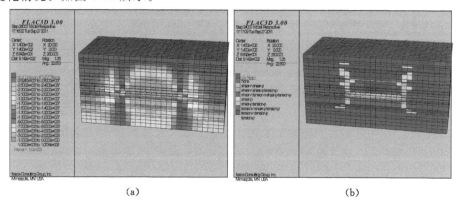

图 6-50　底板应力云图

（a）垂直应力；（b）塑性区分布

6.4.2.3 数值模拟计算结果分析

采用一次采全高的开采方式时，随着工作面的推进，对煤层底板应力分布、位移变化特征计算结果分析如下。

（1）工作面不同推进距离时底板垂直应力分布

图 6-51 给出了 2 号煤层开采不同推进距离不同深度底板岩体垂直应力变化曲线。

工作面开始回采后，周围岩体内应力的原始平衡被打破，若要达到新的平衡围岩应力将重新分布。从一次采全高不同推进距离底板岩体垂直应力变化曲线图可以得出：

① 工作面自开切眼开始回采至 180 m 时煤壁前方超前垂直应力峰值在 15.099～24.182 MPa 之间，应力增高系数在 1.398～2.239 之间，峰值距煤壁的距离 10～15 m，集中垂直应力影响范围在煤壁前方 60～70 m 左右。工作面推进 100 m，煤壁前方 10 m 底板下 5 m、15 m、30 m 深处的垂直应力分别为 19.1 MPa、18.4 MPa、16.2 MPa，应力增高系数依次为 1.769、1.704、1.5，峰值距煤壁水平距离依次为 15 m、20 m、35 m。从以上分析可以看出，随着距煤层底板法向深度的增加垂直应力集中程度逐渐减小，且峰值远离采煤工作面煤壁，应力等值线呈现出斜向煤体的"泡形"分布特征。

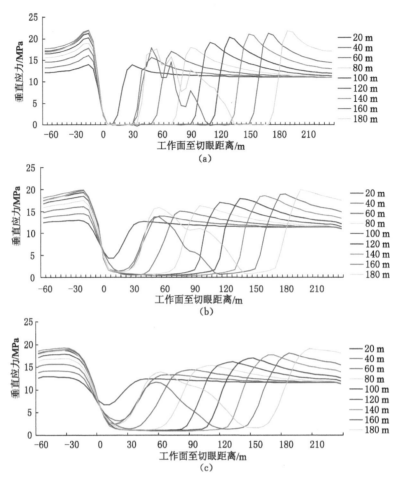

图 6-51　煤层底板垂直应力随采动和深度变化曲线
(a) 底板 5 m 深处；(b) 底板 15 m 深处；(c) 底板 30 m 深处

② 随着工作面的不断向前推进,采空区底板岩体卸压范围逐渐增大直至稳定,卸压区应力等值线呈现斜向采空区的"平底锅"形。当工作面推进长度为 20 m 时,采空区底板卸压范围开始对含气层(3#煤层)产生影响;推进长度为 40~80 m 时,采空区底板卸压范围对含气层的影响逐渐增大;工作面推进长度超过 80 m,采空区底板卸压范围对含气层的影响基本保持不变,此时含气层上部岩体垂直应力约为 1.3 MPa;当工作面推进长度超过 160 m 时,采煤工作面后方 100 m 以后、切眼煤壁前方 40 m 以前的范围采空区垮落的矸石逐渐被上覆岩层压实,底板岩体的垂直应力逐渐恢复到原始应力的水平且部分区域稍大一点,此时底板卸压区域仅存在于工作面后方 100 m 及切眼煤壁前方 40 m 范围内。工作面推至 160 m煤壁后方 20 m 采空区底板下 5 m,15 m,30 m 深处垂直应力分别为 0.111 MPa、1.28 MPa,2.33 MPa,距前方煤壁 120 m 采空区底板下 5 m,15 m,30 m 深处垂直应力分别为 15.5 MPa,13.7 MPa,11.7 MPa,已超过原岩应力 γH (10.8 MPa),但相对煤壁前方的垂直应力要小。

③ 随着工作面的推进,沿走向方向剖面上两端超前支承压力和倾向方向剖面上侧向支承压力集中程度不断加剧,且应力集中区域的范围沿底板岩体逐渐扩展、延伸,呈"八"字形

分布;而采空区底板的悬露面积增大,中间部位底板岩体处于卸压状态,故此时采空区底板岩体存在一定深度的拉应力区,而一般情况下岩体的抗拉强度很低,故会造成底板一定深度岩体形成竖向裂隙。

（2）工作面不同推进距离时底板剪应力分布

图 6-52 给出了煤层底板剪切应力随推进距离及深度增加的变化曲线。由图 6-52 可知:

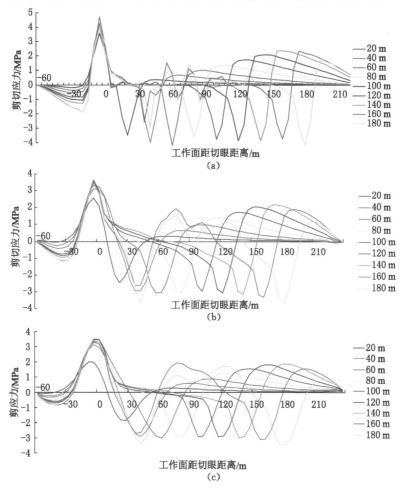

图 6-52　煤层底板剪切应力随推进距离和深度变化曲线
（a）底板 5 m 深处;（b）底板 15 m 深处;（c）底板 30 m 深处

① 在工作面未回采时底板各岩层无剪切应力。随着工作面的推进,在支承压力作用下形成的应力增高区与采煤工作面后方卸压区交界处即工作面煤壁附近产生剪切应力,两端剪应力基本对称且呈斜向采空区"气泡状"分布。

② 从剪应力随采动变化曲线可以看出,随着工作面的推进,剪应力峰值不断向前移动,推至 140 m 前峰值越来越大,140 m 后峰值逐渐减小直至稳定。推至 180 m 时煤壁前方底板下 3 m、16.2 m、25.2 m 深处剪应力峰值分别为 2.86 MPa、3.64 MPa、3.49 MPa,与垂直应力相比变化幅度较小。随着底板深度增加剪应力分布范围逐渐增大,呈上小下大的"八"字形分布。

③ 当采煤工作面后方采空区被基本压实出现原岩应力区时,在压实和未压实的临界区域产生剪应力,在切眼煤壁前方 33～52 m 范围内出现剪应力。

表 6-13 为工作面倾斜方向中部不同推进距离,煤层底板下 5 m、15 m、30 m 深处应力峰值。

表 6-13　不同推进距离不同深度的底板应力峰值

距离/m	深度 5 m		深度 15 m		深度 30 m	
	垂直应力/MPa	剪切应力/MPa	垂直应力/MPa	剪切应力/MPa	垂直应力/MPa	剪切应力/MPa
20	13.99	3.570	12.95	2.553	12.94	1.784
40	16.10	4.270	14.53	3.099	14.23	2.887
60	17.80	4.703	16.10	3.306	15.66	3.229
80	19.00	3.852	17.51	3.442	16.90	3.390
100	20.18	4.007	18.49	3.556	17.86	3.518
120	21.17	4.150	19.23	3.611	18.58	3.631
140	21.94	4.206	19.87	3.638	19.18	3.696
160	21.93	4.034	19.80	3.407	18.88	3.410
180	21.83	4.158	19.88	3.642	18.90	3.540

从表中数据可以看出:

① 距煤层底板 5 m 深处:工作面推进长度由 20 m 增至 120 m 过程中,每推进 20 m 垂直应力峰值平均增加约 1.5 MPa,此阶段垂直应力峰值增加了 7.18 MPa;推进长度超过 120 m 后垂直应力峰值稳定在 21.9 MPa 左右;而剪切应力随着工作面的推进其增加幅度较小。

② 距煤层底板 15 m 深处:工作面推进距离由 20 m 至 120 m 时,每推进 20 m 垂直应力峰值平均增加约 1.26 MPa,此阶段垂直应力峰值增加了 6.28 MPa;推进距离超过 120 m 后垂直应力峰值稳定在 19.8 MPa 左右;而剪切应力随着工作面的推进增加幅度较小。

③ 距煤层底板 30 m 深处:工作面推进长度由 20 m 增至 140 m 时,每推进 20 m 垂直应力峰值平均增加约 1.04 MPa,此阶段垂直应力峰值增加了 6.24 MPa;推进长度超过140 m后,垂直应力峰值稳定在 18.9 MPa 左右;而剪切应力随着工作面的推进长度增加其增加幅度较小,部分推进距离的剪切应力大于底板深度 30 m 深处。

④ 在走向方向同一位置的煤层底板,随着底板埋藏深度的增大,应力显现逐渐减弱,所受采动影响程度越轻;同时随着底板埋深的增大,峰值逐渐远离工作面煤壁,可以看出应力增加到峰值有"滞后效应"。

6.5　采动裂隙场与油气场耦合作用机制

在煤层开采之前,采场周围岩体处于自然应力的原始平衡状态下,而煤层开采之后造成原岩应力的重新分布,开采层周围出现应力变化区,在该区内产生应力集中现象,应力集中程度最大的区域是开采层周边。应力变化区一般分为应力增高区和应力降低区,应力增高区有应力集中现象,在开采煤层周边的应力集中程度最大,而处于采空区的煤层底板岩体由于采动卸压出现应力降低现象,所以使一定深度的底板岩体向上鼓起形成裂隙,当此类裂隙与底板含气层沟通后就会造成煤层底板瓦斯涌出。

煤层开采后形成采空区,其上覆岩层重量将向采空区周围煤(岩)体内转移,进而会在采场周围形成支承压力,其分为移动性支承压力、残余支承压力和采空区支承压力三类。工作面前方形成超前移动支承压力,它随着工作面的推进而不断向前移动,使得工作面前方煤体顶板、底板一定范围内形成增压区和卸压区。一般情况下,支承压力的显现特征用其分布方式、分布范围、应力峰值位置和大小来表示,具体如图6-53所示。

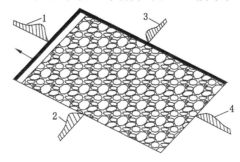

1—工作面前方超前支承压力;2,3—工作面侧向支承压力;4—采空区支承压力。

图6-53 工作面采空区支承压力分布

初采期间,采空区的空间形态为矩形,由于基本顶岩块的失稳,工作面前方及切眼一侧煤体将受到支承压力的影响。而在初采阶段,一般认为工作面前方及切眼一侧煤体的支承压力呈完全对称分布。沿工作面推进方向取剖面初采期间支承压力分布如图6-54所示。

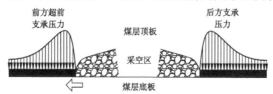

图6-54 初采期间工作面支承压力分布

基本顶来压之后,煤层上覆岩层大部分是半拱式的结构,随工作面的推进,上覆岩层的压力拱由小变大且逐渐向上扩展,当工作面推进距离与工作面长度大致相等时,工作面再向前推进,压力拱在竖直方向上的范围不再增大;而后,随工作面的回采采空区后方已垮落的矸石承受压实区的重量,恢复到或接近原岩应力。沿工作面推进方向取剖面,正常回采期间支承压力分布如图6-55所示。

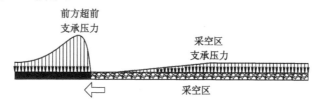

图6-55 正常回采期间工作面支承压力分布

工作面前方一定距离的煤层和底板由于受前方支撑压力的作用而处于增压区内,使该

处的煤层底板受到压缩,该区称为压缩区(Ⅰ区)。当工作面继续推进,工作面到后方采空区
处在卸压区内,这部分底板岩层从压缩状态转为膨胀状态,致使工作面底板产生剪切底鼓,
出现顺岩层层理的裂缝,该区称为剪切破坏区(Ⅱ区)。工作面再推进后,采空区中垮落的岩
块被上覆岩层压实,这部分底板受上覆岩层压力作用重新处于新增压区内,但重新压实应力
小于原岩应力,这部分区域称为拉伸破坏区(Ⅲ区)。如图 6-56 所示。因此,煤层底板任一
断面总是经历超前支承压力压缩破坏、采后悬顶剪切卸压膨胀破坏、顶板垮落重新压实三个
过程。

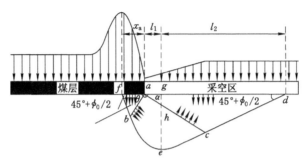

图 6-56　工作面推过底板破坏分区图

可见随工作面推进,底板岩层的每一点都经受了"压缩—应力解除—再压缩"的过程,正
是这些应力的作用使得底板岩层裂隙发生了变化,在底板岩层中产生了竖向张裂隙、层向裂
隙、剪切裂隙这三种裂隙,从而使得这一部分的底板岩层丧失了隔断能力,底板破坏深度正
是指在工作面回采过程中,由于矿压等因素综合作用使得煤层底板产生一定深度的破坏、具
有导气能力的岩层。采动卸压区可以造成底板瓦斯、油型气的快速卸压增透释放。工作面
底板卸压区瓦斯、油型气进入工作面采空区后,可经由上隅角汇入回风流中。

时间尺度上,卸压增透区(即底板为"卸压导气带")的形成与回采到基本顶来压垮落时
间段相对应,采动裂隙瓦斯通道伴随基本顶的破断垮落逐渐重新压实消失,卸压增透区范围
在基本顶初次垮落前达最大值,回采推进期间与基本顶来压步距正相关。重新压实区域内
煤岩层经历应力加载—卸荷—重新加载后可能出现损伤破坏,部分煤岩体受力比其原始应
力更大出现压缩变形。卸压增透区是卸压瓦斯油型气产生及运移的主要空间,也是进行卸
压瓦斯油型气拦截抽采的高效区,瓦斯油型气抽采工程需考虑采动裂隙演化的空间和时间
效应。这就是煤层开采卸压时空耦合煤与瓦斯共采基本原理。同时,根据前文对采动效应
下工作面底板破坏变形规律的综合分析,可以初步在当前工作面布置参数下黄陵二号煤矿
205 工作面底板卸压导气带的范围为垂深 40 m、工作面后方 100 m 及切眼煤壁前方 40 m
范围。底板卸压导气带的范围与工作面长度、围岩岩性及其物理性质、基本顶来压步距等因
素密切相关。

瓦斯在升浮、弥散和渗流动力作用下,沿着采动裂隙运移到裂隙充分发育区。采空区上
覆岩层受采动影响,区域岩体经过卸压、变形、失稳、裂隙扩大与减小、压实的动态演化过程
后,随工作面的推进沿推进方向不断发展,储集的卸压瓦斯也通过裂隙网络进入裂隙区,运
移过程中出现聚集、饱和、溢出等现象,因此,可以说瓦斯运移是随采动裂隙的动态变化而
变化。

瓦斯在孔隙-裂隙系统中的运移形式主要有升浮过程和扩散过程,具体如下:

(1) 瓦斯的升浮过程。一般气体升浮分两种情况:一是气体对流,即气体受热引起体积膨胀,因密度差异而导致气体流体;另一种是气体含有物的浓度与周围气体存有差异。瓦斯相对空气密度为 0.554,瓦斯一旦积聚,会因其与周围气体的浓度和密度差异而产生上升、漂浮的现象。

(2) 瓦斯的扩散过程。瓦斯的扩散是物理学扩散,即一种物质的分子分散到另一种物质的分子中,由高浓度向低浓度方向迁移,直到混合均匀、均匀分布的物理运动现象。瓦斯的分子扩散是在浓度梯度的作用下由高浓度向低浓度方向运移的过程。

井下采掘活动造成采场上覆煤岩层移动和原始应力的重新分布,产生大量的采动裂隙,引起煤储层中气体的流动、运移和汇集。随着工作面的不断推进,导致上覆及下伏煤岩层发生移动变形,使得煤岩层的应力场-裂隙场始终处于动态变化状态。在应力场-裂隙场的演化过程中,卸压瓦斯在浓度差、压力差、密度差的驱动下,沿着裂隙网络运移,经历了聚集、饱和、溢出等过程,工作面顶板以上 10 倍采高处,纵横向裂隙发育剧烈且相互导通,成为良好的瓦斯运移通道,属于高瓦斯富集区域。同时,如图 6-57 所示,煤层开采后在底板形成两极化的裂隙区,底板裂隙沿倾向发育不均匀,呈现"哑铃形",工作面两端裂隙发育深度大于工作面中部,这就为瓦斯的运移和储层提供了通道和空间,易成为瓦斯聚集区。

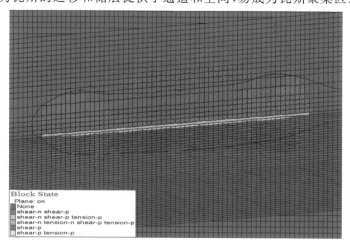

图 6-57 采空区顶底板油型气运移和聚集的"哑铃型"区域示意图

6.6 采掘工作面油型气涌出规律

6.6.1 底板油型气异常涌出情况

项目研究期间,通过资料收集及现场跟踪观测,整理出黄陵二号煤矿底板油型气异常涌出点 18 处,其中,4 处为未采取抽采措施的采掘工作面直接涌出点,其余 14 处为采取抽采措施后的钻孔油型气异常涌出点。涌出点位置见图 5-1。

(1) 采掘工作面油型气直接涌出

① 405 工作面底板油型气涌出

2011 年 7 月 3 日 23 时 15 分,瓦斯监测监控显示 405 工作面上隅角、回风巷、中央回风巷相继发生瓦斯超限报警。经现场检查,405 工作面运输机头至机尾煤层底板出现大量瓦斯涌出现象,其中 15# 至 35# 支架,58# 支架至机尾区域底板瓦斯涌出量较大,并且伴随有喷出声,58# 支架至机尾底板有水,水面可见瓦斯大量喷出,气体冲击水柱高度约 300 mm。至 7 月 4 日 23 时,405 工作面累计涌出瓦斯约 $6.4×10^4$ m^3。

② 201 运输巷底板油型气涌出

2012 年 10 月 12 日 22 时 15 分,201 运输巷里段 7# 联络巷中心以里 45 m 处出现底板天然气涌出(涌出点在正头后方 20 m 位置),同时伴随有异常气味,涌出点底板裂隙内瓦斯浓度最高达到 95%。至 10 月 19 日,累计异常涌出瓦斯 8 500 m^3。

③ 201 辅运巷底板油型气涌出

2012 年 10 月 16 日零点班,201 辅运巷七联巷向里 100 m 处出现底板天然气涌出(正头后方 15 m 位置),涌出点裂隙内瓦斯浓度在 60%~90%,回风流瓦斯浓度无影响。2012 年 10 月 26 日 23 时 10 分左右,涌出范围包括巷道正头及正头向后方 20 m,10 月 27 日到 11 月 6 日瓦斯异常涌出量为 86 610.11 m^3。2012 年 10 月 26 日 23 时 10 分左右,201 辅运巷再次发生底板天然气涌出,涌出范围从正头向外 20 m,本次底板围岩气涌出量大,涌出时间长,衰减速度慢,至 11 月 30 日,共计涌出油型气约 $21×10^4$ m^3。

④ 409 工作面底板油型气涌出

2014 年 8 月 27 日 7 时 20 分左右,409 工作面回采至距九联巷 46 m(超前),409 工作面正在进行停机后的整理工作时,409 工作面机头转载机底部及工作面 54 架向机尾方向均出现底板油型气大面积瓦斯异常涌出,风流瓦斯浓度达 3%,至 9 月 1 日四点班恢复生产,风排瓦斯总量达 $16×10^4$ m^3。

(2) 探采钻孔油型气涌出

采掘工作面底板油型气直接涌出造成工作面瓦斯超限、工作面停产等安全问题,为了保障矿井的安全高效开采,在采掘工作面施工了底板油型气探采钻孔进行油型气抽采,采取措施后,未发生采掘工作面底板油型气的直接涌出现象,油型气涌出以钻孔涌出为主,根据项目需要,结合现场测试条件,在具体测试条件的区域选择基本不受抽采影响的掘进工作面和采煤工作面的油型气异常涌出钻孔进行跟踪考察。

① 205 运输巷掘进钻孔油型气涌出

在 205 运输巷油型气富集区对工作面掘进过程中施工的 10-4 号、11-2 号及 13-6 号钻孔进行了钻孔油型气涌出信息的联系跟踪观测,实测 3 个底板钻孔油型气涌出强度为 0.240~1.060 m^3/min,涌出持续时间为 9~31 d,单孔油型气涌出总量为 91~1 355 m^3,见表 6-14。

表 6-14 205 运输巷底板钻孔油型气涌出情况

涌出点编号	所处位置	油型气涌出量强度/(m^3/min)	观测时间/d	油型气涌出总量/m^3
205JD13-6	205 运输巷距巷口 2 491 m	0.320	17.00	409
205JD11-2	205 运输巷距巷口 2 391 m	1.060	31.00	1 355
205JD10-4	205 运输巷距巷口 2 341 m	0.240	9.00	91

② 205 辅运巷掘进钻孔油型气涌出

在 205 辅运巷油型气富集区对工作面掘进过程中施工的 8-4 号、9-3$_{补}$号、10-5 号、13-3 号及 14-4 号钻孔的油型气异常涌出情况进行了跟踪测定,实测油型气异常涌出强度为 0.185～1.960 m³/min,实测 13-3 号钻孔的涌出持续时间为 16 d,单孔油型气涌出总量为 7 600 m³,见表 6-15。

表 6-15　205 辅运巷底板钻孔油型气涌出情况

涌出点编号	所处位置	油型气涌出量强度/(m³/min)	观测时间/d	油型气涌出总量/m³
205FY8-4	205 辅运巷距巷口 2 150 m	0.507	—	—
205FY9-3$_{补}$	205 辅运巷距巷口 2 196 m	0.510	—	—
205FY10-5	205 辅运巷距巷口 2 262 m	1.500	—	—
205FY13-3	205 辅运巷距巷口 2 397 m	1.960	16.00	7 600
205FY14-4	205 辅运巷距巷口 2 425 m	0.185	—	—

③ 203 回风巷回采钻孔油型气涌出

对 203 工作面回采过程中发生异常涌出的 203 回风巷 2-2 号和 7-1 号钻孔的油型气异常涌出信息进行了跟踪观测,实测 203 工作面底板油型气钻孔油型气涌出强度为 0.005～0.032 m³/min,涌出持续时间为 1～3 d,单孔油型气涌出总量为 7.2～138 m³,见表 6-16。

表 6-16　203 回风巷底板钻孔油型气涌出情况

涌出点编号	所处位置	油型气涌出量强度/(m³/min)	观测时间/d	油型气涌出总量/m³
203HF2-2	203 回风巷距切眼 100 m	0.032	3.00	138
203HF7-1	203 回风巷距切眼 351 m	0.005	1.00	7.2

④ 409 辅运巷回采钻孔油型气涌出

409 工作面回采过程中,在 409 辅运巷向采煤工作面施工的油型气探采钻孔进行了跟踪测定,并选择 1-13 号、2-10 号及 3-10 号钻孔作为重点考察对象,进行了油型气涌出强度、涌出持续时间及涌出量等方面的连续跟踪测定。实测 409 采煤工作面底板钻孔油型气涌出强度为 0.095～0.740 m³/min,涌出持续时间为 4～11 d,单孔油型气涌出总量为 533～5 378 m³,见表 6-17。

表 6-17　409 辅运巷底板钻孔油型气涌出情况

涌出点编号	所处位置	油型气涌出量强度/(m³/min)	观测时间/d	油型气涌出总量/m³
409FY1-13	409 辅运巷距 9 联巷 2 445 m	0.740	9.00	5 387
409FY2-10	409 辅运巷距 9 联巷 2 318 m	0.095	11.00	533
409FY3-10	409 辅运巷距 9 联巷 2 256 m	0.410	4.00	1 656

⑤ 205 运输巷取芯钻孔油型气涌出

2014 年 4 月 25 日凌晨 3 时 45 分在 205 运输巷距巷口 627 m 处施工 20501 号取芯钻孔时,发生喷孔,孔内压力较高,将钻杆顶起至巷道顶板,根据巷道瓦斯浓度及通风数据计算,该孔油型气涌出强度约为 9.430 m³/min,实测涌出持续时间 27 d,单孔涌出总量大于 2.5×10⁴ m³,见表 6-18。

表 6-18　205 运输巷底板取芯钻孔油型气涌出情况

涌出点编号	所处位置	油型气涌出量强度/(m³/min)	观测时间/d	油型气涌出总量/m³
20501	205 运输巷距巷口 627 m	9.430	27.00	>25 000

6.6.2　采掘工作面底板油型气涌出规律

（1）掘进工作面底板油型气涌出规律

项目研究期间,收集了矿井以往发生油型气涌出的 201 工作面和 203 工作面的油型气涌出资料,并以正在掘进且受到油型气异常涌出威胁的 205 掘进工作面(包括 205 辅运巷和 205 运输巷)进行了重点跟踪考察对象。根据现场收集及跟踪观测的掘进工作面油型气涌出资料和数据,通过剖析底板油型气涌出信息和涌出点地质地层等资料,进行了油型气涌出规律的研究,现分述如下。

① 油型气主要沿巷道底鼓裂隙涌出

项目期间,现场技术人员对掘进工作面油型气涌出情况进行了长期的跟踪考察。根据观测掘进工作面迎头积水中的底板油型气涌出气泡及对巷道底板不同部分瓦斯浓度测试结果来看,油型气涌出地点主要集中在距离工作面 5~10 m 的位置(表 6-19),巷道宽度范围内均有油型气涌出,但主要以巷道中部底鼓裂隙涌出为主,在油型气涌出较明显的地点,油型气涌出沿底鼓裂隙连片分布(图 6-58)。

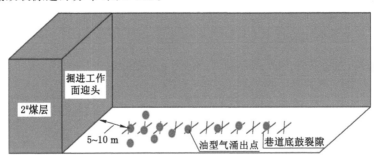

图 6-58　掘进工作面油型气涌出点分布示意图

表 6-19　掘进工作面底板油型气涌出主要跟踪观测记录表

观测时间	涌出地点	工作面油型气涌出情况描述
2013 年 11 月 15 日	205 运输巷	工作面迎头后 6 m 处有气泡冒出,主要集中在巷道中部沿底鼓裂隙带呈线状分布、两侧有少许气泡冒出
2013 年 11 月 17 日	205 运输巷	距工作面迎头 6 m 处出现底板油型气涌出,两侧有少许气泡冒出
2014 年 3 月 10 日	205 运输巷	工作面迎头后 5 m 底板积水处有少许气泡冒出,两侧无,沿底鼓裂隙带有零星气泡出现
2014 年 3 月 23 日	205 运输巷	工作面迎头后 5 m 积水处有气泡冒出,沿巷道中部底鼓裂隙带呈线状分布、两侧有少许气泡

表 6-19(续)

观测时间	涌出地点	工作面油型气涌出情况描述
2014 年 4 月 11 日	205 运输巷	工作面迎头后 10 m 处有气泡冒出,其他:无
2014 年 4 月 14 日	205 运输巷	工作面迎头后约 7 m 处积水中大量瓦斯涌出,沿巷道中部底鼓裂隙带呈线状分布,两侧有少许气泡
2014 年 7 月 29 日	205 运输巷	距迎头 5 m 底板积水中有气泡涌出,巷道底鼓裂隙处有零星气泡
2014 年 10 月 10 日	205 辅运巷	迎头约 6 m 积水处有少许气泡冒出,其他:无
2014 年 10 月 15 日	205 辅运巷	迎头约 5 m 积水中有气泡涌出,其他:无
2015 年 3 月 19 日	205 反掘面	迎头 8 m 积水中有气泡从底板中涌出(不大),其他:无
2015 年 6 月 24 日	207 辅运巷	距掘进工作面 7 m 左右的底板积水中有气泡冒出,巷道底鼓裂隙处有零星气泡,两侧有零星气泡

② 油型气涌出强度随储集层距 2 号煤层距离的增加而减小

根据以往对油型气富集区及储集层的初步掌握,在 205 工作面掘进初期,该工作面未采取抽采措施,只采取施工探孔(垂深 10 m)探测有无油型气,探孔瓦斯及风流瓦斯浓度数据显示无油型气异常涌出现象(图 6-59)。但项目研究所取得储集层探测成果可以看出,205 工作面掘进初期 2 号煤层底板赋存有瓦窑堡组上部砂岩油型气储集层,且其油型气涌出强度达 9.430 m³/min(项目研究期间实施的储集层探测钻孔揭露),但由于距离 2 号煤层较远(一般为 28.34~31.17 m),处于掘进工作面采动裂隙卸压影响范围之外,故在该区域掘进时未发生底板油型气的异常涌出。

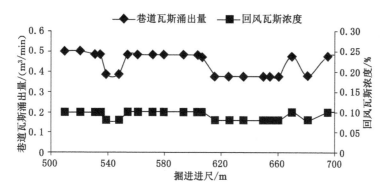

图 6-59 205 工作面在瓦窑堡组掘进时瓦斯浓度变化图

在未采取提前探采措施的 201 辅运巷掘进时(2012 年 10 月 16 日),掘进工作面发生了底板油型气突然大量涌出,油型气涌出强度达 2.59 m³/min,涌出总量约 2.1×10⁵ m³(图 6-60),根据在 203 运输巷施工的油型气储集层取芯探测钻孔揭露储集层成果来看,该区域发生异常涌出的储集层为富县组砂岩层,计算得出涌出点富县组砂岩储集层距 2 号煤层间距仅为 2.9 m,与 2 号煤层间距较近,掘进过程中,油型气受到掘进工作面采动裂隙卸压影响而涌向采掘工作面。

综合以上掘进工作面油型气直接涌向掘进空间的现象结合地质条件分析可以得出:当

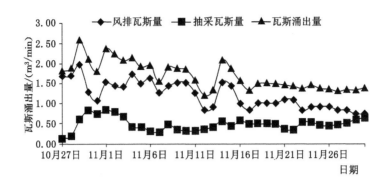

图 6-60 201 辅运巷底板油型气涌出量变化图

储集层距离 2 号煤层较远时,掘进过程中,油型气不对巷道的掘进造成影响;而当储集层距离 2 号煤层较近时,掘进过程中,油型气就会涌出掘进空间,即油型气涌出具有随储集层与 2 号煤层间距的增加而减小的规律。进一步推断可以得出在巷道掘进过程中,存在一个临界距离(根据数值模拟结果,掘进工作面底板采动影响深度为 13 m),当达到该临界距离时,油型气将不再向掘进空间涌出。

③ 钻孔油型气涌出符合幂指数且衰减较快

201 掘进工作面发生底板异常涌出后,矿方在随后的工作面掘进过程中均采取了"边探(抽)边掘"油型气探采措施,通过钻孔油型气探采,消除了底板油型气向掘进工作面的大量直接涌出。虽然实际掘进中仍存在微量的底板油型气涌向工作面(在油型气富集区掘进时,风流中有油气味且在工作面积水中有气泡冒出),但整体来讲,掘进工作面油型气涌出以钻孔涌出为主。

掘进工作面实施的底板油型气抽采钻孔为超前探采钻孔,其目的是"先探(抽)后掘"、提前抽采油型气,防止巷道掘进过程中油型气涌向掘进工作面造成瓦斯超限等事故,因此,黄陵二号煤矿掘进工作面油型气探采钻孔属未卸压抽采。由于钻孔瓦斯涌出规律能够反映储层透气性、储层压力等地质因素,因此,为了掌握钻孔油型气涌出规律,项目实施期间,项目技术人员在 205 掘进工作面对 205FY13-3、205JD11-2 等 4 组钻孔(表 6-20)进行了跟踪测试,现场测定钻孔油型气涌出量,连续跟踪测试时间为 11~34 d,获得了较为翔实的钻孔油型气涌出数据。

表 6-20 钻孔油型气观测信息及拟合结果

钻孔编号	连续观测时间/d	油型气涌出初始强度 q_0/(m³/min)	衰减系数 α/d⁻¹	相关系数 R^2
205FY13-3	17	1.96	1.55	0.99
205JD11-2	28	1.06	1.26	0.91
205JD10-4	28	0.24	2.14	0.89
205JD13-6	11	0.32	1.24	0.81

根据测得的钻孔油型气涌出量和时间数据,利用 Origin 专业函数绘图软件拟合了黄陵二号煤矿钻孔油型气涌出规律,拟合结果如图 6-61~图 6-64 所示。拟合结果表明,钻孔油

型气涌出规律符合幂函数,可用下式表达:

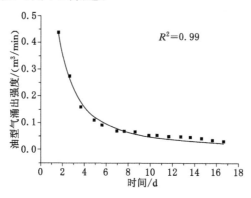

图 6-61　205FY13-3 号孔油型气涌出量与涌出时间拟合关系图

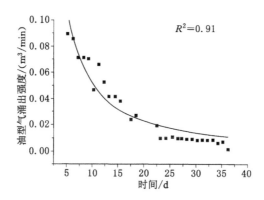

图 6-62　205JD11-2 号孔油型气涌出量与涌出时间拟合关系图

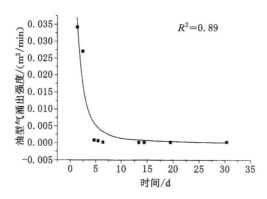

图 6-63　205JD10-4 号孔油型气涌出量与涌出时间拟合关系图

$$q = q_0 \cdot (1+t)^{-\alpha}$$

式中　q——t 时刻钻孔油型气涌出强度,m^3/min;

　　　q_0——钻孔油型气初始涌出强度,m^3/min;

　　　t——钻孔油型气涌出时间,d;

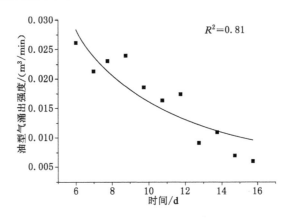

图 6-64　205FY13-6 号孔油型气涌出量与涌出时间拟合关系图

α——钻孔油型气涌出衰减系数,d^{-1}。

根据拟合公式得到了 4 个钻孔的油型气初始涌出量和钻孔油型气衰减系数,结果见表 6-19,结合图 6-61～图 6-64,可以得出:

a. 钻孔油型气涌出量衰减较快,其衰减系数为 1.24～2.14 d^{-1},平均为 1.55 d^{-1}。

b. 拟合公式相关系数 R^2 在 0.81～0.99 之间,拟合度较高,说明拟合的幂函数公式 $q = q_0 \cdot (1+t)^{-\alpha}$ 能够很好地反映钻孔油型气涌出规律。

(2) 采煤工作面底板油型气涌出规律

底板油型气受采动影响后裂隙沟通储层,油型气由裂隙涌向采掘空间,造成安全隐患,因此,研究底板油型气涌出规律对于指导抽采钻孔设计具有重要意义。

① 底板油型气涌出特征

项目组在 2014 年 8 月到 2014 年 10 月,现场跟踪监测了 409 工作面辅运巷底板孔抽采数据,跟踪了 3 个钻场 60 个钻孔,其中出气钻孔 13 个。项目组在 409 辅运巷施工了底板油型气勘查钻孔,该处底板油型气储层距离 2 号煤层底板 38 m 左右,间距由里向外呈逐渐增加的趋势,钻场施工顺序也是由里向外施工,1 号钻场的钻孔在 40901 底板勘查钻孔处施工。项目组统计了 13 个底板油型气涌出钻孔信息,绘制了流量、浓度与回采进尺的关系曲线。

1 号钻场 4 号孔:该孔夹角 90°、倾角 −18°、长度 66 m、垂深 22.24 m,沿工作面方向 23 m,该处储气层距离 2 号煤层底板垂距 38 m 左右,该孔终孔位置未到储气层。由图 6-65 可知,4 号钻孔瓦斯涌出强度曲线呈单峰状,涌出开始和结束比较突然,前后变化很大,钻孔浓度曲线呈双峰状,开始和结果浓度变化很大,初期钻孔内浓度低、无流量,随着回采的推进当终孔进入采空区后钻孔浓度升高,实测涌出强度 0.05 m^3/min,之后涌出强度下降,出气持续 4 d,出气终孔点到采煤工作面的距离为 −10.4～−29.9 m,出气距离为 19.5 m。

1 号钻场 11 号孔:该孔夹角 81°、倾角 −7°、长度 151.5 m、垂深 22.70 m,沿工作面方向 109 m。由图 6-66 可知,11 号钻孔瓦斯涌出强度曲线呈单峰状,涌出开始和结束比较突然,变化很大,初期钻孔内浓度低、无流量,随着回采的推进当终孔进入采空区后,9 月 5 日钻孔浓度升高,9 月 6 日实测涌出强度 0.17 m^3/min,之后涌出强度下降,9 月 8 日实测未有气涌出,出气持续 3 d,出气终孔点到采煤工作面的距离为 −13.12～−29.32 m,出气距离为 16.2 m。

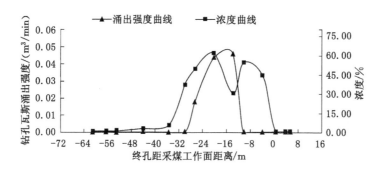

图 6-65　1 号钻场 4 号孔涌出强度、浓度与推进距离关系图

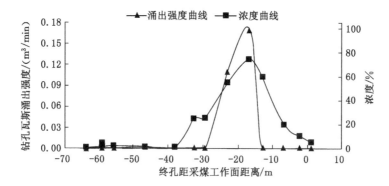

图 6-66　1 号钻场 11 号孔涌出强度、浓度与推进距离关系曲线图

　　1 号钻场 12 号孔:该孔夹角 80°、倾角 −7°、长度 157.5 m、垂深 23.60 m,沿工作面方向 114 m。由图 6-67 可知,12 号钻孔瓦斯涌出强度曲线呈双峰状,涌出开始和结束比较突然且变化很大,钻孔浓度曲线呈多峰状,开始和结果浓度变化很大,初期钻孔内浓度低、无流量,随着回采的推进当终孔进入采空区后,9 月 5 日钻孔浓度升高,9 月 6 日实测涌出强度 0.04 m³/min,之后涌出强度上升、下降、上升达到最高峰 0.052 m³/min,9 月 11 日实测未有气涌出。

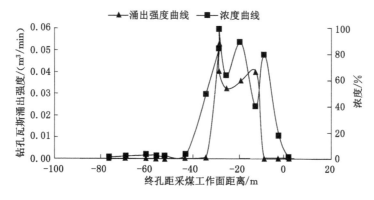

图 6-67　1 号钻场 12 号孔涌出强度、浓度与推进距离关系曲线图

　　1 号钻场 13 号孔:该孔夹角 80°、倾角 −7°、长度 162 m、垂深 24.27 m,沿工作面方向 119 m,该处储气层距离 2 号煤层底板垂距 38 m 左右,该孔终孔位置未到储气层。由图6-68

可知,13 号钻孔瓦斯涌出强度曲线呈单峰状,涌出开始变化较人,结束变化不人,钻孔浓度曲线呈多峰状,开始浓度较高,结束浓度变化很大,初期钻孔内浓度高但无流量,随着回采的推进当终孔进入采空区后,9 月 6 日实测涌出强度 0.74 m³/min,之后涌出强度下降,9 月 10 日实测未有气涌出,出气持续 5 d,出气终孔点到采煤工作面的距离为 −5.25～−30.15 m,出气距离为 24.9 m。

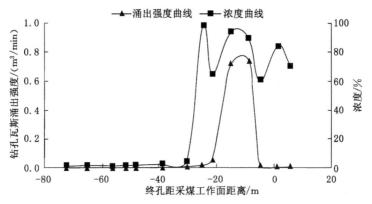

图 6-68   1 号钻场 13 号孔涌出强度、浓度与推进距离关系曲线图

1 号钻场 14 号孔:该孔夹角 81°、倾角 −7°、长度 156 m、垂深 23.37 m,沿工作面方向 113 m,垂距 38 m。由图 6-69 可知,14 号钻孔瓦斯涌出强度曲线呈双峰状,涌出开始和结束变化很大,钻孔浓度曲线呈单峰状,开始浓度较高,结束浓度变化很大,初期钻孔内浓度低、无流量,随着回采的推进当终孔进入采空区后实测涌出强度 0.20 m³/min,最高峰 0.205 m³/min 之后迅速下降,出气持续 5 d,出气终孔点到采煤工作面的距离为 −1.32～ −20.82 m,出气距离为 19.5 m。

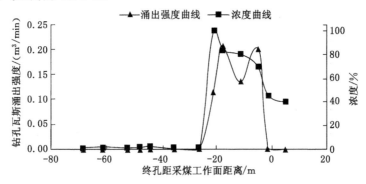

图 6-69   1 号钻场 14 号孔涌出强度、浓度与推进距离关系曲线图

1 号钻场 17 号孔:该孔夹角 81°、倾角 −7°、长度 159 m、垂深 23.82 m,沿工作面方向 116 m,距离 2 号煤层底板垂距 39 m。由图 6-70 可知,17 号钻孔瓦斯涌出强度曲线呈单峰状,涌出开始和结束变化很大,钻孔浓度曲线呈双峰状,开始浓度较高,结束浓度变化很大,初期钻孔内浓度低、无流量,随着回采的推进当终孔进入采空区后实测涌出强度 0.02 m³/min,之后涌出强度上升,达到最大值 0.03 m³/min 之后迅速下降,出气持续 6 d,出气距离为 30 m。

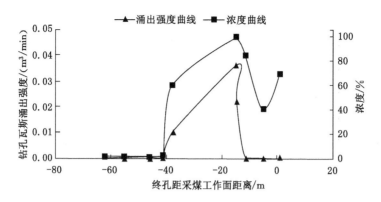

图 6-70　1 号钻场 17 号孔涌出强度、浓度与推进距离关系曲线图

　　1 号钻场 18 号孔：该孔夹角 81°、倾角 -7°、长度 172.5 m、垂深 25.84 m，沿工作面方向 116 m，板垂距 39 m 左右，该孔终孔位置未到储气层。由图 6-71 可知，18 号钻孔瓦斯涌出强度曲线呈宽缓单峰状，涌出开始和结束变化很大，钻孔浓度曲线呈宽缓双峰状，开始浓度较高，结束浓度变化很大，初期钻孔内浓度低、无流量，随着回采的推进当终孔进入采空区后涌出强度缓慢上升，在停产 2 d 期间达到最大值 0.197 m³/min 之后迅速下降，9 月 16 日实测未有气涌出，出气持续 8 d，出气终孔点到采煤工作面的距离为 -9.08 ～ -39.08 m，出气距离为 30 m。

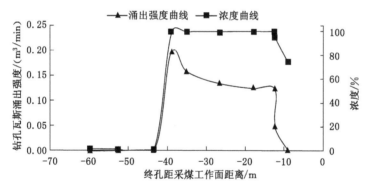

图 6-71　1 号钻场 18 号孔涌出强度、浓度与推进距离关系曲线图

　　1 号钻场 19 号孔：该孔夹角 81°、倾角 -7°、长度 193.5 m、垂深 28.99 m，沿工作面方向 150 m，该处储气层距离 2 号煤层底板垂距 39 m 左右，该孔终孔位置未到储气层。由图6-72可知，19 号钻孔瓦斯涌出强度曲线呈宽缓单峰状，涌出开始变化不大，结束变化很大，钻孔浓度曲线呈宽缓单峰状，开始和结束浓度变化很大，初期钻孔内浓度低、无流量，随着回采的推进当终孔进入采空区后，9 月 11 日实测涌出强度 0.015 m³/min，之后涌出强度缓慢上升，又迅速上升，达到最高峰 0.157 m³/min 之后缓慢下降又迅速结束，9月27日实测未有气涌出，出气持续 17 d，出气终孔点到采煤工作面的距离为 -9.64 ～ -65.14 m，出气距离为 55.5 m。

　　1 号钻场 20 号孔：该孔夹角 81°、倾角 -7°、长度 193.5 m、垂深 28.99 m，沿工作面方向 150 m，该处储气层距离 2 号煤层底板垂距 39 m 左右，该孔终孔位置未到储气层。由图6-73

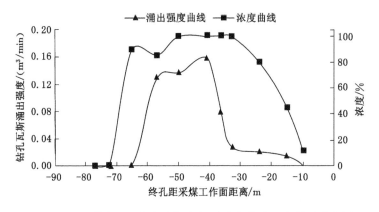

图 6-72　1 号钻场 19 号孔涌出强度、浓度与推进距离关系曲线图

可知,20 号钻孔瓦斯涌出强度曲线呈宽缓单峰状,涌出开始和结束变化很大,钻孔浓度曲线呈宽缓双峰状,开始浓度较高和结束浓度变化很大,初期钻孔内浓度高但无流量,随着回采的推进当终孔进入采空区后,9 月 12 日实测涌出强度 0.19 m³/min,之后迅速结束,9 月 13 日实测未有气涌出,出气持续 2 d,出气终孔点到采煤工作面的距离为 −8.04～−25.74 m,出气距离为 17.7 m。

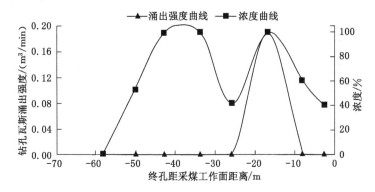

图 6-73　1 号钻场 20 号孔涌出强度、浓度与推进距离关系曲线图

1 号钻场 24 号孔:该孔夹角 81°、倾角 −7°、长度 167 m、垂深 25.02 m,沿工作面方向124 m,该处储气层距离 2 号煤层底板垂距 40 m 左右,该孔终孔位置未到储气层。由图6-74可知,24 号钻孔瓦斯涌出强度曲线呈单峰状,涌出开始和结束变化很大,钻孔浓度曲线呈宽缓单峰状,开始浓度较高,结束浓度变化很大,初期钻孔内浓度高但无流量,随着回采的推进当终孔进入采空区后,9 月 17 日实测涌出强度 0.40 m³/min,之后迅速下降直至结束,9 月 27 日实测未有气涌出,出气持续 11 d,出气终孔点到采煤工作面的距离为 − 7.23～−36.03 m,出气距离为 28.8 m。

1 号钻场 26 号孔:该孔夹角 81°、倾角 −11°、长度 165 m、垂深 33.26 m,沿工作面方向120 m,该处储气层距离 2 号煤层底板垂距 40 m 左右,该孔终孔位置未到储气层。由图6-75可知,26 号钻孔瓦斯涌出强度曲线呈单峰状,涌出开始和结束变化很大,钻孔浓度曲线呈宽缓双峰状,开始浓度较高,结束浓度变化很大,初期钻孔内浓度高但无流量,随着回采的推进当终孔进入采空区后,9 月 18 日实测涌出强度 0.075 m³/min,之后迅速下降直至结束,9

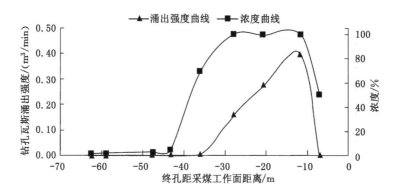

图 6-74 1 号钻场 24 号孔涌出强度、浓度与推进距离关系曲线图

月 27 日实测未有气涌出,出气持续 10 d,出气终孔点到采煤工作面的距离为 -4.22 ~ -40.22 m,出气距离为 36 m。

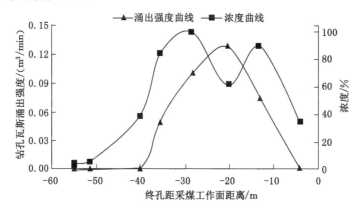

图 6-75 1 号钻场 26 号孔涌出强度、浓度与推进距离关系曲线图

2 号钻场 10 号孔:该孔夹角 81°、倾角 -11°、长度 107 m、垂深 23.41 m,沿工作面方向 64 m,该处储气层距离 2 号煤层底板垂距 43 m 左右,该孔终孔位置未到储气层。由图 6-76 可知,10 号钻孔瓦斯涌出强度曲线呈单峰状,涌出开始和结束变化很大,钻孔浓度曲线呈宽缓单峰状,开始浓度较高,结束浓度变化很大,初期钻孔内浓度高但无流量,随着回采的推进当终孔进入采空区后,9 月 30 日实测涌出强度 0.013 m³/min,之后迅速上升下降直至结束,10 月 9 日实测未有气涌出,出气持续 10 d,出气终孔点到采煤工作面的距离为 -0.23 ~ -39.33 m,出气距离为 39.1 m。

3 号钻场 10 号孔:该孔夹角 44°、倾角 -11°、长度 105 m、垂深 25.56 m,沿工作面方向 32 m,该处储气层距离 2 号煤层底板垂距 45 m 左右,该孔终孔位置未到储气层。由图 6-77 可知,10 号钻孔瓦斯涌出强度曲线呈单峰状,涌出开始和结束变化很大,钻孔浓度曲线呈宽缓单峰状,开始和结束浓度变化很大,初期钻孔内浓度低无流量,随着回采的推进当终孔进入采空区后,9 月 17 日实测涌出强度 0.41 m³/min,之后迅速下降直至结束,10 月 21 日实测未有气涌出,出气持续 5 d,出气终孔点到采煤工作面的距离为 -2.60 ~ -39.50 m,出气距离为 36.9 m。

② 底板油型气涌出规律

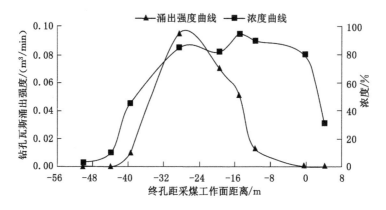

图 6-76　2 号钻场 10 号孔涌出强度、浓度与推进距离关系曲线图

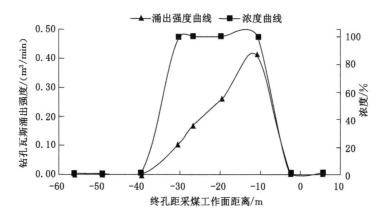

图 6-77　3 号钻场 10 号孔涌出强度、浓度与推进距离关系曲线图

　　为了分析具有针对性,对所跟踪观测的钻孔参数及出气情况进行了对比分析。1 号钻场 27 个钻孔,其中出气钻孔 11 个,占了 40％;2 号钻场 22 个钻孔,出气孔仅 1 个;3 号钻场 11 个钻孔,出气孔仅 1 个,故分析 1 号钻场的出气钻孔和未出气钻孔更具有可比性。项目组统计了 13 个出气钻孔垂深、进入工作面的距离、终孔距采煤工作面的距离、持续出气时间、持续出气距离及最大涌出强度(表 6-21),14 个未出气钻孔的垂深和进入工作面距离(表 6-22)。

表 6-21　出气钻孔参数表

孔号	垂深/m	工作面方向距离/m	终孔距采煤工作面距离/m	持续出气时间/d	持续出气距离/m	最大涌出强度/(m³/min)
1-4	22.24	23	−10.40～−29.90	4	19.50	0.05
1-11	22.70	109	−13.12～−29.32	3	16.20	0.17
1-12	23.60	114	−9.55～−34.45	6	24.90	0.05
1-13	24.27	119	−5.25～−30.15	5	24.90	0.74
1-14	23.37	113	−1.32～−20.82	5	19.50	0.21

表 6-21(续)

孔号	垂深/m	工作面方向距离/m	终孔距采煤工作面距离/m	持续出气时间/d	持续出气距离/m	最大涌出强度/(m³/min)
1-17	23.82	116	−11.49～−41.49	6	30.00	0.03
1-18	25.84	129	−9.08～−39.08	8	30.00	0.20
1-19	28.99	150	−9.64～−65.14	17	55.50	0.16
1-20	28.99	150	−8.04～−25.74	2	17.70	0.19
1-24	25.02	124	−7.23～−36.03	11	28.80	0.40
1-26	33.26	120	−4.22～−40.22	10	36.00	0.13
2-10	23.41	64	−0.23～−39.33	10	39.10	0.10
3-10	25.56	32	−2.60～−39.5	5	36.90	0.41

表 6-22 未出气钻孔参数表

孔号	垂深/m	工作面方向距离/m	孔号	垂深/m	工作面方向距离/m
1-1	6.97	6.05	1-16	16.18	66
1-2	26.07	113	1-21	6.74	4
1-3	8.76	18.06	1-22	15.84	60
1-5	9.84	4.17	1-23	9.29	21
1-6	3.28	0	1-25	7.26	0
1-9	12.14	36	1-27	17.72	39
1-10	23.37	105	1-28	32.16	103
1-15	11.01	32	1-29	21.17	62

由表 6-21 可知,出气钻孔垂深为 22.24～33.26 m,平均 25.77 m,工作面方向距离为 22.77～150.00 m,平均 102.32 m,仅 2 个钻孔距离小于 60 m,终孔距采煤工作面距离为 −0.23～−65.14 m,出气持续时间为 2～17 d,持续出气距离为 16.20～55.50 m,平均为 30.05 m,钻孔油型气涌出强度为 0.03～0.74 m³/min。

由表 6-22 可知,未出气钻孔垂深为 3.28～32.16 m,平均 14.62 m,进入工作面距离为 0～113 m,平均为 43.36 m。对比分析可知,从垂深上分析,出气钻孔垂深比较深均超过了 22 m,未出气孔最大垂距为 21.17 m(未出气钻孔中有 3 个进入工作面方向距离大于100 m,其钻孔参数与出气孔参数基本一致,分析认为是在回采过程中钻孔可能受底板岩层破坏力的影响未形成有效钻孔,因此,这 3 个钻孔数据不予考虑),明显小于出气钻孔的最小垂深。从进入工作面方向距离来看,出气孔距工作面方向距离比较大(平均 102.32 m),最大进入工作面方向距离为 66 m,明显小于出气钻孔的距离。说明垂距越深距离油型气储层越近,有利于抽采油型气,垂距越浅裂隙越发育对钻孔的破坏越强烈,形成有效钻孔越难。

出气钻孔进入工作面距离大部分在工作面的中部位置区域,未出气钻孔进入工作面距离大部分在 2 条巷道附近,说明终孔位置越靠近工作面中心位置越有利于抽采油型气。分析认为工作面中心区域应力最小,裂隙向纵深方向发展越深,以及垂深越深越易形成有效钻孔,有利于抽采油型气。

从出气钻孔的终孔距采煤工作面的距离来看,出气钻孔终孔都处在采煤工作面的后方,持续出气距离为 16.20～55.50 m,平均为 30.05 m,说明采煤工作面后方这段距离是受采动卸压效果比较好的区域,这段距离为应力增大区域,裂隙受挤压不利于油型气抽采。从涌出持续时间和持续出气距离关系图 6-78 来看,持续涌出时间与持续出气距离呈正相关关系,且相关性较好,R^2 为 0.770 6。说明采煤工作面推进速度越快,持续涌出时间越短,涌向采空区的油型气总量降低。

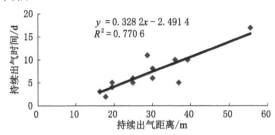

图 6-78　持续出气时间和持续出气距离关系图

6.6.3　底板油型气涌出影响因素分析

在研究油型气涌出规律的基础上,项目研究期间统计了建矿以来的采掘工作面及探采钻孔油型气异常涌出点共计 18 个(处),其中,二盘区(主要为 201 工作面、203 工作面、205 工作面及 207 工作面区域)富县组砂岩油型气储集层油型气涌出点 12 个、四盘区(主要为 405 工作面、407 工作面和 409 工作面区域)瓦窑堡组砂岩层油型气涌出点 5 个、二盘区(205 工作面区域)瓦窑堡组砂岩层油型气涌出点 1 个,根据统计结果,深入剖析了异常涌出点的油型气涌出强度、涌出点标高、埋深、储集层厚度、地质构造等油型气及地质信息,系统研究了各要素与油型气涌出的作用及影响程度,以期查明影响油型气涌出的主控因素。

(1) 储集层厚度

通过对井田范围内 205 掘进工作面、203 采煤工作面、409 采煤工作面等三个区域的油型气涌出强度进行了测定,共测定 10 个异常涌出点的数据,并对涌出点所对应的储集层厚度数据进行了统计,绘制了二者之间的关系散点图(图 6-79)。由图 6-79 可以看出:对于二盘区富县组储集层油型气涌出强度具有随储集层厚度增加而减小的趋势,二者的关系为 $q=-0.333m_c+4.378(R^2=0.150)$;四盘区瓦窑堡组油型气储集层油型气涌出强度具有随储集层厚度增加而增加的趋势,二者的趋势关系符合 $q=0.222m_c-2.299(R^2=0.337)$。

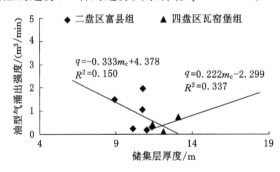

图 6-79　油型气涌出强度与储集层厚度关系图

由以上分析可以看出,对于不同的储集层与储集层厚度均呈现出一定的关系,但相关系数不大,即油型气储集层与储集层厚度之间无明显线性关系,二者的关系不大。

（2）盖层厚度

盖层是位于储集层上方，能够阻止油气向上逸散的岩层。盖层主要起遮挡或封闭作用，它对油气的封盖性是相对于其下伏的储集层而言的，盖层的质量和厚度是保证储集层具有良好封闭性的基本条件。黄陵矿区位于鄂尔多斯盆地南缘，是典型的陆相沉积，盖层岩性主要为泥岩和致密粉砂岩。通过对井田内发生油型气异常涌出点的盖层进行了统计表明：涌出点盖层厚度为 2.40～27.55 m，平均 8.96 m，相比之下，二盘区富县组储集层的盖层厚度普遍较薄，一般为 2.40～4.10 m，平均 3.07 m，四盘区瓦窑堡组储集层的盖层厚度较大，一般为 24.30～27.55 m，平均 25.67 m。

为了考察油型气涌出强度与盖层厚度之间的关系，绘制了油型气涌出强度与盖层厚度关系图（图 6-80）。由图 6-80 可以看出，在井田范围内，油型气涌出强度与盖层厚度无明显关系，但对于不同储集层而言，油型气涌出强度与储集层厚度存在正相关的线性关系，即随着盖层厚度的增加油型气涌出强度不断增大，不同储集层趋势关系具体为：二盘区富县组储集层油型气涌出强度具有随盖层厚度增加而增大的趋势，二者满足 $q = 1.567 m_g - 3.568$ （$R^2 = 0.232$）的线性关系；四盘区瓦窑堡组储集层油型气涌出强度具有随盖层厚度增加而增大的趋势，二者存在 $q = 0.137 m_g - 3.120$（$R^2 = 0.517$）的线性关系。

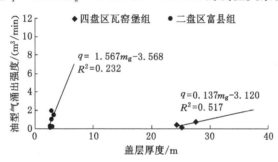

图 6-80　油型气涌出强度与盖层厚度关系图

（3）储集层埋深

从目前所揭露的油型气富集区的油型气涌出强度与储集层埋深的散点图（图 6-81）可以看出：随着储集层埋藏深度的增加，油型气涌出强度呈现出减小的趋势，二者显示出负相关关系，但相关性不大，数据较离散。同时，对于同一储集层来讲，二盘区富县组和四盘区瓦窑堡组储集层埋藏深度与涌出强度无明显关系。

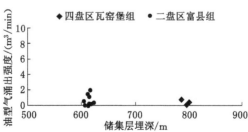

图 6-81　油型气涌出强度与储集层埋深关系图

（4）储集层标高

目前开拓范围的油型气涌出强度与储集层标高的散点图(图6-82)表明:对于同一储集层而言,随着储集层标高的增加,油型气涌出强度具有逐渐增加的趋势,二者符合一定的线性关系:四盘区瓦窑堡组储集层油型气涌出强度与储集层标高符合 $q=0.025h-16.55$ $(R^2=0.342)$ 的线性关系;二盘区富县组储集层油型气涌出强度与储集层标高符合 $q=0.056h-40.36(R^2=0.317)$ 的线性关系。

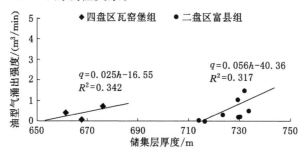

图 6-82　油型气涌出强度与储集层标高关系图

(5)地质构造

根据绘制的储集层标高等值线图,结合井田内构造分布和钻探取芯资料,统计汇总了异常涌出点所处的构造情况,见表6-23。

表 6-23　涌出点涌出数据及所处地质构造

编号	涌出点	涌出时间/d	涌出总量/m³	涌出强度/(m³/min)	所处构造
1	409FY1-13	9	5 387	0.74	背斜翼部
2	409FY2-10	11	533	0.095	背斜翼部
3	409FY3-10	4	1 656	0.41	背斜翼部
4	采409	5	160 000		背斜翼部
5	203HF2-2	3	138	0.032	向斜翼部
6	203HF7-1	1	7.2	0.005	向斜翼部
7	205JD13-6	17	409	0.32	背斜翼部
8	205JD11-2	31	1 355	1.06	背斜翼部
9	205JD10-4	9	91	0.24	背斜翼部
10	掘201底1	7	8 500		向斜翼部
11	掘201底2	36	210 000		向斜翼部
12	采405底	1	64 000		背斜一翼
13	掘205FY8-4			0.507	背斜
14	掘205FY9-3补			0.51	背斜
15	掘205FY10-5			1.50	背斜
16	掘205FY13-3	16	7 600	1.96	背斜
17	掘205FY14-4			0.185	背斜
18	掘20501	27	40 000	9.43	背斜轴部,储集层裂隙

统计油型气异常涌出点共计 18 个,其中,处于背斜构造部位的有 13 个、向斜构造部位的有 4 个、背斜和储集层裂隙双重构造的有 1 个,分别占总数量的 72%、22% 和 6%(图 6-83)。

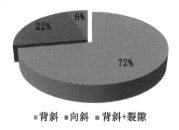

图 6-83　各地质要素相关的涌出点比例构成

从建立的油型气涌出强度与各地质构造的关系图(图 6-83)可以看出:在影响油型气涌出的各地质要素内,油型气涌出有强有弱,即在各地质要素内,均有可能发生油型气的大量涌出。需要强调的是,在背斜和裂隙的双重控制下,钻孔油型气涌出强度较其他单一要素控制下的涌出强度要大很多(图 6-84)。

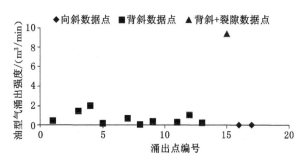

图 6-84　油型气涌出强度与地质构造关系图

综上所述,油型气涌出与地质构造的关系较为密切,目前发生的异常涌出点均处于背斜、向斜等构造部位,受地质构造的控制作用较明显。在多种地质因素综合作用下,油型气涌出更为强烈。

(6) 油型气压力

油型气压力是油型气运移、涌出的动力,在其他条件不变的情况下,油型气压力越大,油型气运移的动力就足,油型气涌出速度也越快,相应的涌出量也越大。为了研究考察油型气压力和油型气涌出强度之间的相关性,项目实施期间,项目技术人员根据工作面掘进过程中探采钻孔中油型气涌出情况,在 205 辅运巷 9 号钻场 3$_{补}$ 号钻孔、205 辅运巷 10 号钻场 5 号钻孔及 13 号钻场 3 号钻孔进行油型气压力测定,3 处测得油型气压力值分别为 0.48 MPa、0.85 MPa 和 1.12 MPa。

根据油型气压力测定结果,对油型气涌出强度和油型气压力进行了拟合(图 6-85),从拟合结果可以看出,二者具有明显的线性关系,即随着油型气压力的升高,油型气涌出强度逐渐增大,二者满足 $q=2.290p-0.546(R^2=0.986)$ 的线性关系。

上式建立了油型气压力和油型气涌出强度之间的关系,因此,该式也是计算油型气压力的一种方法,即只要测定出钻孔油型气涌出强度,将其代入式中即可得出油型气压力,如

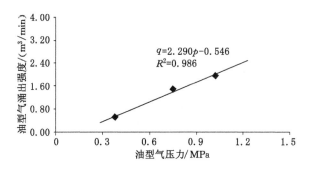

$$q=2.290p-0.546$$
$$R^2=0.986$$

图 6-85　油型气涌出强度与油型气压力关系图

20501 号取芯孔油型气涌出强度为 9.430 m^3/min，利用上式计算得出油型气压力为 4.35 MPa，这与涌出时孔内油型气的动力现象相符。

（7）采掘活动

在原始地层中，受到盖层的遮挡或封闭作用，赋存于储集层中的油型气处于稳定状态。由于井下采掘活动的进行，破坏了地层的原始应力平衡，使盖层的封闭作用被打破，在压力差的作用下，储存在储集层中的油型气即会涌出采掘空间，因此，采掘活动是油型气涌出的诱导因素，其对油型气涌出的影响是显而易见的。采掘活动对底板油型气涌出的直接影响就是控制着采掘活动对底板岩性的破坏深度，由于受工作面长度、采高及地层的影响，掘进工作面和采煤工作面底板破坏深度存在明显差异：在黄陵二号煤矿机械化采煤技术条件下，根据数值模拟结果，在目前掘进工作面的宽度（5.4 m）、高度（3.6 m）和回采长度（280 m）、采高（4.2 m）参数下的掘进工作面底板影响深度为 13 m、采煤工作面底板影响油型气涌出的范围为 40 m。

从油型气储集层厚度、盖层厚度、地质构造、储集层埋深、储集层标高和油型气压力、采掘活动等因素对底板油型气涌出的分析结果中可以看出：总体上，这些因素对于油型气的涌出均有一定程度的影响，但不同的影响因素对油型气涌出的影响程度不同，具体见表 6-24 和表 6-25。

表 6-24　富县组储集层影响因素分析表

影响因素	储集层厚度	盖层厚度	地质构造	储集层埋深	储集层标高	油型气压力	采掘活动（影响深度）
相关系数	0.150	0.232	—	0.015	0.317	0.986	—
影响程度	较小	较小	显著	较小	较小	显著	显著

表 6-25　瓦窑堡组储集层影响因素分析表

影响因素	储集层厚度	盖层厚度	地质构造	储集层埋深	储集层标高	油型气压力	采掘活动（影响深度）
相关系数	0.337	0.517	—	0.477	0.342	—	—
影响程度	较小	较小	显著	较小	较小	显著	显著

由表 6-24 可以看出：在影响富县组储集层油型气涌出的诸多因素中，储集层厚度、盖层

厚度、储集层埋深及储集层标高对油型气涌出的影响相对较小,而地质构造、油型气压力(油型气压力与油型气涌出强度的相关系数 R^2 达到了 0.986)及采掘活动对油型气涌出的影响比较显著,因此,对于富县组油型气储集层来说,影响油型气涌出的主控因素为地质构造、油型气压力和采掘活动(底板影响深度)。

由表 6-25 可以看出:在影响瓦窑堡组储集层油型气涌出的诸多因素中,储集层厚度、储集层埋深、储集层标高及盖层厚度对油型气涌出有一定影响,但其影响相对较小,相比之下,地质构造及采掘活动(影响深度)对油型气涌出的影响较为显著,由于现场不具备测定瓦窑堡组油型气压力的条件,未对瓦窑堡组油型气储集层的油型气压力与油型气涌出强度数据进行定量分析,但从油型气涌出的动力学角度来讲,油型气压力应为影响油型气涌出强度的一个显著因素,因此,对于瓦窑堡组油型气储集层来说,影响油型气涌出的主控因素仍为地质构造、油型气压力和采掘活动(底板影响深度)。

6.7 煤油气共存采空区瓦斯涌出来源及涌出规律

随着采空区的形成,顶板垮落和底板底鼓产生大量的裂隙,底板油型气随着裂隙涌向采空区。受采空区漏风的影响,风不断地将采空区瓦斯向上隅角方向运移,瓦斯浓度也向上隅角方向逐渐增高,上隅角瓦斯治理压力比较大。采空区瓦斯涌出规律能够为上隅角瓦斯治理和抽采设计提供依据,同时,也能有针对性地治理采空区瓦斯和底板油型气,保证工作面的安全回采。以黄陵二号煤矿二盘区西北部的 203 工作面为跟踪研究对象,分析煤油气共生矿井采空区瓦斯涌出规律。

6.7.1 采空区瓦斯来源初步分析

(1)工作面煤层赋存情况

根据 203 工作面煤层厚度数据,利用 Sufer 软件模拟生成了 203 工作面煤层厚度等值线图(图 6-86)。由图 6-86 可知,203 工作面煤层厚度一般在 4.0~5.6 m,煤层由运输巷到回风巷方向煤层逐渐变厚,由切眼到回采方向煤层厚度逐渐变薄,在 7 号联络巷位置附近煤层最厚,总体来看煤层厚度变化不大。

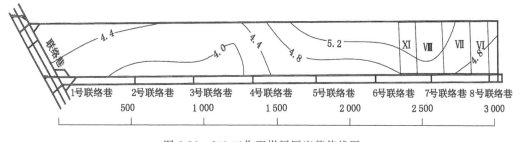

图 6-86 203 工作面煤层厚度等值线图

(2)油型气储层赋存特征

项目组在 203 运输巷共施工了 4 个底板勘查钻孔,深度为 2 号煤层下方垂深 50 m,并结合勘探钻孔编制了 203 运输巷剖面图,如图 6-87 所示。由图 6-87 可知,203 工作面底板垂深 50 m 范围内共含砂岩层 5 层,其中富县组砂岩层为 3 层,瓦窑堡组砂岩层为 2 层,含气层有 1 层(图中黄颜色区域),该储气层属于富县组,岩性为细粒砂岩,由切眼向大巷方向储气层厚度逐渐变薄，并且逐步抬升在 1 700 m 附近尖灭，厚度为 0～24.93 m，平均厚度为 18.35 m。储气层上部为延安组泥岩层，泥岩层厚度不大，仅为 0.77～4.35 m，平均厚度为 2.61 m。富县组其他 2 层砂岩层和瓦窑堡组 2 层砂岩层在施工过程中未有气显示。

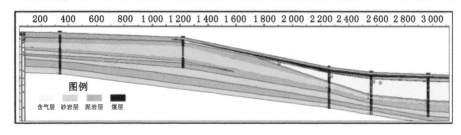

图 6-87　203 工作面底板剖面示意图

（3）采空区瓦斯来源分析

203 工作面采用综合机械化采煤方法一次采全高，在采高一定的情况下，采空区遗煤量的多少，决定了遗煤瓦斯涌出量对采空区瓦斯涌出量贡献的大或小。203 采煤工作面采高为 3.20～4.20 m，而煤层厚度为 4.0～5.6 m，煤层厚度大于采高，因此，在采空区会有遗煤存在，且煤层越厚采空区遗留煤炭量越大，涌向采空区瓦斯量越大。在此基础上，结合油型气赋存情况，可以得出：黄陵二号煤矿 203 采煤工作面采空区瓦斯涌出来源主要由回采遗留煤炭瓦斯涌出和底板油型气涌出构成，对回采威胁较大的是底板油型气。项目组在 203 采煤工作面回风侧 2 号、7 号、10 号、17 号钻场采集高位孔共采集 4 组测试气样，实验室进行了碳同位素分析。从测试结果看，4 个测点的测值在 -61.9‰～-49.1‰，测点值介于油型气甲烷碳同位素和煤层甲烷碳同位素之间，也说明 203 采煤工作面采空区瓦斯涌出来源由采空区遗煤瓦斯涌出和底板油型气涌出组成。

6.7.2　采空区瓦斯涌出量及构成定量分析

由于采空区无法进入，瓦斯涌出又十分复杂，无法直接测定其瓦斯涌出量，只能采用间接法进行预测和估算。统计了 2014 年 5 月 10 日至 2014 年 12 月 30 日的 203 工作面高位钻场、上隅角瓦斯抽采量，计算了 203 工作面回采过程中采空区瓦斯涌出量。计算得出 203 工作面采空区瓦斯涌出强度为 0.60～11.98 m³/min，平均为 4.93 m³/min，如图 6-88 所示。

（1）统计法

为统计各涌出来源的涌出量，将初次来压前的采空区瓦斯涌出量确定为采空区遗煤瓦斯涌出量（图 6-88）。

由图 6-88 可知，从上隅角、高位钻孔抽采量和回风巷瓦斯浓度变化来看，在 5 月 22 日以前比较平稳，之后回风巷浓度开始上升，上隅角瓦斯抽采量上升，高位钻孔抽采量在 22 日开始上升，也就是从 21 日开始采空区开始慢慢垮落，此时工作面推进进尺为 26 m，因此，认为 22 日之前的采空区瓦斯涌出为采空区遗煤瓦斯涌出，统计该期间的采空区瓦斯涌出量即遗煤瓦斯涌出纯量为 1.03 m³/min。

由统计数据可知，采空区瓦斯涌出纯量平均为 4.93 m³/min（图 6-88），采空区遗煤瓦斯涌出纯量为 1.03 m³/min（图 6-88），比例为 21%，油型气涌出纯量平均为 3.90 m³/min，比例为 79%，见表 6-26。从抽采比例看，上隅角瓦斯抽采纯量平均为 2.05 m³/min，比例为 42%，高位钻孔抽采瓦斯纯量平均为 2.88 m³/min，比例为 58%，见表 6-27。

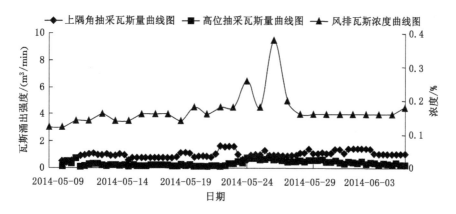

图 6-88 上隅角、高位抽采量、风排浓度图

表 6-26 采空区瓦斯涌出构成及比例

采空区瓦斯涌出总量 /(m³/min)	遗煤瓦斯		油型气	
	涌出量 /(m³/min)	比例/%	涌出量 /(m³/min)	比例/%
4.93	1.03	21	3.90	79

表 6-27 采空区瓦斯抽采构成及比例

上隅角瓦斯		高位瓦斯	
抽采纯量/(m³/min)	比例/%	抽采纯量/(m³/min)	比例/%
2.05	42	2.88	58

（2）计算法

① 理论依据

考虑采空区落（丢）煤及油型气赋存情况，可知在油型气富集区，黄陵二号煤矿采空区瓦斯既有煤层气又有油型气，即属二元混合气。根据采空区气样的碳氢同位素测试结果，利用碳同位素测值计算二元混合气的混源比，分析煤油气共生矿井采煤工作面采空区涌出瓦斯中煤层气和油型气的比例，分不同单元（根据油型气赋存情况）区域研究采空区瓦斯的主要来源。

一般根据物质守恒的原则，采用同位素贡献比计算二元混合气的混源比，其公式如下：

$$\delta^{13}C_i(混) = \frac{\delta^{13}C_i(A) \cdot n_A \cdot x + \delta^{13}C_i(B) \cdot n_B \cdot (1-x)}{n_A \cdot x + n_B \cdot (1-x)}$$

式中 $\delta^{13}C_i(A), \delta^{13}C_i(B), \delta^{13}C_1(混)$ ——A 来源气、B 来源气以及混合气中某种烷烃 i 的碳同位素组成；

n_A, n_B ——A 天然气和 B 天然气中该烷烃的百分比含量；

$x, 1-x$ ——A、B 天然气在混合气中的比例。

② 样品制备

分不同比例的气源（煤层气和油型气）进行实验样品制备，进行煤层气与油型气混源气气成分、甲烷和乙烷的碳同位素、氢同位素测定。

a. 仪器设备：

——250 mL 玻璃集气瓶 6 个；

——容积不小于 300 mL 的注射器 2 个；

——胶管 0.5 m。

b. 气体样品采集：

采集煤层气样和油型气样各 1 个，油型气样采用喷孔或浓度高能够自然涌出的油型气抽采孔气样，煤层气样采用新施工的浓度高、自然涌出状态下本煤层抽采钻孔气样；气样量不小于 500 mL。

c. 样品制备：

采用注射器将所采集的油型气及煤层气气样按表 6-28 中的比例进行混合，混合气总体积为 250 mL，采用集气瓶装样。

表 6-28　油型气和煤层气混合样比例表

样品编号	油型气/mL	煤层气/mL	二者比例
YP-1	250	—	—
YP-2	—	250	—
YP-3	50	200	1∶4
YP-4	100	150	2∶3
YP-5	150	100	3∶2
YP-6	200	50	4∶1

③ 测试项目

所有气样样品（含现场采集样品及实验室制备样品）均进行气体成分、甲烷碳氢同位素测定。

④ 结果分析

对表 6-28 制备的试验样品进行了送样测试，测试结果见表 6-29。

表 6-29　试验样品测试结果表

样品编号	甲烷碳同位素/‰	甲烷百分比含量/%
YP-1	−49.00	91.29
YP-2	−70.60	88.19
YP-3	−66.70	—
YP-4	−61.50	—
YP-5	−57.20	—
YP-6	−53.20	—

将不同比例的油型气与煤层气碳同位素的测试结果代入公式，进行计算得到了油型气与煤层气二元混合气的构成百分比，并与制备比例进行对比，对比发现计算结果与制备比例绝对误差最大值为 2.45，最小值为 0（表 6-30）。

表 6-30 计算结果表

甲烷碳同位素/‰			甲烷百分数/%		样品构成比/%		计算构成比/%		绝对误差
C(混)	C(油)	C(煤)	n(油)	n(煤)	油型气	煤层气	油型气	煤层气	
−49.00	−49.00		91.29		100.00	0.00	100.00	0.00	0
−70.60		−70.60		88.19	0.00	100.00	0.00	100.00	0
−66.70					20.00	80.00	17.55	82.45	2.45
−61.50					40.00	60.00	41.29	58.71	1.29
−57.20					60.00	40.00	61.22	38.78	1.22
−53.20					80.00	20.00	80.01	19.99	0.01

⑤ 计算原则

由于试验采用的为单一样品,测试的甲烷碳同位素为单一值,而实际上不同的气样的甲烷碳同位素不一样。对于黄陵二号煤矿而言,测试的油型气甲烷同位素测试为 −46.20‰～ −49.20‰,煤层气测值为 69.7‰～70.6‰。由测试结果及计算模型公式可以看出,当油型气甲烷碳同位素小于 −49.00‰ 时,计算模型公式得出的结果会含有煤层气。根据在黄陵二号煤矿测得的油型气碳同位素最小值为 49.2‰,将其代入公式,所得到的结果为油型气 99.20%、煤层气 0.80%,同样当甲烷碳同位素大于 −70.6‰ 时,计算得出气体中含有油型气,虽然不能完全反映实际但能整体反映煤层气与油型气主导性,基于此,根据黄陵二号煤矿实际,计算采空区瓦斯涌出来源及构成比例时,制定了如下原则:

a. 当甲烷碳同位素为 −70.60‰～−49.00‰ 时,按公式计算了油型气和煤层气的构成比例;

b. 当甲烷碳同位素大于 −49.00‰ 时,全部为油型气;

c. 当甲烷碳同位素小于 −70.60‰ 时,全部为煤层气。

⑥ 测点布置及构成比例计算

在 203 采煤工作面回风侧 2 号(测点 1)、7 号(测点 2)、10 号(测点 3)、17 号(测点 4)钻场采集高位孔气样,测试点分布见图 6-89;共采集 4 组测试气样,实验室进行了碳同位素分析,测试结果见表 6-31。

图 6-89 203 工作面油型气分布及测点布置图

表 6-31 各测点甲烷碳同位素测值表

测点编号	甲烷碳同位素测值/‰	测点编号	甲烷碳同位素测值/‰
测点 1	−49.1	测点 3	−54.2
测点 2	−61.9	测点 4	−49.8

由表 6-31 可以看出,4 个测点甲烷碳同位素测值最大为 −49.1‰、最小为 61.9‰,均属 −70.60‰~−49.00‰ 范围,因此,根据计算原则,进行煤层气和油型气构成比例的计算,得到的结果见表 6-32。

表 6-32　各测点油型气与煤层气构成比例的计算结果

测点编号	甲烷碳同位素测值/‰	构成比/%	
		油型气	煤层气
测点 1	−49.1	99.52	0.48
测点 2	−61.9	39.45	60.55
测点 3	−54.2	75.29	24.71
测点 4	−49.8	96.17	3.83
平均值	−53.75	77.61	22.39

按甲烷碳同位素混合模型进行煤层气和油型气构成比例的计算,其结果见表 6-32。由表 6-32 可知,采空区中煤层气与油型气混源的天然气中油型气比例平均值为 77.61%(保留整数为 78%);煤层气平均值为 22.39%(保留整数为 22%)。与统计油型气结果一致(采空区遗煤瓦斯涌出比例为 21%,油型气涌出比例为 79%),充分验证了模拟计算公式合理性。同时,另外通过收集不同监测点样品进行测试结合混源比同位素模拟公式进行计算,可以认清研究区不同位置混源气构成比例,为采空区瓦斯防治提供重点靶区,以便合理地布置抽采钻孔,以防治采空区瓦斯的大量涌出现象。

6.7.3　采空区瓦斯涌出规律

项目实施期间,收集了 203 采煤工作面上隅角瓦斯抽采数据,高位钻孔瓦斯抽采数据,回风巷和工作面供风量和瓦斯浓度等数据,进行计算采空区瓦斯涌出量,并绘制了 203 工作面采空区涌出量随回采时间的变化曲线图(图 6-90)。由图 6-90 可知:开始回采后,203 工作面采空区瓦斯涌出量呈逐渐增加趋势,达到最大值后又呈缓慢下降趋势,之后多次出现"下降—上升—下降—上升"的曲线特征,而不存在采空区瓦斯涌出的平衡点。结合 203 工作面采空区瓦斯来源不难看出,造成这种现象的主要原因为油型气赋存不均衡性。因此,由于油型气赋存的不均衡性,很难发现采空区瓦斯涌出平衡点,这与非煤油气共生矿井采空区瓦斯涌出有明显区别。

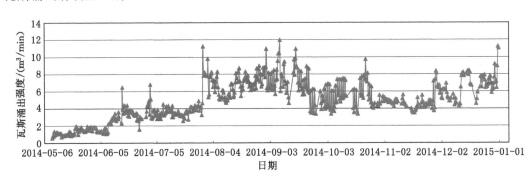

图 6-90　203 工作面采空区瓦斯涌出量曲线图

在底板油型气富集区采空区瓦斯涌出量较大,在煤层厚度较大区域采空区瓦斯涌出量较大,抽采时间越长采空区瓦斯量越大。同时,受采空区漏风的影响,风不断地将采空区瓦斯向上隅角方向运移,造成上隅角瓦斯浓度逐渐增高。对于煤油气共生矿井而言,采空区瓦斯涌出多少主要与底板油型气、采空区遗煤、回采速度及抽采时间有关,而主要受到底板油型气的影响。在受到底板油型气涌出不均衡性的影响时,周期来压对油型气涌出的作用不明显(某些较大波形是受周期来压影响),采空区瓦斯涌出量与回采进尺关系不明显,在采空区瓦斯涌出曲线上很难发现采空区瓦斯涌出平衡点。

6.8　油型气涌出机理

底板油型气涌出具有突发性、隐蔽性等特点,给矿井的安全生产带来较大隐患,因此,掌握油型气底板涌出机理,对于了解底板油型气的涌出能够产生更为直观的认识,能够更好地指导矿井油型气防治工作。

当矿井的采掘活动进入煤岩体中时,大面积的煤岩体暴露在采矿作业空间中,打破了原始状态的应力平衡,在强大的地应力作用下,为了寻找新的应力平衡点,会产生围岩的移动和地应力的重新分布,导致煤岩层卸压和膨胀变形,在岩石移动直接影响范围内,由于地层的膨胀变形会产生大量的裂隙,这样就形成了底板下部地层卸压油气运移的通道,为油型气向采掘空间或采空区放散提供了条件。另一方面,由于处在煤层底板卸压范围内的地层顶板向上移动的量大于其底板岩层向上移动的量,使该地层膨胀,这就大大提高了地层的透气系数,如地层中含有高压油型气,则油型气压力形成的膨胀力和推力会促进岩层的移动和油型气向采掘空间或采空区的运移。因此,油型气涌出是一个复杂的过程,是地应力、采动效应和油气压力综合作用的结果。下面从油型气涌出相关的地应力、采动效应、油气压力方面探讨油型气的涌出机理。

6.8.1　地应力对油型气涌出的作用

油型气储层在上覆岩层重力的作用下,固、液、气三相介质耦合,它们之间相互作用、相互影响,是一个复杂的矛盾体。油型气涌出,首先是岩石的破坏,破坏部分的岩石所受的载荷必须达到强度极限。岩石发生破坏时,其应力环境的不同,其破坏形态一般有两种,即稳定破坏和非稳定破坏。

如果试验机的卸载刚度(应力-应变曲线峰值后的斜率)高于试件的卸载刚度,则试件保持稳定破坏;反之,岩石试件则发生非稳定破坏(突然破坏),无论怎么说,要使岩石在超载应力作用下发生稳定破坏或者非稳定破坏,均需要一定的能量,即岩石发生破坏时应当受到外力作用或者自身的能量释放。在地应力作用下,不考虑其他因素影响时,储存在岩石内的能量越多,能量释放水平也越高,岩石中积聚的弹性应变能为:

$$W_{\mathrm{s}} = \frac{1}{2E} [\sigma_1^2 + \sigma_2^2 + \sigma_3^2 - 2\upsilon(\sigma_1\sigma_2 + \sigma_2\sigma_3 + \sigma_3\sigma_1)]$$

式中　E,υ——岩石的弹性模量和泊松比;

$\sigma_1,\sigma_2,\sigma_3$——岩石单元体上的主应力。

积聚在油型气储集层围岩加载系统中的潜能 W_{m} 为:

$$W_{\mathrm{m}} = \frac{p^2}{2k}$$

式中 p,k——围岩加载系统的压力和刚度。

上述表明,在地下深处的岩层,由于地应力的作用,具有很大的弹性变形潜能;含油岩层距地表越深、构造越复杂,积聚在油型气储层及其围岩的潜能越多。

地下采掘作业解除了岩层之间的相互约束,使聚集在岩石中的弹性变形潜能得到释放。井下采掘作业,使岩体应力状态发生改变,岩石弹性潜能迅速释放,导致岩层发生压缩变形,孔隙和裂隙中瓦斯压力急剧升高。随着岩石弹性潜能的进一步释放,岩体被破坏,外部表现为岩层外鼓(底板表现为底鼓)、掉岩渣、脱片等。岩层被破坏,岩层及岩层之间产生新的裂隙,为油型气的涌出提供了通道,使储集层与采掘作业面之间产生压力差,从而导致油型气以扩散或渗流的形式由储集层向采掘空间运移,即表现为油型气涌出。

岩层的弹性变形潜能越大,对岩层的破坏程度就越大,就越容易发生油型气涌出;同时,岩体中应力的强弱是相对于岩石强度而言的,含油气地层岩石强度低,意味着其破坏需要的能量小,易发生涌出。另一方面,地应力作为地球内部客观存在的一种应力,既作用于岩石,又作用于岩石孔隙中的流体和气体,因此,随着地应力的增加,岩石中赋存的气体压力升高,在其他条件不变的条件下,气体压力越高,所造成的压力梯度(油型气压力差)越大,油型气涌出量也越大。

虽然在黄陵二号煤矿井田范围内未发现油型气涌出和赋存与储集层埋藏深度之间具有明显关系,但从区域上来讲,煤炭系统和石油系统在黄陵矿区施工勘查钻孔中的油气显示表明:本区油气显示较多,分布特点是深部多于浅部、北部多于南部(俞桂英等,1993)。另外,统计到处于浅部的黄陵一号煤矿井田油型气涌出数量有 3 次且多为喷孔,处于中部的黄陵二号煤矿典型的油型气涌出有 21 次(含钻孔),涉及的工作面多及油型气涌出量大,而处于矿区深部的芦村一号井田,在建井期间,发生了副井、井筒检查孔 J_1、新 J_1 油气涌出事件,该矿尚未投产,但从目前油型气涌出来看,矿井的油型气涌出将更为严重。

6.8.2　采动效应对油型气涌出的作用

在受到采动影响前,地层原始应力处在一个动态平衡状态,煤层在开采之后形成采空区,破坏了围岩中原有的应力平衡条件,造成了围岩的应力重新分布,直至达到新的力学平衡状态,并且在煤层本身及围岩中产生卸压(压力降低)及应力集中现象。其中在煤壁前方及开切眼位置处出现应力集中现象(支撑压力),即附加应力大于原始应力的增压区;而采空区处煤层顶底板出现了应力小于原始应力的区域即卸压区。在这些情况的综合作用下,煤层底板出现了不同程度的变形与破坏情况。这种由于采动效应引起的应力重分布并使底板一定范围内岩层发生变形甚至破坏的现象,为底板采动效应。

这些应力的变化将造成底板岩层裂隙率发生变化,从而在底板岩层中形成了竖向张裂隙、层向裂隙、剪切裂隙等现象,进而使底板下伏岩层(油型气储集层与 2 号煤层之间的岩层)丧失封闭能力,打通了油型气储集层与采掘空间的通道,为油型气运移提供了条件,因此,采动效应是影响底板油型气涌出的一个重要因素。

在此,以黄陵二号煤矿煤层开采为工程支持,选择利用 FLAC3D 模拟软件,对 2 号煤层底板岩层进行数值模拟,以期得到采动效应下煤层底板应力、变形及破坏特征。数值模型建立及参数选取见 6.4.2.1 章节相关内容。

(1) 采动过程中底板垂直应力分布

根据 FLAC3D 模型计算结果(图 6-91~图 6-96),工作面采动过程中,垂直方向应力变化具体结果如下：

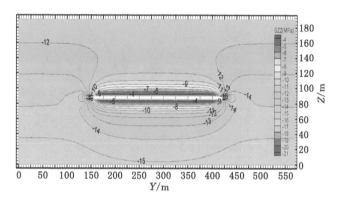

图 6-91 回采至 20 m 垂直方向应力分布

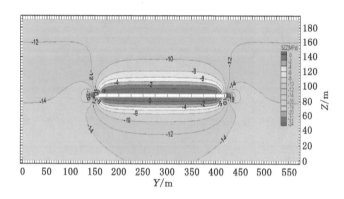

图 6-92 回采至 40 m 垂直方向应力分布

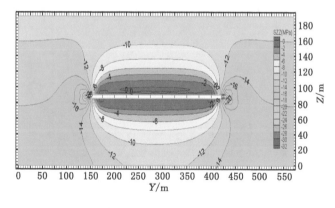

图 6-93 回采至 60 m 垂直方向应力分布

采煤工作面推进 20 m 时，在工作面走向剖面上，顶底板有卸压情况出现（应力降低），结合 Teplot 软件后处理获得的 szz 应力（垂向应力，下同）等值线图可以看出其底板卸压深度范围为 8 m（定义卸压范围为应力达到 10 MPa）。从卸压程度可以发现，压力最低降至 4 MPa。垂直应力在回采起始位置的煤壁处出现应力集中，垂直应力最大值为 -21 MPa（拉为正，压为负），应力集中系数为 1.5（初始应力为 14 MPa），应力集中峰值出现采煤工作

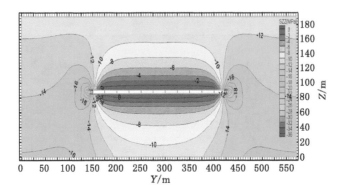

图 6-94　回采至 80 m 垂直方向应力分布

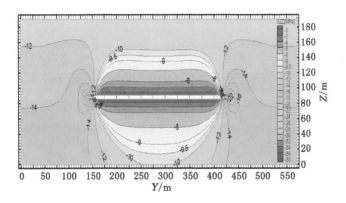

图 6-95　回采至 100 m 垂直方向应力分布

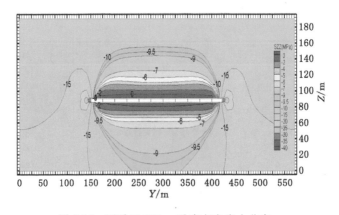

图 6-96　回采至 120 m 垂直方向应力分布

面两端的煤壁处,超前支撑压力范围为 10～15 m。采煤工作面推进 40 m 时,顶底板卸压范围急剧变大,根据 Teplot 软件后处理的 szz 应力等值线图可以看出其底板卸压深度范围为 24 m。通过结合矿上对矿压监测的结果,可以发现,工作面回采 30～40 m 时基本顶初次来压,来压期间,顶底板剧烈活动,变形、压力等变化较大,与模拟结果相符。结合 Teplot 软件后处理的 szz 应力等值线图可以看出垂直应力最大值也有所增加为 −26.7 MPa(拉为正,压为负),应力集中系数为 1.91,超前支撑压力范围有所增大,范围为 17～20 m。采煤工作面推进 60 m 时,随着回采距离的加大,顶底板卸压垂直范围有所增大。应力降低至 10 MPa 的垂直卸压深度为 38 m。结合 Teplot 软件后处理的 szz 应力等值线图可以看出垂直应力最大值也有所增加为 −31.9 MPa(拉为正,压为负),应力集中系数为 2.28,超前支撑压力范围增加到 18～25 m。采煤工作面推进 80 m 时,随着回采距离的加大,顶底板卸压程度及卸压范围增大较为明显,整体上卸压垂直深度达 48 m;结合 Teplot 软件后处理的 szz 应力等值线图可以看出垂直应力最大值也有所增加为 −34.6 MPa(拉为正,压为负),应力集中系数为 2.47,超前支撑压力范围增加到 20～25 m。采煤工作面推进 100 m 时,随着回采距离的加大,顶底板卸压范围和程度仍有所增大,增幅有所降低。通过垂直应力等值线图与垂深 60 m 处垂直应力剖面图可以看出,垂深 60 m 处,卸压范围较小且卸压值程度较低(基本为 8 MPa 以上),从而可以确定回采至 100 m 时卸压深度垂直变化范围为 60 m。与回采至 120 m 时对比可知,卸压范围基本稳定。但随着回采距离的推进,卸压程度有所增加,表现为在垂直深度 48 m 处,应力由回采至 80 m 时的 10 MPa 降低至 9.5 MPa。垂直应力最大值也有所增加为 −39.8 MPa(拉为正,压为负),应力集中系数为 2.84,超前支撑压力范围较上一次有所增加至 22～26 m。采煤工作面推进 120 m 时,随着回采距离的加大,顶底板卸压范围和程度基本稳定,与回采 100 m 时相比,整体卸压范围基本一致,卸压垂直深度稳定为 60 m,超前支撑压力范围稳定在 22～26 m 范围内。通过结合 FLAC3D 软件应力输出结果分析可知,当回采至 40 m 时出现了应力正值即拉应力,而当回采至 80 m 时拉应力降低,说明模型底板接近采空区处出现了大规模的拉破坏,进而导致底板岩层为了填充破坏孔隙,有向采空区压实挤密的作用,回采至 100 m 时整体压力有所增加。回采至 120 m 时最大值垂直应力基本稳定为 −38.0 MPa,应力集中系数为 2.71,较回采至 100 m 时有所降低。应力降低的原因可能是因为在工作面回采停采线附近,作用在煤壁上的支撑应力有下降的趋势,底板岩体作用力以压应力为主,底板岩体的压缩状态由于支撑力的下降一定程度得到缓和,并不会直接因此过度地反向膨胀,因此这是采场结构平衡的必然结果,另外超前支撑压力范围基本不变。

由以上模拟结果并结合开采实际还可以看出:受采动影响,煤层及其底板在煤柱区应力处于增压(上升)状态、底板煤岩体处于压缩状态,应力集中峰值出现采煤工作面两端的煤柱区;同时,在采空区煤层底板岩层应力总是处于卸压(下降)状态、底板煤岩体处于膨胀状态,且随着开采活动的不断进行,底板岩层卸压范围不断增加,但增加到一定程度后,卸压范围处于基本稳定状态。另外,随着采空区的不断推进,顶板覆岩出现垮落,并不断地被压实,底板覆岩重力荷载也趋于稳定,因此底板支承压力对应地出现了应力恢复区;而未受到采动影响的煤体应力无变化,即在正常回采阶段工作面底板煤岩体出现了原始应力区域、应力集中区域(压缩区)、卸压区(膨胀区)、应力恢复区(压实区)。

根据模型中格网单元的 ID 号对不同垂深下底板垂直应力变化数据进行检测,建立了同一回采距离(时间)不同底板深度(图 6-97)和不同回采距离(时间)下相同底板深度下垂直应力变化特征(图 6-98)。

图 6-97 显示了同一开采距离下底板下方 1 m、3 m、5 m、10 m、15 m、20 m、30 m、40 m 沿线处垂直应力的大小。在各个监测深度上相应地布置应力变化监测线一条,倾向上每隔 10 m 设置监测点一个。整体来看,在底板 1 m、3 m 处垂直应力降低几乎均为 0 MPa,回采至 20 m 时,应力最低值为 4 MPa 左右,当随着回采距离的推进,回采至 40 m 时应力出现了

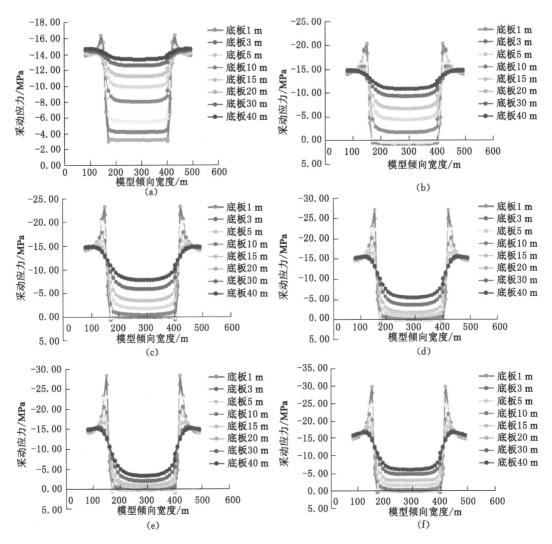

图 6-97　同一回采距离下不同底板深度应力变化情况

（a）回采 20 m 不同垂深垂直应力变化；（b）回采 40 m 不同垂深垂直应力变化；

（c）回采 60 m 不同垂深垂直应力变化；（d）回采 80 m 不同垂深垂直应力变化；

（e）回采 100 m 不同垂深垂直应力变化；（f）回采 120 m 不同垂深垂直应力变化

正值即出现了拉应力，在通过与底板变形图件分析可知这种情况与底鼓量的变大导致岩层变形有关，是底板岩体发生底鼓造成的结果，另外最大垂直应力随着距离底板垂直深度的增加有逐渐降低的趋势；整体上在倾向上模型 100 m 与 450 m 左右处为应力恢复区域节点。通过图 6-97 对底板 5 m 处分析可知，卸压情况随着回采进尺的增加呈现先增大后逐渐稳定的趋势变化，卸压程度最大区域出现在采空区的中部位置，应力变化范围出现了明显的应力恢复—应力集中—应力降低区域的分布特征。

图 6-98 显示了同一垂直深度下在不同回采距离（不同回采时刻）的变化规律。其最大垂直应力出现在回采结束底板浅部位置（1 m）处，且同一深度测线上整体呈现随着回采距离的增大逐渐增大直至回采到 100 m 时基本稳定，最小垂直应力即最低卸压值呈现先逐渐

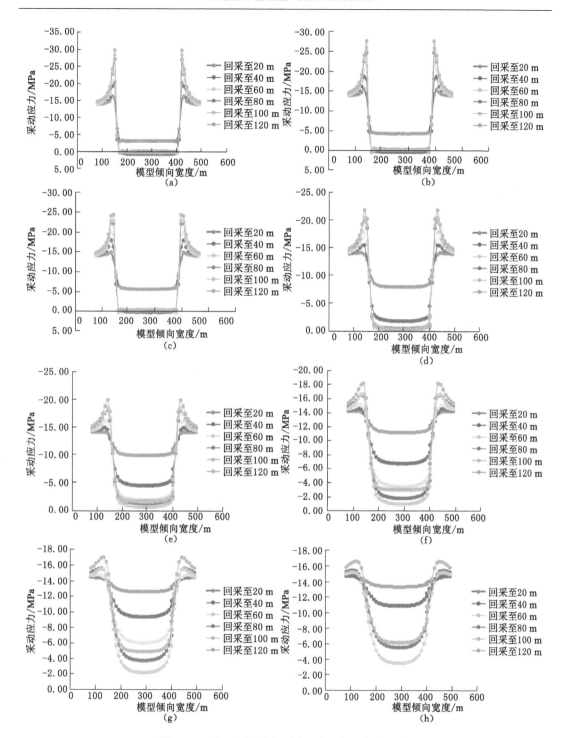

图 6-98　同一底板深度不同回采距离下应力变化

（a）底板 1 m 下不同回采距离垂直应力变化；（b）底板 3 m 下不同回采距离垂直应力变化；
（c）底板 5 m 下不同回采距离垂直应力变化；（d）底板 10 m 下不同回采距离垂直应力变化；
（e）底板 15 m 下不同回采距离垂直应力变化；（f）底板 20 m 下不同回采距离垂直应力变化；
（g）底板 30 m 下不同回采距离垂直应力变化；（h）底板 40 m 下不同回采距离垂直应力变化

减小直至稳定不再变化的规律。随着监测深度的增加,受回采的影响越来越小。结合底板 40 m 处不同回采距离的应力变化情况可以看出,应力集中回采至 20 m 的原始原岩应力逐渐增大并稳定至回采至 120 m 的最大值 17.2 MPa,应力呈现左右对称情况分布;卸压程度由底板 1 m 至底板 40 m 逐渐降低,结合 FLAC3D 软件输出模拟结果可知,随着回采距离的增大,底板应力出现了正值即拉应力,且直至回采到 100 m 时最大为 0.4 MPa。回采至 120 m 时拉应力降低,通过与底板变形模拟结果结合分析可知,其应为拉应力增大,底板出现了拉破坏,导致岩体的整体拉应力有所降低。

(2)采动过程中底板塑形破坏分布

受采动影响,造成了围岩的应力重新分布,直至达到新的力学平衡状态,煤层底板岩层在采动作用下经历了"支承压力集中压缩—应力解除膨胀—应力恢复再压缩"的过程,这些应力的变化造成底板岩层裂隙率发生变化,从而在底板岩层中形成了竖向张裂隙、层向裂隙、剪切裂隙等现象。

根据 FLAC3D 模型模拟结果(图 6-99～图 6-104),采煤工作面不同推进距离塑形破坏区分布规律如下:

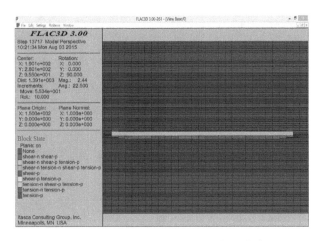

图 6-99　回采 20 m 底板塑形破坏区分布

随着采煤工作面的不断推进,应力集中值不断增加,煤层底板的塑形破坏区域即破坏深度也随之不断增加,以工作面倾向剖面进行研究,在回采的起始位置处即上下出口处的底板破坏程度较中间破坏大,底板破坏区基本呈现 W 形状分布。工作面推进到 20 m 时最大破坏深度达到 5 m,采空区两端以剪切破坏方式为主,采空区中部位置以剪拉混合破坏为主。工作面推进到 40 m 时,底板破坏深度变大达到 12 m,破坏区域的 W 形状趋于明显,中部破坏深度达到最大 6 m,采空区两端以剪切破坏方式为主,采空区中部位置以剪拉混合破坏为主。工作面推进到 60 m 时,底板破坏深度变化不大为 23 m,破坏区域的 W 形状更加明显,中部破坏深度有所增加为 7 m。工作面推进到 100 m 时,底板破坏深度变化不大为 40 m,底板破坏区域基本上在水平位置、上下出口处有所变大,中部垂直位置破坏深度增大至 15 m。工作面推进到 120 m 时,底板最大破坏深度基本不变仍为 40 m,中部破坏深度增大至 21 m。

通过模拟结果可以看出,受采动影响,采煤工作面首先出现剪切破坏,逐渐出现拉剪混

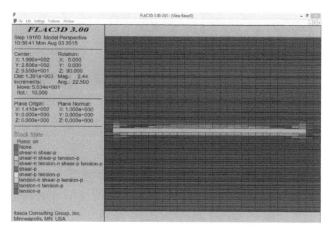

图 6-100　回采 40 m 底板塑形破坏区分布

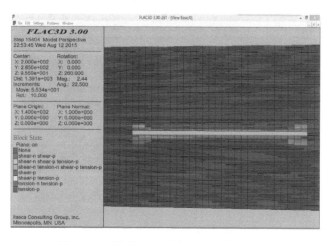

图 6-101　回采 60 m 底板塑形破坏区分布

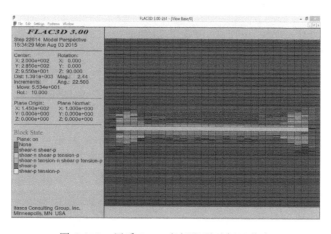

图 6-102　回采 80 m 底板塑形破坏区分布

合破坏,采煤工作面两端以剪切破坏为主,而采煤工作面中部以拉剪混合破坏为主。随着工作面开采的不断推进,底板岩层破坏区域和破坏深度不断增加,主要原因为随着采空区面积

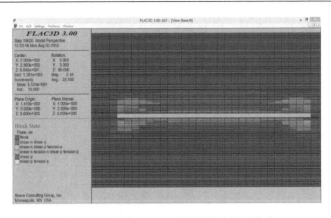

图 6-103　回采 100 m 底板塑形破坏区分布

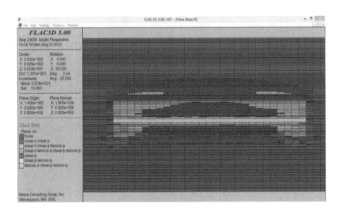

图 6-104　回采 120 m 底板塑形破坏区分布

的不断增加,底板岩层的应力集中值不断增加;当工作面推进到 100 m 时,卸压范围基本达到稳定结构,底板破坏深度也基本稳定为 40 m,即底板应力分布和底板破坏深度不再发生较大变化。

　　这里值得注意的是,在回采的起始位置处即上下出口处由于其处在应力集中区和卸压区的交界处,处于应力集中区的底板岩体容易产生剪切变形而发生剪切破坏,而处于卸压状态的岩体则容易产生离层裂隙及破裂裂隙,所以,在煤柱边缘区内的底板岩层最容易产生裂隙并发生破坏,即该处的底板岩层破坏程度较大,且该处最先发生破坏,在储集层与采掘工作面产生沟通裂隙,由于储集层和采掘孔之间存在压力差,油型气沿裂隙运移至采掘空间,形成油型气涌出。因此,最先发生破坏的煤柱边缘区最容易发生底板油型气的涌出。目前矿井采掘工作面已发生底板油型气异常的地点也证明了这一点:405 采煤工作面和 409 采煤工作面底板油型气涌出发生在工作面煤柱边缘区(切眼),201 掘进工作面发生的底板油型气异常涌出发生在掘进工作面迎头区域,现场跟踪发现掘进工作面底板油型气始涌地点处在距迎头 5~10 m 处。

　　在正常回采阶段,底板岩层受到采动应力的影响,工作面底板煤岩体出现了原始应力区域(正常区)、应力集中区域(压缩区)、卸压区(膨胀区)、应力恢复区(压实区)(图 6-105),且随着工作面的推进而重复出现。在此作用下,岩层将受到连续周期性破坏,即处于应力集中区的底板岩层将相继进入卸压区和压实区,卸压区岩体由于初期(应力集中区和卸压区的交界处)受到较大程度的破坏,进入卸压区后,岩层(含油型气储层)进一步膨胀,其底板导气性将发生明显变化。因此,从工作面煤柱边缘区开始,下部卸压瓦斯将沿着裂隙通过扩散和渗流的方式进入上部回采空间和采空区,造成油型气的涌出,这种现象在底板岩层进入压实区后逐步消失。根据以上分析,我们认为沿工作面走向从工作面煤柱边缘区(应力集中区和卸压区的交界处)直至压实区存在一个"卸压导气带"(图 6-105),处在"卸压导气带"的岩层卸压程度高、岩层膨胀变形大且岩层纵横向裂隙发育,为底板油型气涌出提供了通道和有利条件,同时,储集层的渗透性将得到大幅提高。"卸压导气带"沿走向范围为工作面煤柱边缘区至压实区,垂向最大范围为底板塑形变形的最大深度(图 6-105);其走向距离与工作面长度、基本顶的岩性及其物理性质等因素相关,垂直深度与工作面长度、基本顶来压步距、底板岩性及其物理性质等因素相关。

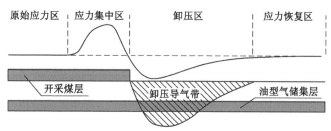

图 6-105　采煤工作面采动应力分布及卸压导气带位置示意图

若油型气储集层处在卸压导气带,随着采煤工作面的推进,煤层与储集层之间的岩层(含盖层)对油型气的封闭作用将会被打破,从而导致油型气储集层向回采空间及采空区释放油型气,形式上表现为油型气涌出,由于"卸压导气带"的存在,采空区内油型气不会沿回采工作走向距离持续涌出,其涌出存在一个"有效距离",即"卸压导气带"沿走向长度[现场跟踪表明:采空区油型气抽采效果较好的钻孔分布在距工作面 0.23~65.14 m(一般集中在40 m 左右)]。对于掘进工作而言,由于掘进工作面不存在压实区且巷道宽度较小,因此,掘进工作面底板油型气涌出不存在有效距离,即如果底板油型气储集层联系分布且持续向巷道底板释放有油型气,该油型气将沿巷道方向一直涌出直至油型气释放殆尽,同时,"卸压导气带"深度较采煤工作面浅很多,所以当油型气储集层处于"卸压导气带"以外时,巷道掘进过程中就不会发生油型气涌出。这种现象与现场实际相符:2014 年 8 月 27 日 409 工作面回采至距九联巷 46 m 时,采煤工作面方向底板出现大面积油型气涌出,风流瓦斯浓度达3%,截至 9 月 1 日四点班,风排瓦斯总量达 1.6×10^5 m³,而该区域在掘进期间,风流瓦斯浓度无异常、未发现油型气涌出迹象(取芯钻孔揭示含气层 1 层,距煤层底板深度为 38.09 m,厚度为 13.37 m)。

(3)底板不同深度垂直变形特征

根据 FLAC3D 模型计算结果(图 6-106~图 6-111),从工作面采动过程中可以看出,底板垂直位移随着工作面的推进呈现动态变化,并逐渐延展扩大:工作面回采 20 m 时,底板最大位移量 180 mm 左右,在回采的起始位置处即上下出口处由于煤壁的支撑,变形量较小,最大达到 80 mm,在剖面的中部区域变形量较大。回采 40 m 时,底板最大位移量增大至 254 mm 左右。回采 60 m 时,最大位移量 335 mm 左右,变形程度及范围均有增大,在采煤工作面上下出口处变形量为 100 mm。回采 80 m 时,最大位移量 481 mm 左右,在采煤工

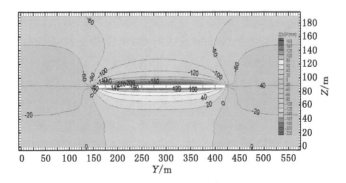

图 6-106 回采 20 m 垂直方向变形特征

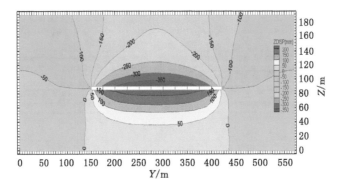

图 6-107 回采 40 m 垂直方向变形特征

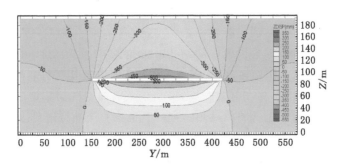

图 6-108 回采 60 m 垂直方向变形特征

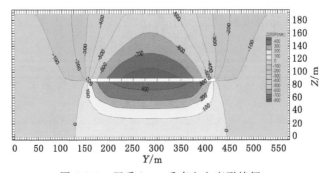

图 6-109 回采 80 m 垂直方向变形特征

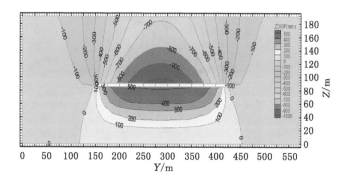

图 6-110 回采 100 m 垂直方向变形特征

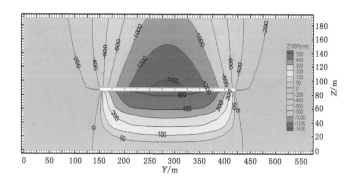

图 6-111 回采 120 m 垂直方向变形特征

作面上下出口变形量增大为 200 mm。回采 100 m 时,底板最大位移量 543 mm 左右,底板变形深度区域基本稳定,其增大范围主要集中在水平范围内。回采 120 m 时,底板最大位移量 570 mm 左右,基本验证了回采至 100 m 时,变形范围达到稳定。

通过以上分析可知,整体上从垂直方向看,煤层底板变形量随着深度的增加而逐渐降低。从煤层走向上看,煤层底板变形量随着工作面的推进逐渐增大。底板垂直变形区域呈现"增大—稳定—增大—稳定"的变化规律,另外通过模拟结果可以看出在模型采煤工作面中部出现底鼓后,采煤工作面两端与煤壁之间有一段岩层发生下沉的现象,原因为煤柱边缘区底板因支承压力作用而压缩,采空区则因卸压而发生膨胀,位移变化规律与应力变化规律相对应。

为了进一步模拟底板垂直变形规律,根据模型中格网节点的 ID 号对不同垂深下底板垂直变形数据进行监测,建立了同一回采距离(时间)不同底板深度(图 6-112)和不同回采距离(时间)下相同底板深度下垂直变形特征(图 6-113)。

图 6-112 显示了同一垂直深度下在不同采煤工作面推进的变化规律。其垂直变形情况随着回采距离的增大逐渐增大直至回采到 120 m 时基本稳定。从底板 1 m 变形情况可以明显看出,在底板回采至 120 m 时底板最大变形量达 570 mm,而回采至 20 m 时最大变形量仅为 180 mm。另外,从不同深度的变形情况可知,模型随着监测深度的增加,受掘进开挖影响越来越小,变形量也越来越小,且变形情况呈现左右对称分布。从图中可以看出同一点上变形规律呈现为"先少量下沉,然后再转为向上变形的状态"。

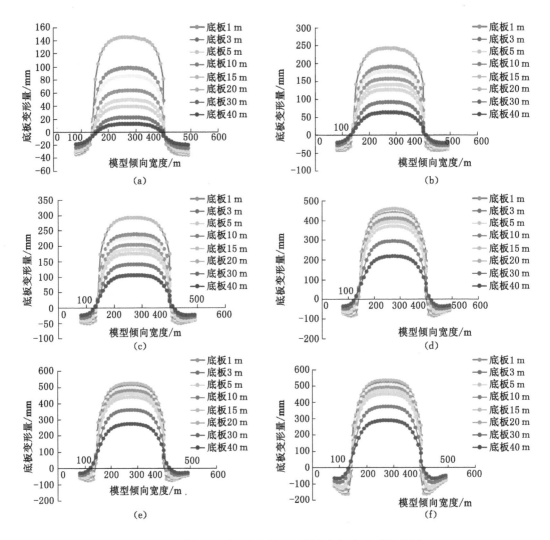

图 6-112 同一回采距离(时间)不同底板深度变形特征图

(a) 回采 20 m 不同垂深垂直方向变形;(b) 回采 40 m 不同垂深监测垂直方向变形;
(c) 回采 60 m 不同垂深垂直方向变形;(d) 回采 80 m 不同垂深监测垂直方向变形;
(e) 回采 100 m 不同垂深垂直方向变形;(f) 回采 120 m 不同垂深监测垂直方向变形

图 6-113 显示了同一开采距离下底板下方 1 m、3 m、5 m、10 m、15 m、20 m、30 m、40 m 沿线处垂直变形的大小。在底板 1 m、3 m、5 m 测线处垂直变形较为明显,垂直变形量随着距离底板垂直深度的增加逐渐降低;底鼓量最大区域出现在采空区的中部位置,变形呈现由"0 即不变形—变形增大—最大值—变形降低—0 变形"的规律变化。在采动效应下,采煤工作面采空区底板地层的垂直变形量和变形影响深度均较大,其中,底板垂直变形量最大为 570 mm 左右、变形影响范围最大为 40 m;这将导致受到卸压(膨胀)作用的底板地层导气性成百上千倍的大幅度增加,期间的油型气储集层中的卸压油型气将沿着裂隙通过扩散和渗流的方式进入上部采掘作业空间,形成油型气涌出。

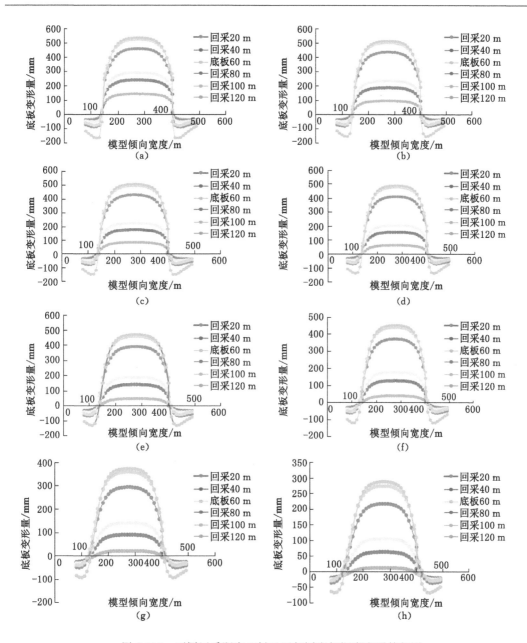

图 6-113　不同回采距离（时间）下相同底板深度变形特征图

（a）底板 1 m 下不同回采距离垂直变形；（b）底板 3 m 下不同回采距离垂直变形；
（c）底板 5 m 下不同回采距离垂直变形；（d）底板 10 m 下不同回采距离垂直变形；
（e）底板 15 m 下不同回采距离垂直变形；（f）底板 20 m 下不同回采距离垂直变形；
（g）底板 30 m 下不同回采距离垂直变形；（h）底板 40 m 下不同回采距离垂直变形

6.8.3　油型气压力对涌出的作用

含油型气储层主要是细粒砂岩，由于砂岩几乎没有吸附能力，因此，油型气主要以游离形式储存于砂岩孔隙及裂隙中形成油型气压力。油型气压力对孔隙壁所有方向均产生张应力，对岩体承受的压力起着抵消作用。研究表明，含油气岩体储存着较高的气体压缩能，当岩体承受的压力减弱(卸压)时,油型气压力膨胀产生的张应力破坏效应是十分显著的。油气中气体的膨胀能与岩体中的气体含量和膨胀前后的压力变化有关。在绝热条件下,利用热力学的有关知识,推导出油型气膨胀能的计算公式为:

$$W = \frac{M}{U} c_V T_2 \left[\left(\frac{p_0}{p_1} \right)^{\frac{n-1}{n}} - 1 \right]$$

式中　W——单位岩石油型气膨胀能,J/m³;

　　　M,U——油型气的质量和分子量;

　　　c_V——定容分子热容量;

　　　n——绝热指数;

　　　p_0,p_1——油型气原始压力及自然状态压力,MPa;

　　　T_2——采掘工作面瓦斯的绝对温度,K。

由上式可以看出,决定油型气膨胀能大小的主要因素为原始油型气压力和卸压后的油型气压力的比值,即油型气 p_0/p_1,若 $p_0 = p_1$,即油型气储集层不发生卸压,则油型气的膨胀能即为 0;当 p_1 值一定时,决定油型气膨胀能大小的主要因素为原始油型气压力,油型气原始压力越大,油型气膨胀能越大。

当油型气储集层处于卸压区时,储集层的三向压应力中的垂向压应力降低,油型气储集层发生膨胀变形,导致油型气压力降低,油型气膨胀能便开始对外做功,若此时储集层进入到"卸压导气带",p_0/p_1 将急剧增加,若 p_0 值较大,油型气膨胀能将大幅增加,由于煤岩材料的抗拉强度一般只为抗压强度的 1/10～1/20,所以,当油型气膨胀能增加到一定值时会使得煤岩体被拉坏,即油型气膨胀能会加速岩层的破坏,油型气压力的变化使储存在砂体中的油型气膨胀能开始释放,进而形成油型气涌出。

结合油型气运移理论,可以进一步得出:当储集层油型气压力较小时,油型气涌出一般是比较缓慢且强度较小,但当储集层油型气压力较高时,特别是层间岩层强度低而且距离不大时,在油型气储集层高压瓦斯压力的推动下,可以形成猛烈鼓起,造成底板破裂、油型气突然涌出。

6.8.4　油型气涌出机理分析

由于地层中原始地应力的作用,岩层具有很大的弹性变形潜能,地下采掘作业解除了岩层之间的相互约束,使聚集在岩石中的弹性变形潜能得到释放,导致岩层发生压缩变形,孔隙和裂隙中油型气压力急剧升高。随着岩石弹性潜能进一步释放,岩体被破坏,岩层及岩层之间产生新的裂隙,为油型气的涌出提供了通道,使储集层与采掘作业面之间产生压力差,导致油型气由储集层向采掘空间运移。采动效应导致煤层本身及围岩产生卸压(压力降低)及应力集中,这些应力的变化造成底板岩层裂隙率发生变化,从而在底板岩层中形成了竖向张裂隙、层向裂隙、剪切裂隙,进而使底板下伏岩层丧失对油型气储集层封闭能力,打通了油型气储集层与采掘空间的通道,为油型气运移提供了条件。含油气岩体储存着较高的气体压缩能,当岩体承受的压力减弱(卸压)时,油型气体积膨胀产生张应力,当油型气膨胀能增加到一定值时会使得煤岩体被拉坏,即油型气膨胀能会加速岩层的破坏,油型气压力的变化使储存在砂体中的油气膨胀能开始释放,进而形成油型气涌出。

由以上分析可以看出,在一定条件下,地应力、采动应力和油型气压力均可造成油型气的涌出,通常情况下,三者共同作用于底板下部岩层,造成下部岩层膨胀变形和破坏,形成油型气压力梯度,从而导致油型气涌出。同时,地应力增加,会导致油型气压力增加,从而造成油型气膨胀能增加,最终会加速岩石的破坏变形;而采动效应是地应力重新分布的直接体现,高地应力下,采动应力的卸压破坏效应将更加明显。因此,综合以上叙述,可以说油型气涌出是以地应力为主导,地应力、采动效应和油型气压力综合作用的结果(图6-114)。

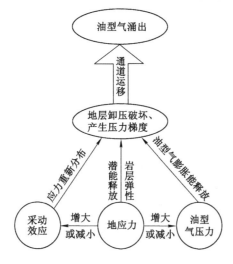

图 6-114　油型气涌出耦合作用图

7 矿井油型气防治技术

7.1 油型气分源治理地质模型建立

由油型气勘查成果可知：直罗组、延安组、富县组岩层不具备形成大面积连续的富油层段或富油区条件，三叠系延长群地层储油、生油条件都较好，深部延长组油气烃源岩可能是矿井开采油型气涌出的较大的油气源，而直罗组、延安组、富县组岩层为油型气（瓦斯）储集层。为此，建立了矿区油型气及瓦斯赋存地质模型，如图 7-1 所示。

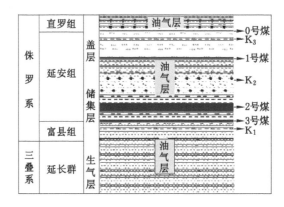

图 7-1 矿井油型气（瓦斯）防治地质模型

通过矿区瓦斯油型气地质赋存状况分析，矿井执行单一煤层开采的技术措施时，必然形成单一煤层开采，上、下煤岩层均卸压的矿山压力显现的格局。煤层瓦斯防治重点是 2 号煤层及邻近 1 号、3 号煤层瓦斯；油型气防治重点为 2 号煤层上、下煤岩层生气层、盖层和储集层油型气。掘进工作面瓦斯油型气涌出，除 2 号煤层释放瓦斯，还与围岩油型气卸压涌入相关。采煤工作面采空区瓦斯涌出较大，与 2 号煤层的上、下邻近层 1 号、3 号煤层瓦斯卸压涌出相关，同时与围岩油型气的卸压涌入相关。

7.2 综掘工作面油型气高效抽采技术

7.2.1 工作面概况

（1）工作面位置

205 工作面位于黄陵二号煤矿二盘区西北部，西南紧邻 203 工作面，东南为北一开拓大巷，倾向长度 279 m，走向长度 4 776 m，属超长工作面。

（2）煤层

2号煤层厚度在 2.5～3.6 m 之间，平均煤厚 3.2 m，地质储量 628 万 t，其中可采储量 596 万 t，直接顶板为灰色细粒砂岩，夹薄层粉砂岩条带，近水平层理，厚度 8～12 m；直接底板为深灰色泥岩，团块状，含炭屑，富含植物根化石，厚度 1.3～1.6 m。经预测，205 工作面运输巷 5 联巷以里区域赋存 3 号煤层，煤层厚度为 0～2.5 m。

（3）瓦斯、油型气

205 掘进工作面前 3 400 m 煤层瓦斯含量不大于 1 m³/t，煤层原始瓦斯含量在 0.71～0.82 m³/t 之间，原始瓦斯压力最大值为 0.163 MPa，煤的坚固性系数（f 值）为 0.85～0.94。1 378 m 后煤层瓦斯含量达 7.19 m³/t，为煤层瓦斯重点抽采区域。

根据瓦斯及油型气探查成果，205 掘进工作面煤层顶板 60 m 范围赋存有 1 层油型气储集层，为七里镇砂岩，其与煤层间距大部为 6～18 m，局部为煤层直接顶与煤层直接接触。底板下部 50 m 范围，共赋存有 3 个油型气储集层，分别为瓦窑堡组上部砂岩、富县组砂岩层及 2 号煤和 3 号煤层间砂岩，储集层岩性均为细粒砂岩。钻探揭露瓦窑堡组储集层厚度范围 5～30 m，距 2 号煤层间距范围 28～40 m；揭露富县组储集层厚度范围 6～17 m，距 2 号煤层间距范围 5～20 m；2 号煤和 3 号煤层间砂岩厚度 0～10 m、距 2 号煤层距离 0.5～1.0 m。油型气储集层分布如图 7-2 所示。从邻近工作面揭露情况来看，该区域以底板油型气为主。

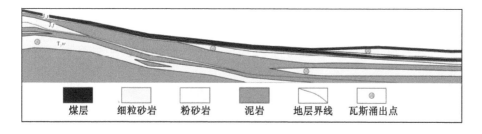

图 7-2　205 掘进工作面煤层底板下 50 m 范围含气层分布

7.2.2　掘进工作面瓦斯油型气治理模式

通过矿区瓦斯油型气地质赋存状况分析及巷道掘进工作面相似材料模拟、计算机数值计算及现场矿压显现观测特征分析，巷道掘进过程瓦斯油型气涌出治理，首先应加强掘进巷道布置优化，尽可能避开主应力带来的破坏，断面选形选择减少应力集中的不利因素影响，同时加强支护减少巷道围岩体的松动破坏，加强底板管理，降低巷道掘进过程中各种工程因素对瓦斯油型气涌出的影响。

对于煤油气共生矿井，掘进瓦斯涌出既有来自煤层的瓦斯，又有来自顶底板储集层的油型气，同时瓦斯油型气的赋存受多种地质因素影响，巷道掘进煤层瓦斯防治必须执行"探、抽、掘"措施。在加强巷道掘进各种工程因素优化为瓦斯油型气防治创造条件基础上，瓦斯油型气防治必须坚持以"探、抽、掘"为主的技术原则，在防治措施上，采取"先探后掘、先抽后掘、综合抽采"等瓦斯油型气综合防治措施。在掘进巷道执行瓦斯油型气"探、抽、掘"措施的同时，收集瓦斯油型气基础参数，掘进工作面瓦斯油型气治理模式如图 7-3 所示。绘制瓦斯油型气地质赋存图，为采煤工作面瓦斯油型气防治提供评价依据。

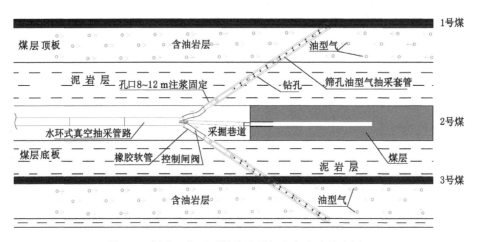

图 7-3 掘进工作面瓦斯及油型气灾害防治示意图

7.2.3 油型气(瓦斯)迈步式探抽拦截技术及施工工艺

7.2.3.1 钻孔油型气抽采影响半径测定

（1）测试方法

本次采用 SF₆ 气体示踪法进行钻孔油型气抽采影响半径测定，测试工程施工点应选择在底板岩层较为完好、无断层、无破碎带、不受前期抽采钻孔影响的地点，根据现场实际，选择在 205 运输巷 7 号联络巷内实施测试工程。

测试工程共布置 1 组 3 个测试钻孔，如图 7-4 所示，2# 孔进行 SF₆ 气体注入，1#、3# 孔进行抽采检测。钻孔施工参数见表 7-1。钻孔施工采用风力排渣方式，钻孔封孔材料采用马丽散，封孔长度为 12 m，1# 和 3# 抽采孔采用常规 PVC 管，注 SF₆ 孔采用 1 寸钢管，孔底第 1 根钢管需按图 7-5 加工，确保封孔质量。

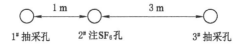

图 7-4 底板油型气抽采影响半径测试钻孔布置图

表 7-1 测试钻孔布置参数

孔号	夹角/(°)	倾角/(°)	开孔位置	孔深/m	封孔长度/m	备注
1# 抽采孔	90	−40	煤层底板	20	12	夹角为钻孔与煤壁夹角
2# 注 SF₆ 孔	90	−40	煤层底板	20	12	
3# 抽采孔	90	−40	煤层底板	20	12	

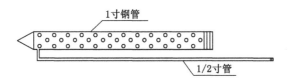

图 7-5 孔底钢管加工示意图

在注 SF_6 孔和测试孔(1#和3#抽采孔)分别打好后,立即封孔。测定的具体步骤如下:

① 将 1#、3# 抽采测试孔分别与抽采瓦斯系统连接,使钻孔的阀门保持关闭状态。

② 将 SF_6 气体注入 2# 钻孔中,然后将注气孔阀门关闭。

③ 打开 1#、3# 抽采测试孔阀门,使其与瓦斯抽采系统接通,进行联网抽采。

④ 每天对 1#、3# 抽采孔取气样,送地面测定分析示踪气体 SF_6。

测试过程必须做好记录,如注 SF_6 时间、抽采时间、采样测定时间、抽采负压等。当某个抽采孔检测到 SF_6 示踪气体后,该测试孔应停止抽采,并关闭阀门。

(2)测试结果

钻孔油型气抽采影响半径测试钻孔于 2015 年 1 月 4 日开始施工,1 月 5 日测试钻孔全部施工完毕。1 月 6 日中班进行注气,并开始跟踪采样检测,1# 抽采孔(半径 1 m)于第 5 天监测到 SF_6,3# 抽采孔(半径 3 m)于第 20 天监测到 SF_6(表 7-2)。

表 7-2　SF_6 跟踪采样检测情况表

测试时间/d	1# 抽采孔		3# 抽采孔	
	负压/kPa	有无 SF_6	负压/kPa	有无 SF_6
1	13	无	13	无
2	13	无	13	无
3	13	无	13	无
4	13	无	13	无
5	13	有	13	无
6	13	有(关闭)	13	无
7			13	无
8			13	无
9			13	无
10			13	无
11			13	无
12			13	无
13			13	无
14			13	无
15			13	无
16			13	无
17			13	无
18			13	无
19			13	无
20			13	有
21			13	有(关闭)

由测试数据可知,底板油型气抽采钻孔抽采影响半径达 1 m 时所对应时间为 5 d,抽采影响半径达 3 m 时所对应的时间为 20 d,对二者进行数据拟合可得底板钻孔油型气抽采影

响半径与抽采时间的关系式(图 7-6):

$$r=0.279t^{0.792}$$

式中　r——钻孔油型气抽采影响半径,m;

　　　t——抽采时间,d。

根据上式计算了不同抽采时间下的钻孔油型气抽采影响半径,计算结果见表 7-3。

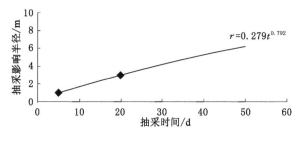

图 7-6　抽采半径与抽采时间关系曲线

表 7-3　不同抽采时间的钻孔油型气抽采影响半径计算

抽采时间/d	抽采半径/m	抽采时间/d	抽采半径/m
15	2.4	45	5.7
30	4.1	60	7.1

7.2.3.2　油型气探采钻孔优化设计

根据 205 工作面油型气分布预测结果及对油型气涌出形式和规律的研究成果,提出"掘进巷油型气(瓦斯)迈步式探抽拦截技术",实现掘进巷道顶底板迈步式探抽拦截钻孔多层控制导抽瓦斯油型气,以此为基础将 205 运输巷、辅运巷掘进期间油型气防治钻孔设计分为油型气非富集区钻孔设计和油型气富集区钻孔设计。

(1) 油型气非富集区钻孔设计

205 运输巷、辅运巷掘进初期,钻孔设计以"油型气探测"为主,每个钻场施工探测钻孔 4 个,油型气防治钻孔布置如图 7-7 和图 7-8 所示,钻孔参数见表 7-4 和表 7-5。

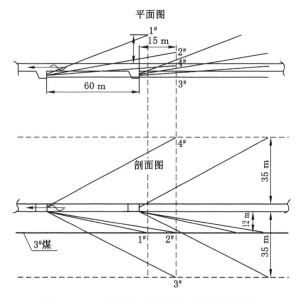

图 7-7　205 辅运巷油型气防治钻孔设计图

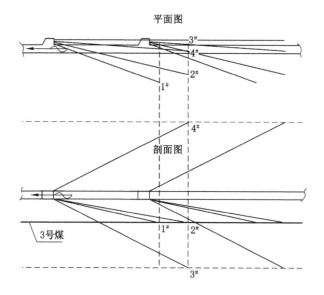

图 7-8　205 运输巷油型气防治钻孔设计图

表 7-4　205 辅运巷油型气防治钻孔参数

钻孔编号	夹角/(°)	倾角/(°)	孔深/m	垂距/m	终点与巷道垂距/m	终点与巷道平距/m	备注
1#	20	−12	59.90	12	15	55	
2#	9	−10	71.85	12	5.43	70	夹角为钻孔与巷道中线的平面夹角
3#	0	−27	78.18	35	3	70	
4#	4	28	78.44	35	0	70	

表 7-5　205 运输巷油型气防治钻孔参数

钻孔编号	夹角/(°)	倾角/(°)	孔深/m	垂距/m	终点与巷道垂距/m	终点与巷道平距/m	备注
1#	20	−12	59.90	12	15	55	
2#	12	−10	71.85	12	5.43	70	夹角为钻孔与巷道中线的平面夹角
3#	0	−27	78.18	35	3	70	
4#	4	28	78.44	35	0	70	

（2）油型气富集区钻孔设计

205 运输巷、辅运巷掘进至油型气富集区时，钻孔设计以"油型气抽采为主，兼顾油型气探测"，每个钻场布置 7 个钻孔，钻孔终孔间距约为 5 m，覆盖巷道两帮轮廓线外 15 m，钻场间隔 50 m，为防止油型气涌向巷道空间，钻孔沿一侧钻场施工，实现对巷道轮廓的全覆盖，以拦截和抽采油型气，施工点油型气防治钻孔设计如图 7-9 和图 7-10 所示，钻孔施工参数见表 7-6 和表 7-7。

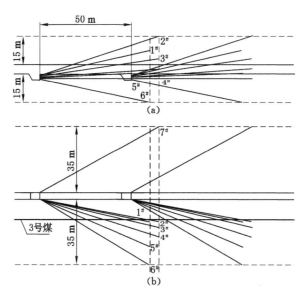

图 7-9　205 辅运巷油型气防治钻孔设计图

（a）平面图；（b）剖面图

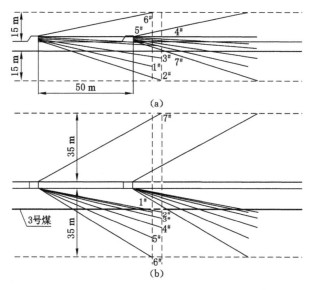

图 7-10　205 运输巷油型气防治钻孔设计图

（a）平面图；（b）剖面图

7.2.3.3　钻孔施工工艺研究

（1）下向钻孔施工

顶板上向穿层钻孔的施工较易实现,底板下向穿层钻孔在施工和抽采瓦斯过程中,存在钻孔内的排渣、排水等问题,煤层底板受泥岩等影响,钻孔施工采用水力排渣时泥岩和岩石泥化造成排渣困难、钻孔收缩变形,在钻孔施工中埋钻、掉钻头情况时有发生,钻孔成孔困难,严重影响下向钻孔的施工和瓦斯抽采效果。经调查和研究,下向钻孔施工采用煤矿液压

表 7-6 205 辅运巷油型气防治钻孔参数

钻孔编号	夹角/(°)	倾角/(°)	孔深/m	垂距/m	终点与巷道垂距/m	终点与巷道平距/m	备注
1#	13	−11	62.80	12	12.73	60	
2#	17	−10	69.12	12	17.50	70	
3#	8	−13	66.72	15	8.19	70	钻孔在巷道左侧夹角为"＋"，右侧为"－"
4#	0	−17	68.00	20	4.97	70	
5#	3	−23	65.09	25	1.62	60	
6#	−11	−30	70.76	35	17.5	60	
7#	4	28	74.00	35	0	70	

表 7-7 205 运输巷油型气防治钻孔参数

钻孔编号	夹角/(°)	倾角/(°)	孔深/m	垂距/m	终点与巷道垂距/m	终点与巷道平距/m	备注
1#	13	−11	62.80	12	12.73	60	
2#	17	−10	69.12	12	17.50	70	
3#	8	−13	66.72	15	8.19	70	钻孔在巷道左侧夹角为"＋"，右侧为"－"
4#	0	−17	68.00	20	4.97	70	
5#	3	−23	65.09	25	1.62	60	
6#	−11	−30	70.76	35	17.5	60	
7#	4	28	74.00	35	0	70	

钻机(图 7-11)，风力排渣设备为井下移动空压机(图 7-12)。采用风力排渣解决下向钻孔施工排渣和泥化的难题，同时钻孔内安设筛孔护孔套管(图 7-13)，保证钻孔的完整连续和较长的使用期，有效提高了工作面下伏卸压煤岩层瓦斯、油型气的抽采率和抽采效果(图 7-14)。

(2) 下向钻孔封孔

首先下 2 寸封孔实管 20 m，实管前端至孔底均为花管，孔口下 4 分注浆管 2 m。孔口段 1 m 采用聚氨酯封堵，中间注水泥浆封堵，注浆时直接利用 2 寸封孔管返浆，如图 7-15 所示。

水泥浆的浓度不同其收缩量不同，水泥浆浓度越高收缩量越小。经反复实践，封孔效果最好的配比方案为：425 号水泥、水和膨胀剂质量比为 1:0.7:0.1。浓度低于该比例时，水泥浆收缩量大，易产生收缩缝；浓度高于该比例时，水泥浆渗透性明显降低，且不能满足注浆泵施工要求。膨胀水泥价格约是普通 425 号水泥价格的 15 倍，封孔成本高，不宜选用。为便于现场操作，实际选用的配比方案为：425 号水泥和水质量比为 1:0.7。不同配比的水泥浆凝固收缩情况如图 7-16 所示。

第一次注浆，利用水泥浆自重承压，孔口 2 寸套管返浆后及时关闭注浆管闸阀，间隔约 1~2 h 后(水泥与水搅拌后 2 h 内)，水泥浆沉淀收缩，加注第二次，泵压稳定在 3 MPa 以上注浆结束。第一次注浆主要堵注封孔管与钻孔壁间隙，以及钻孔壁发育的裂隙；第二次水泥

图 7-11　CMS1-4000/55 型整体履带钻机

图 7-12　MLGF20/12.5-160G 空压机

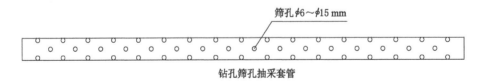

图 7-13　筛孔护孔套管

浆主要堵注第一次水泥浆收缩缝及钻孔周边围岩裂隙。如果第二次注浆时注浆量较大或泵压未达到 3 MPa 即返浆,在间隔约 1～2 h 后,加注第三次,直至符合要求。

　　封孔注浆前,水泥浆用特制搅拌桶配制,搅拌桶上标明刻度,便于现场操作和验收人员监督,水泥浆搅拌均匀后方可开始注浆;选用的注浆泵最大注浆压力应大于 4 MPa。通过实践证明,第二、第三次补注浆压力在 3 MPa 以上时封孔效果最佳。

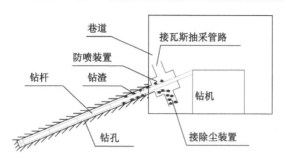

图 7-14　钻孔施工

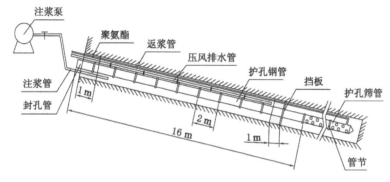

图 7-15　钻孔封孔示意图

图 7-16　水泥浆凝固收缩情况对比图

补注浆前,要确保浆液处于非凝固状态,必须控制好分次注浆间隔时间。不加速凝剂的情况下,分次注浆间隔时间一般为 1~2 h。通过实验发现,水泥与水搅拌后 2 h 的水泥浆沉淀收缩量与 24 h 的沉淀收缩量基本一致,5 h 后水泥浆开始进入凝固状态,第二、第三次补注浆操作必须在 4 h 以内进行。

不同地点的分次注浆间隔时间应进行现场考察,前一次注浆结束后,间隔 1 h 后开始观察注浆管内注好的水泥浆液形态,当形成了"黏稠而不出水"的泥浆状态后立即进行补注浆。

（3）孔口防喷装置

油型气喷孔是黄陵矿区普遍存在的一种瓦斯事故。为了解决油型气压力大、含量高在钻孔施工时容易发生喷孔造成瓦斯超限甚至发生喷孔伤人事故,设计了一种钻孔施工防喷装置(图 7-17)。该装置包括固孔管、孔口多通装置、气水分离装置、储煤装置四部分组成。

钻孔内出来的高浓度瓦斯、水和渣进入气水分离装置,经气水分离装置的分离,高浓度瓦斯进入抽采管路,水和渣经气水分离装置的排水除渣口排出进入储煤装置,在储煤装置内,残余瓦斯再次被抽走,水和煤被排出,实现气、水、渣的有效分离。施工下向孔时采用该装置后,钻孔施工过程中基本实现了瓦斯零超限,保证了安全生产。

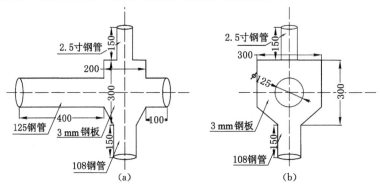

图 7-17　孔口防喷装置(单位:mm)

(a) 正视图;(b) 侧视图

（4）下向孔自动排水

每一个钻孔下护孔管的同时,下入通气管,下到位后,将通气管与压风管路通过高压胶管进行连接,随即进行导通排水,然后进行封孔、合茬。通常系统抽采负压一般在 13～50 kPa 之间,如果只依靠抽采负压将孔内积水排出的话,只能将垂深在 5 m 左右的钻孔积水排出,这样远不能满足实际需要。为此,需要设计一套自动排水系统,该系统使用定时控制防爆电动阀,将钻孔封孔管内的通气管通过电动阀与矿井高压压风系统连接,根据钻孔孔内积水情况,合理设定钻孔排水周期及通气管供风量,实现下向钻孔孔内自动排水除渣,如图 7-18 所示。

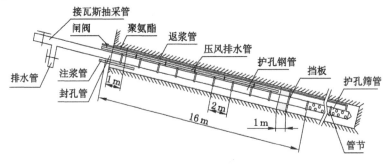

图 7-18　下向孔自动排水系统

7.3　综采工作面油型气综合抽采技术

7.3.1　超前预置钻孔法采前预抽与采动卸压抽采技术

黄陵矿区为煤、油、气共生单一煤层开采,高瓦斯煤层开采时,会形成顶、底板卸压瓦斯、油型气释放,顶、底板卸压煤岩层受采动卸压后,卸压瓦斯、油型气大量向采动煤层工作面运移,造成开采时工作面和回风流中瓦斯浓度超限,严重影响矿井安全生产。因此,实现煤与瓦斯、油型气资源绿色共采的根本途径是超前预置钻孔抽出工作面顶、底板卸压煤岩体内的瓦斯和油型气。

同时,数据统计表明采煤工作面底板钻孔成孔时涌出不明显,采面推进到该位置时,涌出逐渐显现,进入采空区一段距离后,涌出消失;涌出油型气涌出曲线成"小-大-小"的峰状。故综合以上研究,提出采用"超前预置钻孔法"实现采煤工作面采前预抽与采动卸压抽采。超前预置钻孔法钻孔布置如图 7-19 所示。

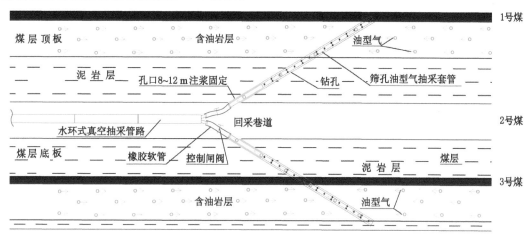

图 7-19　超前预制钻孔法示意图

7.3.2　底板卸压抽采试验

（1）观测目的

通过工作面底板卸压过程的示踪气体抽采试验,了解工作面底板采动过程围岩体卸压变化对抽采的影响,为底板瓦斯油型气抽采技术参数设计提供参考。

（2）观测钻孔要求

采煤工作面内 20～40 m 底板施工卸压抽采钻孔和示踪气体（SF_6）释放孔,在观测钻孔内下筛孔套管,孔口采用注浆固管,固管长度大于 10 m,示踪气体释放孔套管加装闸阀。

（3）卸压抽采观测内容

通过工作面底板抽采钻孔对示踪气体（SF_6）释放孔释放 SF_6 气体成分和浓度的观测,测试工作面底板卸压发育与钻孔抽采区域的关系。

（4）SF_6 气体测试仪器

选择 TIF5750A 型卤素检漏仪及实验室 GC6000A 气相色谱仪。

（5）测试钻孔设计施工

钻孔施工选用 ZDY-4200S 型钻机。施工钻孔孔径 94 mm,钻孔内下 $\phi50$ mm 套管。钻孔口段 10 m 套管采用聚氨酯和 525 号水泥＋外加剂"二堵一注"进行封孔固定,注浆压力不小于 2 MPa,形成卸压抽采观测钻孔,示踪气体（SF_6）释放孔套管加装闸阀。

（6）测点布置

在 205 采煤工作面前方 50 m 外沿工作面推进方向布置 2 组测试钻孔,每组测孔布置 2 个测孔,测孔间距 5 m、10 m 和 15 m。沿工作面平行方向布置一组钻孔,钻孔间距 10 m。

如图 7-20~图 7-22 所示。

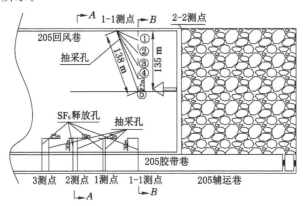

图 7-20　测点平面布置图

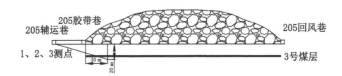

图 7-21　1、2、3 测点钻孔布置图

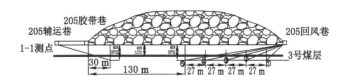

图 7-22　1—1 测点钻孔布置图

（7）底板钻孔抽采观测结果及分析

① 1、2、3 测点观测结果

在工作面推进方向上,抽采钻孔与 SF$_6$ 释放孔较近时(间距 5 m),在工作面支承应力区即能够检测到 SF$_6$ 气体成分及较高浓度值,随着抽采钻孔与 SF$_6$ 释放孔间距的加大,检测到 SF$_6$ 气体成分逐渐减弱,尤其当间距大于 15 m 检测 SF$_6$ 气体成分及浓度值快速降低,见表 7-8。

表 7-8　1、2、3 测点各钻孔观测情况

测点	观测情况
1 号钻孔 测孔间距 5 m	抽采钻孔位于工作面前方 6 m,卤素检漏仪检测到 SF$_6$ 气体,气相色谱仪检测气体浓度为 0.06%~0.5%
2 号钻孔 测孔间距 10 m	抽采钻孔位于工作面处,卤素检漏仪检测到 SF$_6$ 气体,气相色谱仪检测气体浓度为 0.02%~0.28%
3 号钻孔 测孔间距 15 m	抽采钻孔位于工作面后方 8 m,卤素检漏仪检测到 SF$_6$ 气体,气相色谱仪检测气体浓度为 0.000 1%~0.002 3%

② 1—1 测点观测结果

钻孔进入工作面底板卸压区后,靠近 SF_6 释放孔的抽采钻孔能够快速探测到 SF_6 气体,随着 SF_6 释放孔与抽采钻孔的距离增加,测试的 SF_6 气体成分和浓度快速降低,直至未能探测,见表 7-9。

表 7-9　1—1 测点各钻孔观测情况

测点	观测情况
1 号钻孔	钻孔位于工作面前方 40 m,卤素检漏仪及气相色谱仪未检测到 SF_6 气体
2 号钻孔	钻孔位于工作面前方 40 m,卤素检漏仪未检测到 SF_6 气体,气相色谱仪检测气体浓度为 0.000 2%～0.000 5%
3 号钻孔	钻孔位于工作面前方 40 m,卤素检漏仪检测到 SF_6 气体,气相色谱仪检测气体浓度为 0.001 9%～0.005 6%
4 号钻孔	钻孔位于工作面前方 40 m,卤素检漏仪检测到 SF_6 气体,气相色谱仪检测气体浓度为 0.011 6%～0.027%
5 号钻孔	钻孔位于工作面前方 40 m,卤素检漏仪检测到 SF_6 气体,气相色谱仪检测气体浓度为 0.015%～0.033%

③ 2—2 测点观测结果

2—2 测点位于工作面上隅角,钻孔位于工作面前方 40 m,取气样测试气相色谱仪检测浓度为 0.000 3%～0.002 8%,卤素检漏仪现场检测不连续显现。

采煤工作面底板卸压抽采试验表明,采动卸压区可以造成底板瓦斯、油型气的快速卸压增透释放。工作面底板卸压区裂隙具有一定的连通性,底板钻孔能够对底板一定范围内的瓦斯、油型气进行有效抽采,底板钻孔可以抽采底板卸压区的渗流瓦斯、油型气。工作面底板卸压区瓦斯、油型气进入工作面采空区后,可经由上隅角汇入回风流中。

7.3.3　采前预抽与采动卸压抽采钻孔布置

通过矿区油型气(瓦斯)地质赋存状况分析及采煤工作面计算机数值计算及现场矿压显现观测特征分析,采煤工作面生产过程油型气及瓦斯涌出治理重点为 2 号煤层瓦斯及其顶底板油型气(含 3 号煤层)。采煤工作面瓦斯油型气防治执行"探、抽、采"措施。采煤工作面瓦斯油型气防治必须坚持以"分源治理"的技术原则。工作面瓦斯、油型气采前预抽钻孔布置如图 7-23 所示,卸压瓦斯、油型气抽采如图 7-24 所示。

(1) 本煤层顺层长钻孔瓦斯抽采钻孔布置

由于 205 工作面前 3 400 m 煤层瓦斯含量不大于 1 m^3/t,后 1 378 m 煤层瓦斯含量逐步升高,所以采前预抽设计分为高瓦斯区域和低瓦斯区域两部分。

低瓦斯区域:巷道开口位置至 3 400 m 段采前预抽钻孔设计如图 7-25 所示。

高瓦斯区域:3 400 m 至切眼段采前预抽钻孔设计如图 7-26 所示。

钻孔设计均为平行孔,瓦斯含量较低区域钻孔间距为 6 m,瓦斯含量较高区域钻孔间距为 3 m,钻孔轨迹偏向工作面 9°,以实现工作面回采期间卸压抽采,即边采边抽。

(2) 顶底板(含 3 号煤层)瓦斯及油型气钻孔

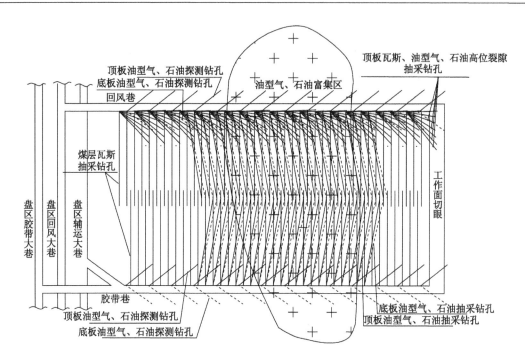

图 7-23　工作面瓦斯、油型气采前预抽钻孔布置示意图

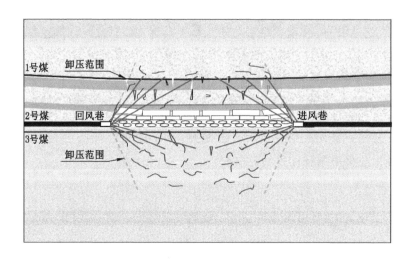

图 7-24　采煤工作面卸压瓦斯、油型气抽采示意图

① 顶板钻孔

顶板钻孔施工位置为顶板油型气富集区(图 7-27),在运输巷和回风巷两侧施工,钻孔覆盖整个工作面,垂高为 50 m;在顶板油型气异常区(运输巷 4 341~4 778 m)顶板钻孔全部施工,回风巷、运输巷均施工 6 个顶板孔,垂高为 50 m(图 7-28 和图 7-29)。在顶板油型气异常区外,运输巷施工 2 个顶板探抽钻孔,按 1#、5# 钻孔参数施工(表 7-10),回风巷施工1 个顶板探抽钻孔,按 5# 钻孔参数施工(表 7-11)。若探抽到瓦斯油型气时,其余钻孔一并施工。

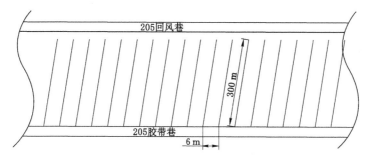

图 7-25 205 工作面煤层预抽钻孔示意图（巷道口至 3 400 m 段）

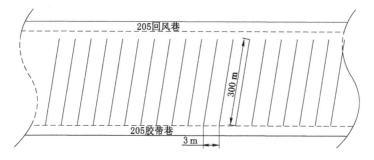

图 7-26 205 工作面煤层预抽钻孔示意图（3 400 m 至切眼段）

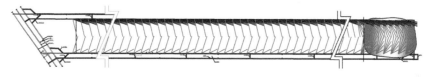

图 7-27 顶板钻孔设计图

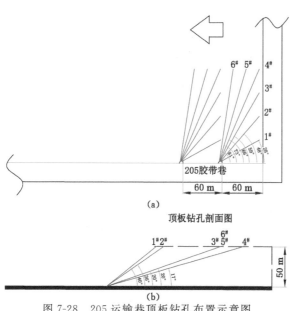

图 7-28 205 运输巷顶板钻孔布置示意图

（a）平面图；（b）剖面图

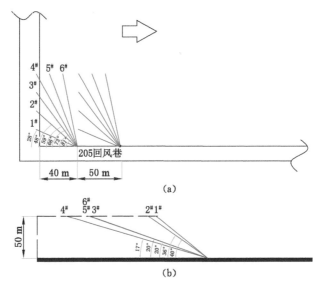

图 7-29 205 回风巷顶板钻孔布置示意图

(a) 平面图；(b) 剖面图

表 7-10 205 运输巷顶板钻孔参数表

孔号	夹角/(°)	仰角/(°)	斜长/m
1#	28	40+5	78
2#	48	36+5	85
3#	59	20+5	145
4#	66	17+5	171
5#	73	20+5	146
6#	81	20+5	146

表 7-11 205 回风巷顶板钻孔参数表

孔号	夹角/(°)	仰角/(°)	斜长/m
1#	28	40+5	78
2#	48	36+5	85
3#	59	20+5	145
4#	66	17+5	171
5#	73	20+5	146
6#	81	20+5	146

② 底板钻孔

根据底板绳索取芯勘查结果，工作面开口至 1 000 m，底板含气层在底板下 35 m，1 000～1 800 m底板含气层不明显，1 800～2 400 m底板含气层在底板下 10 m，2 400 m以里，底板含气层在底板下 15 m 和 35 m。因此，钻孔设计以底板下 15 m 和 35 m 为钻孔终孔层位（图 7-30）。钻场布置在辅运巷和回风巷内（图 7-31 和 图 7-32），钻场间距 50 m，布置92 个钻场,1 800 m 以内每个钻场布置 8 个钻孔,其余布置 6 个钻孔,钻孔总进尺 148 531 m。钻孔内全程下花套管。205 回风巷和运输巷底板钻孔参数分别见表 7-12 和表 7-13。

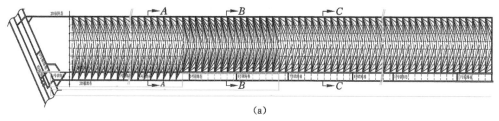

(a)

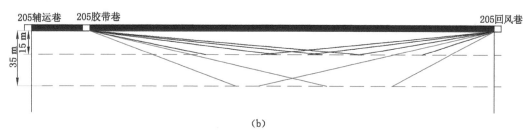

(b)

图 7-30   205 工作面底板钻孔布置示意图

(a) 平面图;(b) A—A 剖面图

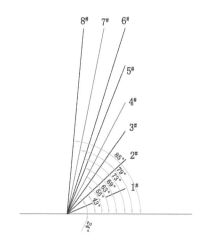

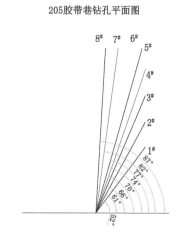

图 7-31   205 回风巷底板钻孔布置示意图

图 7-32   205 运输巷底板钻孔布置示意图

表 7-12   205 回风巷底板钻孔参数表

钻孔编号	夹角/(°)	仰角/(°)	垂深/m	斜长/m
1#	24	−16	15	56
2#	43	−12	15	69
3#	55	−10	15	88
4#	63	−18	35	114
5#	69	−6	15	138
6#	73	−5	15	168
7#	79	−12	35	168
8#	85	−5	15	162

表 7-13　205 运输巷底板钻孔参数表

钻孔编号	夹角/(°)	仰角/(°)	垂深/m	斜长/m
1#	52	−10	15	82
2#	61	−8	15	102
3#	66	−7	15	125
4#	70	−13	35	152
5#	74	−5	15	168
6#	77	−5	15	165
7#	82	−12	35	165
8#	87	−5	15	162

③ 3 号煤层底板抽采钻孔

在辅运巷底板孔超前 205 工作面 30 m 开始施工,钻孔间距 5 m,钻孔参数:1 号孔夹角 75°,俯角−6°,长度 150 m,2 号孔夹角 75°,俯角−11°,长度 110 m。钻孔过 3 号煤层不小于 1.5 m。钻孔内全程下花套管。如图 7-33 所示。

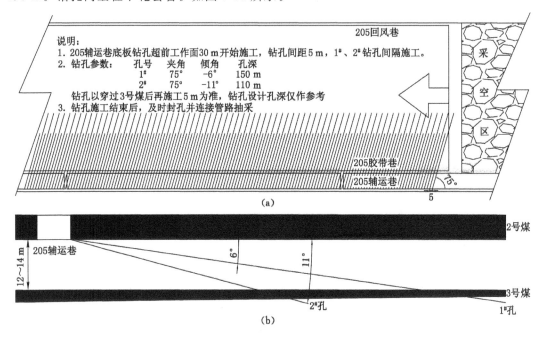

图 7-33　205 工作面 3 号煤层钻孔布置示意图
(a) 平面图;(b) 剖面图

(3) 效果考察

205 工作面回采期间,从顶板钻孔抽采、底板钻孔抽采、3 号煤层抽采钻孔瓦斯抽采浓度随工作面推进距离的变形情况来考察采煤工作面采动卸压抽采瓦斯效果。

① 顶板钻孔瓦斯、油型气抽采钻孔

经观测钻孔瓦斯抽采浓度变化经 3~4 个月后瓦斯浓度降低至 10% 以下(图 7-34),顶板钻孔当进入工作面回采期时,可以抽采顶板高位裂隙瓦斯、油型气,具有顶板裂隙孔作用。

顶板钻孔同时对顶板石油进行排放,解除顶板石油对工作面爆燃的隐患。

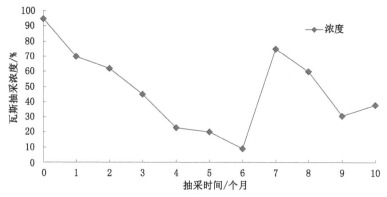

图 7-34　205 运输巷顶板 3 号煤层 3$^{\#}$ 钻孔瓦斯抽采浓度随抽采时间变化曲线

② 3 号煤层瓦斯抽采钻孔

辅运巷底板 3 号煤层穿层钻孔,钻孔施工后能抽采一部分瓦斯但钻孔瓦斯浓度较低,随着工作面的推进至钻孔超前工作面 10 m 时,钻孔瓦斯浓度开始升高,钻孔进入工作面及采空区底板卸压区后,钻孔出现喷孔,至工作面采空区后方 30～60 m 后,钻孔瓦斯浓度出现下降(图 7-35)。回风巷和运输巷底板 3 号煤层穿层钻孔,当底板钻孔进入工作面支承应力区和底板 3 号卸压区时,钻孔瓦斯浓度开始大幅上升,至钻场距工作面 10 m 左右钻孔瓦斯浓度急剧下降(图 7-36 和图 7-37)。

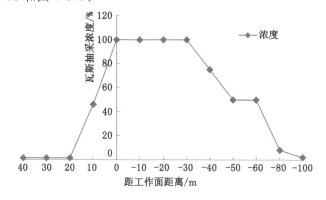

图 7-35　205 辅运巷底板 3 号煤层 67$^{\#}$ 钻孔瓦斯抽采浓度随工作面距离变化曲线

③ 底板油型气抽采钻孔

辅运巷底板穿层钻孔超前工作面 60 m 钻孔油型气出现喷孔,然后逐渐下降,钻孔进入工作面及采空区底板卸压区后,钻孔再次出现喷孔,至工作面采空区后方 30～60 m 后,钻孔瓦斯浓度出现下降(图 7-38)。

回风巷底板油型气穿层钻孔超前工作面 120 m 时钻孔即开始出现油型气喷孔,然后逐渐下降,钻孔进入工作面支承应力区及采空区底板卸压区后,钻孔再次出现喷孔,至钻场距工作面 10 m 左右钻孔油型气浓度急剧下降(图 7-39)。

④ 顶板油型气抽采钻孔在进入顶板垮落裂隙带后,顶板钻孔可以转化成瓦斯裂隙抽采钻孔(图 7-40 和图 7-41)。

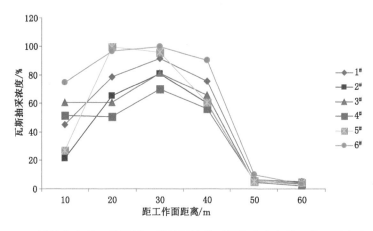

图 7-36　205 回风巷底板 3 号煤层 3 号钻场钻孔瓦斯抽采浓度随工作面距离变化曲线

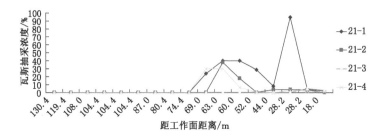

图 7-37　205 运输巷底板 21 号钻场钻孔瓦斯抽采浓度随工作面距离变化曲线

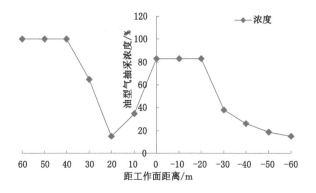

图 7-38　205 辅运巷底板 3 号煤层 28 号钻孔油型气抽采浓度随工作面距离变化曲线

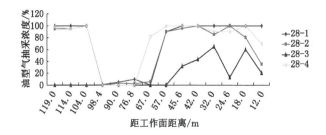

图 7-39　205 回风巷底板 20 号钻场钻孔油型气抽采浓度随工作面距离变化曲线

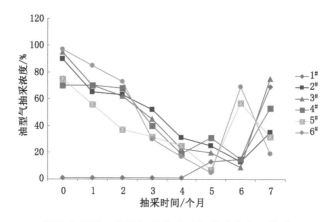

图 7-40　205 回风巷顶板 3 号钻场钻孔油型气抽采浓度随抽采时间变化曲线

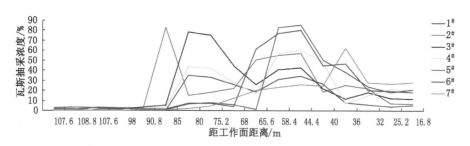

图 7-41　205 回风巷顶板 23 号高位钻场单孔浓度随工作面推进距离变化曲线

7.4　油型气立体综合抽采模式及技术

矿井瓦斯抽采的主要方式为钻孔瓦斯抽采,随着井下钻探设备的不断发展和进步,瓦斯抽采钻孔逐渐由短钻孔抽采转向定向长钻孔预抽,定向长钻孔瓦斯抽采技术能够实现井下更大范围的地质灾害探测及治理的综合效应,具有探测范围广、预抽时间长、瓦斯治理成本低、治理效果好、管理简单等特点,代表着未来钻孔瓦斯抽采的趋势和方向。

地质勘查资料显示,黄陵矿区在 2 号主采煤层顶底板地层中存在含气砂岩层,部分区域 2 号煤层下部赋存有 3 号煤层(厚度 0.85～3.80 m),实测 3 号煤层瓦斯含量为 1.34～2.73 m³/t,瓦斯含量相对较高。受 2 号煤层的采动影响,顶底板砂岩含气层及邻近 3 号煤层均向采空区释放瓦斯,进而造成采空区瓦斯涌出量大幅增加;测算数据表明,黄陵矿区采煤工作面采空区瓦斯的 60%～80% 来自围岩。因此,针对黄陵矿区存在本煤层、邻近煤层及顶底板砂岩含气层的特殊地质背景下,结合采掘工作面围岩瓦斯异常涌出和采空区瓦斯涌出量较大的现状,亟待研究适合黄陵矿区的多尺度、立体化的瓦斯综合抽采技术,实现"采前探(抽)、采中和采后抽"瓦斯探采模式,以期从根本上解决矿井瓦斯问题,保障采掘过程中的安全高效,提高矿井采掘和瓦斯抽采效率,为实现矿井开采时瓦斯治理的本质安全提供有力支撑。

7.4.1　顶底板定向长钻孔布置层位优选

（1）采动效应对煤层顶底板影响

在受到采动影响前,地层原始应力处在一个动态平衡状态,煤层在开采之后形成采空区,破坏了围岩中原有的应力平衡条件,造成了围岩的应力重新分布,直至达到新的力学平衡状态,并且在煤层本身及围岩中产生卸压(压力降低)及应力集中现象。在采用走向长壁全部冒落法开采缓倾斜中厚煤层的条件下,只要埋深达到一定的深度(采深与采高比大于40),顶板覆岩的破坏和移动会出现三个代表性的部分,自下而上分别被称为:垮落带、裂隙带和弯曲下沉带。

一般垮落带覆岩破坏严重,钻探施工容易出现孔内事故,而弯曲下沉带岩层以离层裂隙为主,不宜于瓦斯层间的抽采,而裂隙带岩层破碎对施工钻孔的影响小于垮落的岩层,而裂隙较弯曲下沉带更加发育,所以高位瓦斯钻孔抽采布置的有利层位选择在裂隙带内。根据黄陵二号煤矿2012年在四盘区进行的裂隙带观测试验测试结果,在采高一定、顶板岩性变化不大的情况下,综采工作面顶板裂隙带的高度范围为20～66 m。

由于顶板和底板位置不同,煤层底板受力的变形破坏有所差别。煤层开采后,在开采应力的动态综合作用下,底板岩层中形成竖向张裂隙、层向裂隙、剪切裂隙等。确定采动效应下引起的煤层底板的破坏深度,有理论计算、经验公式、试验探测、数值模拟等多种方法。数值模拟可以考虑影响底板破坏深度的多种因素,应用方便快捷,在现场探测不具备条件时可以获得更为贴近真实的科学数据,是预测底板破坏深度的重要手段。采用FLAC3D软件以黄陵二号煤矿205工作面2号煤层底板为研究对象,进行数值模拟分析底板破坏深度,其范围为6～40 m。

(2)含气储集层分析

根据煤田地质勘查钻孔、地面油型气勘查钻孔、井下油型气勘查钻孔含气性分析和地面油气井储集层及含气性再解释分析及统计,矿区范围内总共有7个砂岩含气层段,其中4个连续性较好的砂岩储集层为本区的主要含气层,分别为直罗砂岩含气层、延安组第二段第一旋回下部细粒砂岩(七里镇砂岩)含气层、富县组下部砂岩含气层、瓦窑堡组砂岩含气层(主要为瓦窑堡组第二旋回下部细粒砂岩和瓦窑堡第三旋回下部细粒砂岩层)。顶板延二段七里镇砂岩与2号煤层间距范围为0～28.81 m,底板3号煤层与2号煤层间距范围为0～14.31 m,富县组下部砂岩、瓦窑堡组顶部砂岩与2号煤层平均间距都小于40 m,因此这几个储集层可作为定向长钻孔抽采布置首要考虑的层位。

(3)围岩定向长钻孔层位优选

考虑定向长钻孔的施工特点,一般布置原则为:选择地层稳定、地质条件相对简单、围岩相对完整的区段;工程施工不影响正常采掘作业;根据定向钻机能力,结合施工区域情况,合理布置钻孔长度;结合现场条件,尽量降低定向钻孔工程施工难度。

从上述含气层分析和顶底板破坏分析,结合该区域地层地质情况,确定布置定向长钻孔的重点层位为2号煤顶板七里镇砂岩和2号煤底板3号煤层、富县组下部砂岩含气层。同时,钻孔施工在七里镇砂岩中有利于拦截上部2个含气层涌向采空区的瓦斯。

7.4.2 定向长钻孔布置设计

(1)2号煤层定向钻孔

利用409辅助巷,根据瓦斯涌出量预测情况向411工作面和413工作面布置2号煤层瓦斯预抽硐室,409辅助巷停采线向里170 m处施工第一个预抽硐室,之后每150 m施工一个,钻场规格为4 m,深4.5 m,高2.6 m(图7-42),共布置20个预抽硐室,每个预抽硐室内施工 3 个长距离钻孔,孔深 600 m,呈平行布置,见图 7-43 和表 7-14。

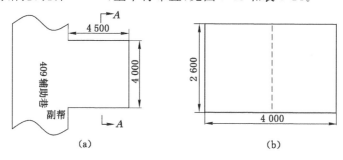

图 7-42　预抽硐室示意图

(a)平面图;(b)A—A 剖面图

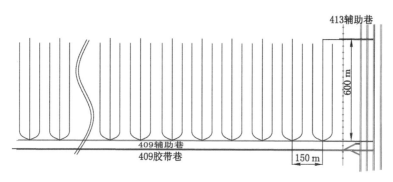

图 7-43　409 辅助巷区域预抽钻孔布置示意图

表 7-14　409 辅助巷区域钻孔布置参数

编号	预抽范围	孔深/m	孔间距/m	倾角	钻孔数/个	备注
1#	411 工作面、413 工作面	600	50	沿煤层方向	60	夹角左偏为"+",右偏为"-",0°代表垂直煤帮
2#						
3#						

（2）底板定向长钻孔

该组钻孔主要是针对富县组下部砂岩含气层和瓦窑堡组顶部砂岩含气层,在该区域富县组下部砂岩含气层与 2 号煤层间距为 4~18 m,厚度为 4~16 m,瓦窑堡组顶部砂岩含气层与 2 号煤层间距为 30~35 m,揭露厚度为 10~30 m。选择在富县组下部砂岩含气层中布置底板定向长钻孔,不仅可以抽采本层气体,同时可以抽采受采动影响的瓦窑堡组顶部砂岩含气层向上运移气体。根据区域内该富县组下部砂岩分布情况,设计钻孔轨迹布置在距 2 号煤层底 8~15 m 层位。

（3）3 号煤层定向长钻孔

该钻孔顺 3 号煤层沿工作面方向展布,主要抽采 3 号煤层瓦斯,钻孔轨迹如图 7-44 所示。

（4）顶板高位定向长钻孔

该钻孔主要针对七里镇砂岩含气层,治理采空区上隅角瓦斯,兼顾截留上部含气层受采动影响部分向下运移气体,除了尽量减少工作面漏风外,还应为采空区内瓦斯提供一条流通渠道。施工抽采钻孔进行负压抽采,使采空区在压力梯度作用下引流采空区瓦斯,即为采空区瓦斯提供了一条流通渠道,当抽采效果较好时,可以较好地解决上隅角瓦斯问题。根据七里镇砂岩含气层分布情况,以及采动影响情况,钻孔布置在垂深 20～40 m 高度范围内、距回风巷 10～30 m 范围内是较为合理的,钻孔轨迹如图 7-44 所示,钻孔参数设计见表 7-15。

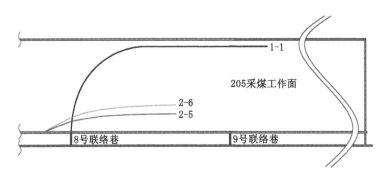

图 7-44 钻孔轨迹设计

表 7-15 立体抽采定向长钻孔参数设计表

序号	孔号	类别	深度/m	水平位移/m	位置	终孔层位
1	1-1	顶板钻孔	770	616	8 号联络巷	距顶板 20 m
2	2-5	底板钻孔	418	411	8 号联络巷以外 60 m	距底板 18 m
3	2-6	3 号煤层钻孔	426	411		3 号煤层

7.4.3 定向长钻孔钻探施工

(1) 定向长钻孔施工装备

① ZDY6000LD 型煤矿用履带式全液压坑道钻机(图 7-45),属于自行式、低转速、大扭矩类型,适于采用复合片钻头施工大直径钻孔,主要用于煤矿井下施工近水平长距离瓦斯抽采钻孔,也可用于地面和坑道近水平工程钻孔的施工。该钻机由履带车体、主机、泵站和操纵台四大部分组成,主机、泵站、操纵台之间用高压胶管连接,共同安装在履带车体之上,结构紧凑,便于井下搬迁运输。

图 7-45 ZDY6000LD 型煤矿用履带式全液压坑道钻机

② ϕ73 mm 高强度中心通缆钻杆(图 7-46)和 ϕ73 mm 铍铜无磁钻杆。

图 7-46 ϕ73 mm 高强度中心通缆钻杆

③ 选用国外进口无磁孔底马达,主要技术参数见表 7-16。

表 7-16 孔底马达主要技术参数

外径/mm	排量/(L/min)	转速/(r/min)	马达压降/MPa	最大压降/MPa	最大钻压/kN	最大过载拉力/kN
73	113~350	140~375	2.4	3.39	27	89

螺杆马达组合结构、孔底马达结构分别如图 7-47 和图 7-48 所示。

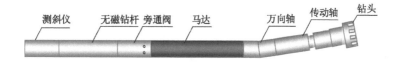

图 7-47 螺杆马达组合结构示意图

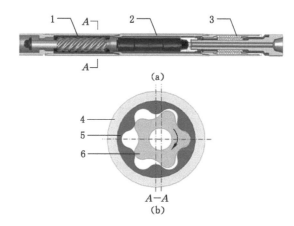

1—螺杆马达总成;2—万向轴总成;3—传动轴总成;4—钢管;5—橡胶衬套;6—转子。

图 7-48 孔底马达结构图

(a)结构图;(b)截面图

④ ϕ96 mm 胎体式 PDC 钻头和 ϕ153 mm/ϕ94 mm 扩孔钻头,如图 7-49 所示。

(a)   (b)

图 7-49　复合(PDC)钻头

⑤ 3NB-300 型泥浆泵,如图 7-50 所示。

图 7-50　3NB-300 型泥浆泵

⑥ YHD1-1000(A)型随钻测量系统(图 7-51)。

(2) 钻孔施工方法及工艺参数

① 定向长钻孔施工方法

本次设计施工定向长钻孔都是单底定向钻孔(即单主钻孔,不包含分支钻孔),因此施工方法及工艺过程相对简单,其施工流程主要包括以下步骤:

a. 加固钻机。

b. 开孔。先利用 ϕ96 mm 钻头钻进 18 m 左右,提钻更换 ϕ153 mm 扩孔钻头钻进 18 m,提钻后下入 ϕ133 mm 的孔口管,利用封孔剂封孔。安装孔口气水分离器。

c. 安装测斜仪器,连接螺杆马达和无磁钻杆,下钻前连接泥浆泵检查螺杆钻具。

d. 调整弯外管弯角,将螺杆马达弯外管方向调整为正十二点方向,测出此时的工具面向角值,作为工具面修正值。

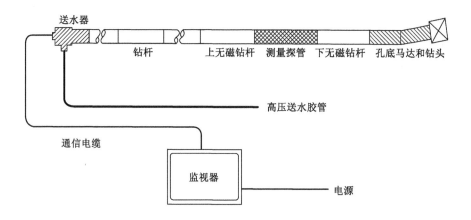

图 7-51 YHD1-1000(A)型随钻测量系统

e. 下钻到孔底,根据设计轨迹相应调整工具面值,启动泥浆泵开始钻进。

f. 钻进施工,钻进过程中根据泥浆泵压力了解孔底状况,合理调节钻进的给进压力。

g. 终孔起钻。

② 钻进工艺参数

螺杆钻具钻进工艺参数主要是指钻压 P 和转速 n。由螺杆钻具的工作特性可知,由于钻压决定于螺杆钻具的压力降,转速决定于通过螺杆的流量,因此控制钻进工艺参数实质上就是控制螺杆钻具在合理的工作规范内进行。

钻头的扭矩力与马达进出口的压力降成正比,螺杆钻具的压力降与钻压成正比。可知在钻机给进压力一定下,控制压力降就可控制钻压,这可通过钻机钻进系统控制进行调节,而通过泥浆泵压力表直观显示。

钻头的转速基本就是螺杆马达的转速,螺杆马达的转速与通过螺杆的流量成正比。泵量减去孔口泥浆泵回水和流经钻具损失的流量,当回水关闭、钻具丝扣密封较好时,泵量基本就是通过螺杆的流量,因此控制泵量就可以实现对钻头转速的控制。

由此不难得知,只要控制泥浆泵的流量与泵压,就基本上控制了马达的输出扭矩和转速。在使用螺杆钻具进行钻进时,泥浆泵压力表可作为孔底工况的监视器,通过调节流量来进行转速调节,由压力变化来判断和显示孔内工况。

结合设备能力和设计孔深及区域地质情况,钻机给进压力控制在 4~6 MPa 范围内,泥浆泵泵压不大于 6 MPa,流量不大于 300 L/min。

7.4.4 定向长钻孔施工完成情况

完成 3 个顶底板定向长钻孔的施工,总进尺 1 398 m(不含分支孔)。其中,顶板钻孔 1 个,底板钻孔 1 个,3 号煤层钻孔 1 个。具体施工地点、钻孔类型及工程量如下(图 7-52 和表 7-17):

(1) 205 工作面运输巷 8 号联络巷处施工 1 个顶板定向钻孔(编号 1-1#孔),深度为 774 m(顶板孔)。

(2) 8 号联络巷以外 60 m 处施工 1 个底板定向钻、孔深 433 m,1 个 3 号煤层定向长钻孔、孔深 370 m(顺煤层钻进长度 204 m)。

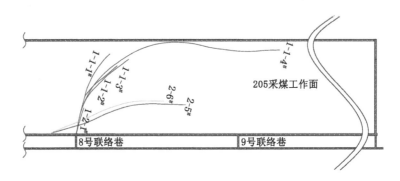

图 7-52　钻孔实际施工轨迹图

表 7-17　立体抽采定向长钻孔主孔数据汇总（不含分支孔）

序号	孔号	深度/m	水平位移/m	位置	终孔层位
1	1-1-4#	774	628	8 号联络巷	距顶板 20 m
2	2-5#	435	418	8 号联络巷以外 60 m	距底板 18 m
3	2-6#	372	352		3 号煤层

（3）完成 409 辅助巷向 411 工作面和 413 工作面施工 3 个钻场、9 个定向长钻孔的施工，累计进尺 5 473 m（表 7-18）。

表 7-18　409 辅助巷区域预抽钻孔成孔部分参数

钻场	孔号	终孔深度/m	钻孔施工时间/d
1 号	1#	598	3.0
	2#	623	3.5
	3#	603	3.0
2 号	1#	589	2.5
	2#	615	3.0
	3#	629	4.0
3 号	1#	589	2.5
	2#	596	2.5
	3#	631	3.0

7.4.5　抽采效果考察

（1）顶底板定向钻孔抽采效果考察

对顶板长钻孔抽采跟踪监测数据整理分析，如图 7-53 所示，可以看到该顶板钻孔抽采瓦斯浓度平均 28%，抽采甲烷纯量平均 244 m^3/d，74 d 累计抽采围岩瓦斯 1.5 万 m^3。工作面上隅角在未进入顶板钻孔区域前 3 个月统计浓度为 0.81%，顶板孔抽采后 2 个月浓度为 0.48%（图 7-54），可以看出明显减小。对底板长钻孔抽采跟踪监测数据整理分析，如图 7-55 所示，可以看到该底板钻孔抽采瓦斯浓度平均 22%，抽采甲烷纯量平均 193 m^3/d，49 d 累计抽采围岩瓦斯 8 123 m^3。对底板 3 号煤长钻孔抽采跟踪监测数据整理分析，如

图 7-56 所示,可以看到该底板钻孔抽采瓦斯浓度平均 19%,抽采甲烷纯量平均 169 m³/d,49 d 累计抽采围岩瓦斯 7 110 m³,验证了定向钻孔抽采底板含气层和 3 号煤层瓦斯的可行性和有效性。

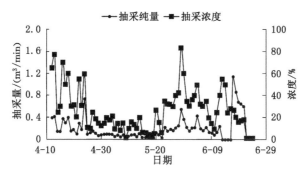

图 7-53　顶板钻孔(1-1-4#)抽采浓度和纯流量曲线图

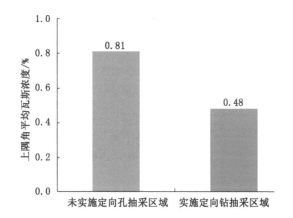

图 7-54　钻孔抽采前后采煤工作面上隅角平均瓦斯浓度变化图

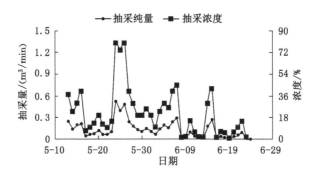

图 7-55　底板钻孔(2-5#)抽采浓度和纯流量曲线图

(2) 本煤层定向长钻孔抽采效果考察

409 辅助巷距停采线 0~400 m 范围内共施工 3 个区域预抽硐室作为区域预抽钻场,每个区域预抽硐室布置 3 个长钻孔。由图 7-57~图 7-69 可知,经过 24 个月,1-1#钻孔瓦斯浓度降为 14.0%~89.0%,抽采瓦斯纯量为 0.071 万~2.508 万 m³/月,累计抽采瓦斯量为

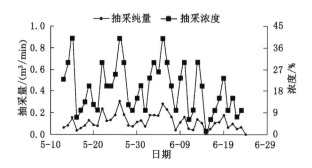

图 7-56　3 号煤层(2-6#)钻孔抽采浓度和抽采纯量曲线图

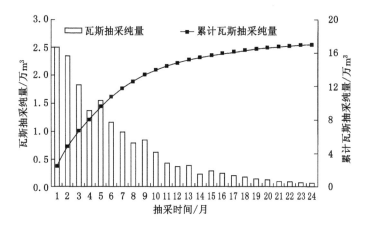

图 7-57　1-1# 钻孔瓦斯抽采纯量及累计抽采纯量

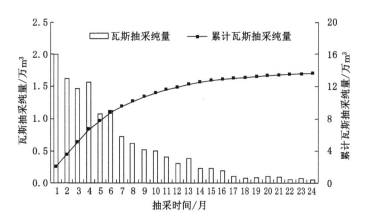

图 7-58　1-2# 钻孔瓦斯抽采纯量及累计抽采纯量

17.02 万 m³;1-2# 钻孔瓦斯浓度降为 7.0%～66.0%,抽采瓦斯纯量为 0.057 万～2.008 万 m³/月,累计抽采瓦斯量为 13.65 万 m³;1-3# 钻孔瓦斯浓度降为 16.0%～95.0%,抽采瓦斯纯量为 0.079 万～2.791 万 m³/月,累计瓦斯抽采量为 18.97 万 m³;2-1# 钻孔瓦斯浓度降为 16.8%～90.0%,抽采瓦斯纯量为 0.011 万～2.868 万 m³/月,抽采总量为 19.49 万 m³;2-2# 钻孔瓦斯浓度降为 16.5%～87.0%,抽采瓦斯纯量为 0.082 万～2.892 万 m³/月,抽采总量为 19.65 万 m³;2-3# 钻孔瓦斯浓度降为 14.4%～48.0%,抽采瓦斯纯量为 0.051 万～

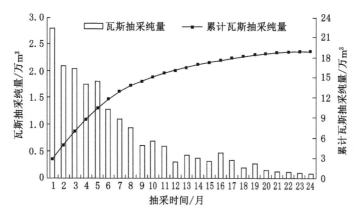

图 7-59　1-3# 钻孔瓦斯抽采纯量及累计抽采纯量

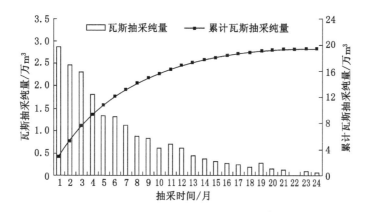

图 7-60　2-1# 钻孔瓦斯抽采纯量及累计抽采纯量

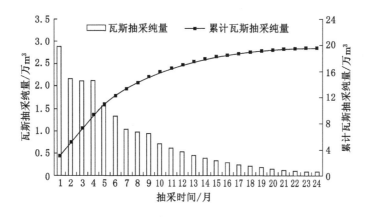

图 7-61　2-2# 钻孔瓦斯抽采纯量及累计抽采纯量

1.804 万 m³/月,抽采总量为 12.26 万 m³;3-1# 钻孔瓦斯浓度降为 13.4%~92.4%,抽采瓦斯纯量为 0.079 万~2.794 万 m³/月,抽采总量为 18.85 万 m³;3-2# 钻孔瓦斯浓度降为 15.2%~80.0%,抽采瓦斯纯量为 0.067 万~2.350 万 m³/月,抽采总量为 15.97 万 m³; 3-3# 钻孔瓦斯浓度降为 17.0%~85.0%,抽采瓦斯纯量为 0.068 万~2.387 万 m³/月,抽采

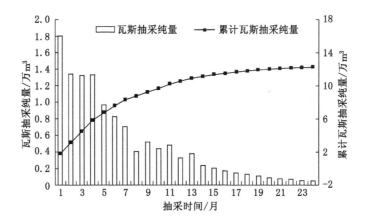

图 7-62　2-3# 钻孔瓦斯抽采纯量及累计抽采纯量

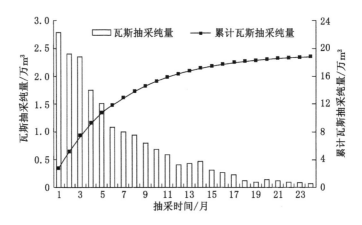

图 7-63　3-1# 钻孔瓦斯抽采纯量及累计抽采纯量

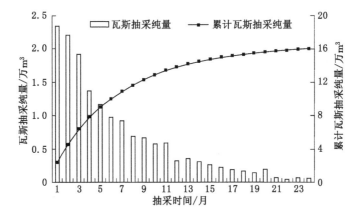

图 7-64　3-2# 钻孔瓦斯抽采纯量及累计抽采纯量

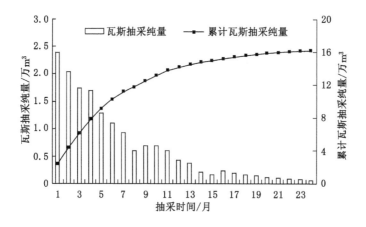

图 7-65 3-3# 钻孔瓦斯抽采纯量及累计抽采纯量

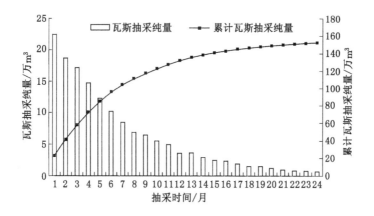

图 7-66 1-3# 钻场钻孔瓦斯抽采纯量及累计抽采纯量

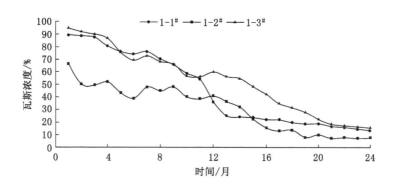

图 7-67 1 号钻场钻孔瓦斯浓度

总量为 16.22 万 m³;9 个预抽钻孔共抽采瓦斯量为 152.08 万 m³,抽采效果较好。

409 辅助巷距停采线 0~400 m 的区域原始瓦斯含量为 3.01 m³/t。则经过 2 a 预抽后,区域预抽后煤层瓦斯含量为 1.56~1.73 m³/t,预抽率为 42.52%~48.17%。瓦斯压力由原来的 0.65 MPa 降低到 0.19~0.28 MPa。

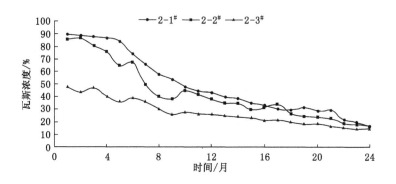

图 7-68　2 号钻场钻孔瓦斯浓度

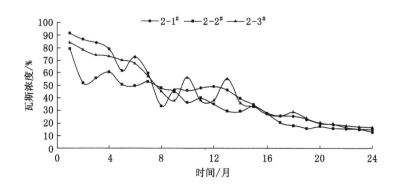

图 7-69　3 号钻场钻孔瓦斯浓度

7.5　井下水力压裂油型气(瓦斯)强化抽采技术

井下瓦斯抽采钻孔水力压裂技术是随着地面水力压裂技术的发展而发展起来的新技术。该技术对增加煤层渗透率,提高瓦斯抽采效果,降低煤层突出危险性,减少预抽达标时间和钻孔施工工程量等都起到了重要作用。井下水力压裂技术适用于石门揭煤、煤巷条带、预抽区段等抽采工程。目前该技术在我国部分地区进行了推广应用(重庆、安徽等),部分地区进行压裂试验(贵州、四川等),有些矿区压裂效果较好,如松藻矿区、淮南矿区等,有些矿区效果不明显,尤其是软煤发育矿区,如平顶山矿区等。通过对黄陵二号煤矿 205 工作面水力压裂试验,考察井下水力压裂技术在黄陵矿区油型气(瓦斯)治理工程的适用性。

7.5.1　井下水力压裂工艺流程

压裂工艺流程如下:压裂前准备→压裂设备连接→压裂钻孔施工→煤层瓦斯参数测试→压裂钻孔封孔→压裂设备试运行→压裂施工→瓦斯抽采钻孔施工→煤层瓦斯参数测试→抽采管路连接→数据监测→压裂效果考察。布置如图 7-70 所示。

7.5.2　压裂设备

采用中煤科工集团西安研究院有限公司的井下瓦斯抽采钻孔水力压裂成套设备,该成套设备具有压力高、流量稳定、可远程操作、远程视频监控、设备运行稳定、运行时间长等特

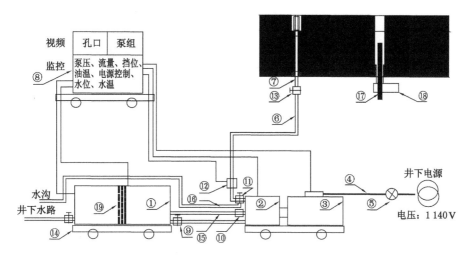

①—水箱;②—压裂泵;③—防爆电机;④—电缆;⑤—中保开关;⑥—高压胶管;
⑦—压裂管路;⑧—监控系统;⑨—阀门;⑩—过压保护;⑪—泄压阀门;
⑫—压力、流量探头;⑬—阀门;⑭—平板车;⑮—高压保护胶管;
⑯—回流管路;⑰—钻杆;⑱—防喷装置;⑲—过滤器。

图 7-70 水力压裂总体布置图

点,可保证施工过程中工作人员的安全。该套设备采用 2 路电源,一路是压裂泵采用 660/1 140 V 电路,一路是远程操作台和视频监控采用 127 V 电路。工作介质采用清水,设备连接方便快捷,操作简单易行,可适用煤层和突出煤层瓦斯治埋,放顶煤和顶板管理等的煤层或岩层的压裂。该套设备由压力泵组、水箱、高压管汇、远程操作系统、视频监控系统及高压管柱组成,见表 7-19。整套设备如图 7-71 所示。

表 7-19 井下瓦斯抽采钻孔水力压裂成套设备表

序号	设备名称	型号	数量
1	压裂泵	BZW200/56	2 台
2	水箱	SX3000-Ⅱ	1 台
3	远程操作系统	KXJR-4-127-H	1 台
4	视频监控系统	ZSJ127	1 套
5	高压胶管	DN19-6S-60ma	200 m
6	高压管柱		90 m

(1) 压裂泵

BZW200/56 型压裂泵为卧式五柱塞往复定量泵,具有矿用产品安全标志证书和防爆合格证,可在煤矿井下任意地点使用。该泵具有体积小、质量轻、运行稳定、运行时间长等特点,方便运输和搬家,不需要拆解。详细参数见表 7-20,设备如图 7-72 所示。

图 7-71　井下瓦斯抽采钻孔水力压裂设备连接图

表 7-20　BZW200/56 型压裂泵参数表

设备名称	技术指标	参　数
压裂泵	型号	BZW200/56
	公称压力/MPa	56
	公称流量/(L/min)	200
	泵组尺寸/mm	3 100×1 100×1 360
	电机功率/kW	220

图 7-72　BZW200/56 型压裂泵

（2）水箱

SX3000-Ⅱ型水箱是压裂泵工作介质的存储器,起着回收系统溢流回液和沉淀、过滤、向泵站提高洁净工作液的作用。该水箱容量为 3 m³、过滤精度高、可连接 3 台压裂泵、质量轻、运输和搬家方便等特点,如图 7-73 所示。

图 7-73　SX3000-Ⅱ型水箱

（3）远程操作系统

KXJR4-127-H 型远程操作系统可大幅度提高泵站的可靠性及使用效率,使泵站节能 35% 左右,并给泵站提供低油位、油温过高、吸空保护、三机联动、工作面用液自动开机、工作面不用液自动停机、系统爆管自动停机、故障显示并由帮助栏提高故障排除方法等功能,实现了泵站运行的自动控制。该系统可实现与泵站 800 m 范围内的控制,主要由 PLC、显示屏、中间继电器、压力传感器、温度传感器、油位传感器、液位传感器及轻触按钮等组成,如图 7-74 所示。

图 7-74　远程操作台

（4）视频监控系统

ZSJ127 型视频监控系统具有矿业产品安全标志证书和防爆合格证,能在煤矿井下富含瓦斯、粉尘巷道使用。该套设备采用 127 V 电源,能够实时监控泵站的工作情况和压裂点及巷道滴水、变形等,并能够存储视频信息,可方便回放任意时间段的视频。压裂点摄像头可360°旋转,并有拉近功能,更清晰地看清问题。该套设备由监视器(含遥控器)、电源箱、数字硬盘录像机、防爆彩色监视摄像仪和通信光缆组成。

（5）高压管柱

高压管柱是压裂钻孔封孔的必备器材,是压裂钻孔封孔质量的重要保证。高压管柱必须耐高压,不变形,连接紧密不能漏水,还要方便送入钻孔。该套管柱由筛管和管柱组成,采用细丝螺纹连接,1.5 m 一根,方便井下使用。详细参数见表 7-21。

表 7-21　高压管柱参数表

组件名称	技术指标	参　数
筛管	外径/mm	50
	壁厚/mm	8
	长度/mm	1 500
	筛孔直径/mm	20
管柱	外径/mm	50
	壁厚/mm	8
	长度/mm	1 500
	孔口连接方式	快速连接

7.5.3 封孔工艺

压裂钻孔封孔质量是决定压裂效果的成败关键,孔水泥砂浆封孔材料简单、价格便宜、封孔效果好,应用比较多。压裂钻孔封孔工艺的关键是带压封孔和连续封孔作业,封孔作业过程中工人要分工明确,密切配合,才能保证压裂钻孔施工的质量。采用三级孔径方式施工钻孔,孔底采用胶囊封孔,孔口采用聚氨酯封孔,中间采用水泥砂浆封孔,带压注浆,压力4 MPa。如图7-75所示。

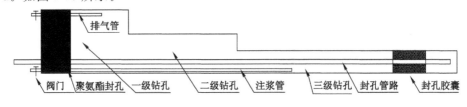

图7-75 钻孔封孔工艺图

施工步骤:

① 施工钻孔,首先施工孔径127 mm的钻孔10 m,改为113 mm钻头施工20 m,再用 ϕ94 mm钻头施工到设计深度,记录钻孔长度、倾角、孔径、长度等。施工结束后冲洗钻孔。

② 将筛管和带挡板的胶囊连接,送入孔中设计位置,将胶囊注入水膨胀压力5 MPa。

③ 将注浆管送入三级钻孔内,孔口预留200 mm。

④ 加工两个木板直径125 mm,按设计要求加工3个孔可通过封孔管、注浆管和排气管,两个木板间距4 m固定在封孔管上,中间用麻袋片和聚氨酯封孔使孔口和孔底之间为密闭空间,在注浆管和返浆管安装阀门。

⑤ 注浆泵、注浆管和水泥罐用橡胶管连接,水泥:白水泥:水比例为3:1:3,水泥砂浆搅拌均匀。开泵打开注浆阀门开始注浆,待返浆管返水泥停止注浆,关闭返浆管阀门,继续注浆,注浆压力为4 MPa,2~5 min后,停泵关闭注浆阀门。30 min后打开注浆阀门继续注浆,2~5 min后,关闭阀门,注浆结束。

⑥ 注浆结束后凝固48 h后方可进行压裂施工。

7.5.4 压裂工程施工情况

2015年10月至2016年1月,205运输巷共进行了4个钻场15个钻孔的压裂施工,每个钻场压裂结束后,跟踪监测压裂孔与未压裂孔的抽采浓度和抽采量等。具体情况如下:

(1)6号钻场

施工了1个顶板压裂钻孔,垂高10 m,终孔为粉砂岩,设计压裂半径10 m,施工参数见表7-22。

表7-22 6号钻场压裂钻孔施工参数

孔号	用途	开孔位置	夹角/(°)	倾角/(°)	孔径/mm	孔长/m	封孔长/m
2#	压裂钻孔	距煤层顶板1.5 m	41	9	94	76.5	70

2015年10月3日早班9时50分开始压裂,累计注水量为0.77 m³,破裂压力为22.2 MPa,通过钻孔窥视仪在控制孔内53 m位置可发现一条明显的裂缝。

(2)9号钻场

设计施工了 5 个压裂钻孔,其中顶板施工 4 个压裂钻孔,底板施工 1 个压裂钻孔。顶板压裂钻孔中 4 个钻孔控制顶板垂高 28 m,终孔层位为中粒砂岩,设计目的是压裂中粒砂岩含气层进行预抽。底板钻孔设计垂深 17 m,设计目的是压裂 2 号煤层底板预抽底板瓦斯。钻孔施工参数见表 7-23。

表 7-23　9 号钻场压裂钻孔施工参数

孔号	用途	开孔位置	夹角/(°)	倾角/(°)	孔径/mm	孔长/m	封孔长/m
压 1#		距煤层顶板 1 m	26	27	94	73	63
压 2#	上排压裂钻孔	距煤层顶板 1 m	43	25	94	89	69
压 3#		距煤层顶板 1 m	77	22	94	79	69
压 4#	下排压裂钻孔	距煤层顶板 1.5 m	35	6	94	89	69
底 1#	底板压裂钻孔	煤层底板	59	−11	94	110	90

9 号钻场压裂钻孔施工由 2015 年 10 月 17 日至 2015 年 10 月 19 日历时 3 d。压 1# 钻孔注水量 12 m³,由顶 1# 钻孔出水,压 1# 钻孔距离顶 1# 钻孔 14.3 m,最大泵注压力 31.7 MPa;压 2# 钻孔注水量 30 m³,由顶板 1 号孔出水,压 2 钻孔距离顶 1# 钻孔 23 m,最大泵注压力 27.6 MPa;压 3# 钻孔距离顶 6# 钻孔过近直接压穿,注水量 0.2 m³,泵注压力 19.8 MPa;压 4# 钻孔注水量 15 m³,由 8 号钻场顶 5# 钻孔出水,在距离 9 号钻场 20 m 煤壁顶部有水渗出,本煤层钻孔没有发现有水流出,初步分析该压裂孔裂缝延伸到了煤层,但并未压开煤层,水由裂隙渗出,最大泵注压力 25.2 MPa;底 1# 钻孔泵注压力达到 17.6 MPa 时水由底 1# 钻孔壁流出,说明底 1# 钻孔封孔失效。

（3）11 号钻场

施工 3 个压裂钻孔,其中底板施工 2 个压裂钻孔,顶板施工 1 个压裂钻孔。底 1# 钻孔垂深 13.5 m,终孔为 3# 煤层,底 2# 钻孔垂深 13 m,终孔为 3# 煤层,顶 3# 钻孔垂高 7 m,终孔为粉砂岩。施工参数见表 7-24。

表 7-24　11 号钻孔压裂钻孔施工参数

孔号	设计用途	开孔位置	夹角/(°)	倾角/(°)	孔径/mm	孔长/m	封孔长度/m
底 1#	底板压裂钻孔	—	36	−12	94	65	55
底 2#	底板压裂钻孔	—	68	−10	94	75	65
顶 3#	顶板压裂钻孔	—	60	6	94	70	60

2015 年 11 月 5 日开始压裂,底 1# 钻孔注水量 12 m³,由底 11# 钻孔流出,并携带了大量煤粉,最高泵注压力 25 MPa;底 2# 钻孔施工与底 14# 钻孔距离较近直接压穿;顶 3# 钻孔注水量 7 m³,最高泵注压力 24 MPa,由于顶板裂隙发育,巷道顶板大量渗水。

（4）17 号钻场

设计施工 6 个压裂钻孔,其中顶板施工 3 个钻孔,底板施工 3 个钻孔,该钻场之前未有钻孔施工。底 1#、底 3# 和底 4# 为底板压裂钻孔,设计孔深分别为 72 m、85 m 和 90 m,垂深分别为 21 m、9 m 和 15 m,底 2# 钻孔为控制钻孔,孔深 102 m。底 1# 和底 4# 压裂钻孔压裂

3 号煤层底部细粒砂岩层,底 3# 压裂钻孔压裂 3 号煤层。底 2# 钻孔为底 1# 和底 3# 钻孔的控制钻孔,距离底 1# 钻孔斜长 20 m,水平距离 17 m,垂高 10 m。顶 1#、顶 3#、顶 4# 钻孔为顶板压裂孔,设计孔深分别为 72 m、77 m 和 95 m,垂深分别为 24.21 m、24.21 m 和 39.73 m。顶 1#、3# 孔终孔位置位于顶板粉砂岩中,顶 4# 孔终孔位置位于顶板细粒砂岩中。顶 2# 钻孔为顶 1# 和顶 3# 钻孔的控制钻孔,距离顶 1# 钻孔斜长 19.5 m,距离顶 3# 钻孔斜长 19.5 m。钻孔施工参数见表 7-25。

表 7-25　17 号钻孔压裂钻孔施工参数

孔号	设计用途	开孔位置	夹角/(°)	倾角/(°)	孔径/mm	孔长/m	封孔长度/m
底 1#	底板压裂钻孔	—	33	−20	94	72	62
底 2#	底板控制钻孔	—	50	−11	94	102	0
底 3#	底板压裂钻孔	—	64	−7.5	94	85	68
底 4#	底板压裂钻孔	—	78	−11	94	90	72
顶 1#	顶板压裂钻孔	—	39	23	94	72	62
顶 2#	顶板压裂钻孔	—	60	24	94	120	0
顶 3#	顶板压裂钻孔	—	81	23	94	77	62
顶 4#	顶板压裂钻孔	—	70	32	94	95	75

顶 1# 钻孔进行了两次压裂,初次压裂日期为 2016 年 1 月 5 日,从 11:50 开始压裂,持续注水时间总计 113 min,总注入水量为 40.16 m³,最高泵注压力 27 MPa。压裂过程中观察到的现象是:钻场附近听到岩石破裂声,随后发现巷道顶板锚索处大面积出水,205 辅运巷 3 750 m 前后 20 m 左右顶板出水。

顶 3# 钻孔进行了两次压裂,初次压裂日期为 2016 年 1 月 5 日,从 14:15 开始压裂,持续注水时间总计 75 min,总注入水量为 19.63 m³。第二次压裂日期为 2016 年 1 月 6 日,从 10:40 开始压裂,持续注水时间总计 95 min,总注入水量为 33.8 m³,最高泵注压力 25 MPa。压裂过程中观察到的现象是:钻场 4 号压裂孔出水。

顶 4# 钻孔由于压 3# 钻孔压裂时该钻孔与 3 号钻孔连通,未进行注水。

底 1# 钻孔 2016 年 1 月 6 日 12:53 开始压裂,持续注水时间总计 149 min,总注入水量为 46.24 m³,最高泵注压力 31.1 MPa。压裂过程中观察到的现象是:在 14:28,17 号钻场底板 2 号压裂孔孔口返水携有煤渣。

底 3# 钻孔 2016 年 1 月 7 日 11:12 开始压裂,持续注水时间总计 221 min,总注入水量为 84.04 m³,最高泵注压力 37 MPa。压裂过程中观察到的现象是:钻场 7 号孔出水。

7.5.5　水力压裂效果考察

(1) 瓦斯抽采浓度

6 号钻场压裂钻孔成孔浓度为 0.13%,压裂结束后对钻孔浓度进行了监测(图 7-76)。由图可知,10 月 10 日之前钻孔甲烷浓度缓慢上升变化不大,之后浓度上升较快,达到 10%~20%,最大浓度为 25%(19 日)。说明压裂后对钻孔浓度有了提高。

监测了 9 号钻场顶板所有钻孔在 2015 年 10 月 23 日至 2016 年 1 月 4 日的抽采浓度,并进行了对比分析,如图 7-77 所示。

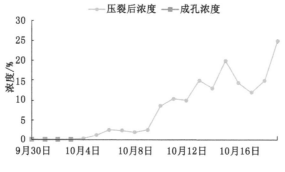

图 7-76　6 号钻场压裂钻孔甲烷浓度监测图

由图 7-77 可知,9 号钻场压裂钻孔除压 4# 钻孔外的钻孔抽采浓度比未压裂钻孔抽采浓度有了明显增加,尤其是在 11 月 6 日之后浓度增加明显。压 1# 钻孔平均抽采浓度 35.17%,压 2# 钻孔平均抽采浓度 29.41%,压 3# 钻孔平均抽采浓度 38.10%,压 4# 钻孔平均抽采浓度 1.55%,压 5# 钻孔平均抽采浓度 14.29%,顶 1# 钻孔平均抽采浓度 38.07%,顶 2# 钻孔平均抽采浓度 7.63%,顶 4# 钻孔平均抽采浓度 7.50%,顶 5# 钻孔平均抽采浓度 10.48%,顶 6# 钻孔平均抽采浓度 1.92%。压裂钻孔和出水孔顶 1# 平均抽采浓度31.00%,未压裂钻孔平均抽采浓度 6.88%,压裂钻孔比未压裂钻孔抽采浓度平均提高了 4.5 倍。

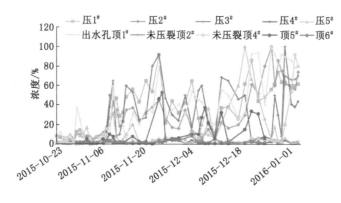

图 7-77　9 号钻场顶板钻孔抽采浓度对比

由图 7-77 可知,12 月 30 日开始未压裂钻孔顶 2# 和顶 4# 抽采浓度大幅度增加主要原因是工作面距离 9 号钻场 27.2 m,受采动影响钻孔抽采浓度增大。压裂钻孔和出水孔顶 1# 在 11 月 19 日开始受采动影响钻孔抽采浓度也出现增加。压 5# 钻孔高浓度持续时间较短,总体上钻孔浓度提高幅度不大,原因分析为压 5# 钻孔控制顶板垂高 7 m,说明该层位含气性较低,压裂钻孔对浓度的提高与压裂层位含气性大小有关。

监测了 11 号钻场压裂钻孔和未压裂钻孔在 2015 年 11 月 9 日至 2015 年 12 月 25 日的钻孔浓度,并进行了对比分析,如图 7-78 所示。

压 1# 钻孔平均抽采浓度为 2.24%,压 2# 钻孔平均抽采浓度为 38.02%,出水孔平均抽采浓度为 20.13%,未压裂钻孔底 5# 平均抽采浓度为 1.57%,未压裂钻孔底 9# 平均抽采浓度为 7.15%,未压裂钻孔底 12# 平均抽采浓度为 23.47%。压裂钻孔比未压裂钻孔浓度提高 1.88 倍,效果不明显,原因分析为底板压裂钻孔压裂煤层泄压后,大量的煤粉堆积在孔底

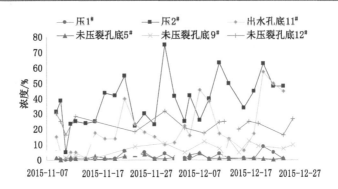

图 7-78　11 号钻场底板钻孔抽采浓度对比图

无法排出使得钻孔通道不畅通，导致抽采效果不理想。

（2）瓦斯抽采量

2015 年 10 月 23 日开始监测 9 号钻场顶板钻孔甲烷抽采纯量，共跟踪 74 d，以 2015 年 12 月 19 日压裂点进入采空区为分界，分两阶段说明，如图 7-79 和图 7-80 所示。

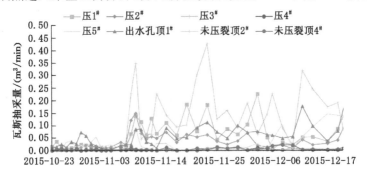

图 7-79　第一阶段 9 号钻场顶板孔甲烷抽采纯量对比

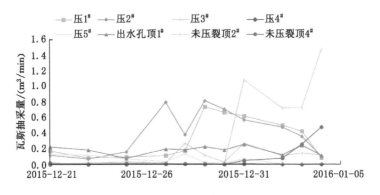

图 7-80　第二阶段 9 号钻场顶板孔甲烷抽采纯量对比

由图 7-79 可知，压裂钻孔和出水孔顶 1# 比未压裂钻孔抽采甲烷纯量有明显提高，尤其是在 11 月 8 日后较为明显。压 1# 钻孔平均抽采甲烷纯量为 0.059 2 m³/min，压 2# 钻孔平均抽采甲烷纯量为 0.034 9 m³/min，压 3# 钻孔平均抽采甲烷纯量为 0.165 1 m³/min，压 4# 钻孔平均抽采甲烷纯量为 0.003 8 m³/min，压 5# 钻孔平均抽采甲烷纯量为 0.031 6 m³/min，顶 1# 钻孔平均抽采甲烷纯量为 0.052 3 m³/min,顶 2# 钻孔平均抽采甲烷纯量为 0.004 5 m³/min,顶 4# 钻孔平均抽采甲烷纯量为 0.006 7 m³/min。压裂钻孔和出水孔顶 1# 平均抽采甲烷纯量 0.068 6 m³/min,未压裂钻孔平均抽采甲烷纯量 0.005 6 m³/min,提高了 12.2 倍。压裂钻孔和出水孔顶 1# 在监测过程中孔内出现不同程度的压力,关闭抽采阀门后有明显的瓦斯涌出。

由图 7-80 可知,12 月 25 日开始,压裂钻孔抽采甲烷纯量大幅度提高,最高达到 1.40 m³/min。原因分析:通过对 9 号钻场现场跟踪考察,出现甲烷抽采纯量大幅度提高时工作面回采已经超过了压裂钻孔控制范围,钻孔内有水流出,关闭抽采阀门时孔内并没有瓦斯涌出,而压裂钻孔内下有 69 m 的无缝钢管并用水泥砂浆封孔,工作面回采距离 9 号钻场仅 46 m,超过了压裂钻孔控制范围,钻孔内依然保持了畅通,并进入了采空区,抽采的瓦斯为采空区瓦斯。21 日到 25 日,压裂钻孔孔内有压力,关闭抽采阀门有瓦斯涌出,但抽采流量不高与第一阶段相当,说明虽然受采动影响钻孔内有瓦斯涌出,但抽采量变化不大。

监测了 11 号钻场甲烷抽采纯量,如图 7-81 所示。由图可知,压 1# 钻孔平均抽采甲烷纯量 0.004 9 m³/min,压 2# 钻孔平均抽采甲烷纯量 0.077 1 m³/min,出水孔底 11# 平均抽采甲烷纯量 0.039 5 m³/min,未压裂钻孔底 5# 平均抽采甲烷纯量 0.003 1 m³/min。甲烷抽采纯量压裂钻孔比未压裂钻孔提高了 12 倍,但高浓度底 9# 和底 12# 钻孔未进行流量监测,实际提高在 2 倍左右,效果不明显。

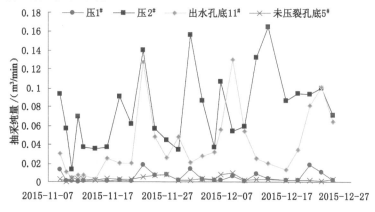

图 7-81 11 号钻场底板孔甲烷抽采纯量对比

(3)其他

在监测过程中 9 号钻场压裂钻孔和出水孔关闭抽采阀门后出现了不同程度的瓦斯涌出,顶板未压裂钻孔在监测过程中未出现该现象,说明压裂后提高了抽采效果。

统计了 9 号钻场钻孔浓度、抽采量及孔内压力随着工作面回采的变化与前 8 个钻场进行了对比分析,压裂后钻孔内出现压力现象提前在距离工作面 120 m 开始出现提前了 30～50 m,孔内压力消失也提前,在距离工作面 20 m 消失,提前了 5～10 m。

8 油型气监测监控技术及装备研发

8.1 油型气监测技术

油型气涉及的概念较广,本项目研究的油型气是在黄陵二号煤矿生产期间出现的以甲烷、乙烷、丙烷及其他烷烃类气体组成的混合气体,其中以甲烷为主要危害气体。随着矿井开采活动的进行,矿井瓦斯涌出量逐年增大,同时,出现了围岩油气异常涌出现象,其中底板油型气涌出尤为严重,且具有突发性、隐蔽性(异常涌出前无明显征兆)和涌出量大等特点,成为影响矿井安全高效开采新的致灾因素。

根据可燃气体的特性和不同的检测原理,项目组对各种可燃性气体检测仪器或对其油气的特征气进行研究,实现对特征气的定量监测的检测原理进行逐一研究。

8.1.1 催化燃烧原理

利用催化燃烧原理来测量可燃气体的浓度是现在最常用的方法之一,也是目前煤矿对甲烷气体检测使用最为广泛的技术,市场超过 95% 以上的监测甲烷气体的传感器都采用此技术。

催化燃烧式甲烷传感器(原理示意图见图 8-1)的工作原理是:在传感元件表面的甲烷(或可燃性气体),在催化剂的催化作用下,发生无焰燃烧,放出热量,使传感元件升温,进而使传感元件电阻变大,通过测量传感元件电阻变化就可测出甲烷气体的浓度。催化燃烧式甲烷传感元件有铂丝催化元件和载体催化元件两种。

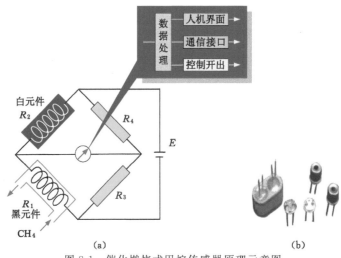

图 8-1 催化燃烧式甲烷传感器原理示意图

(a) 工作原理;(b) 传感器实物图

铂丝催化元件采用高纯度的铂丝制成线圈,铂丝既是催化剂,又是加热器。当铂丝催化元件通电后,铂丝电阻将电能转换成热能,在铂丝的催化作用下,吸附在铂丝表面的甲烷无焰燃烧,放出热量,进而使铂丝升温,电阻变大,通过测量其电阻变化就可测得空气中甲烷浓度。铂丝催化元件结构简单,稳定性好,受硫化物中毒影响小。但铂丝的催化活性低,必须在 900 ℃以上高温才能使元件工作,这不仅耗电大,在高温的作用下还会导致元件表面蒸发,使铂丝变细,电阻增大,造成传感器零点漂移。另外,铂丝催化元件机械强度低,由于机械振动等会改变其几何形状,影响传感器参数。因此,在矿井安全监控装置中,测量低浓度甲烷的传感器主要是载体催化元件。

催化燃烧式气体检测仪检测的既不是气体体积分数,也不是气体爆炸下限体积分数(％LEL),而是气体在惠斯通电桥上催化燃烧时释放的热量。虽然各种可燃气体的爆炸下限各不同(甲烷 5.3％,汽油 1.4％),但它们在爆炸下限浓度完全燃烧时释放的热量(极限燃烧热,Q_{LEL})基本相同。如图 8-2 所示,除少数气体外,爆炸下限内的可燃气体,每 22.4 L(20 ℃,1 个大气压)的极限燃烧热为 41.9～54.4 kJ。因此,以极限燃烧热为衡量标准,只要燃烧释放的热量达到了约 41.9 kJ,就可以近似认为待测气体体积分数到达了爆炸极限,即 100％LEL。此外,在爆炸下限范围内,大多数气体的浓度 c 与其燃烧热 Q 呈线性增长。只要检测到待测气体的燃烧热占该气体极限燃烧热的比例,就可以得到待测气体的浓度。

既然不同气体的极限燃烧热基本相同,那么选择某一种有代表性的气体作为校正气体,将待测气体的燃烧热与标正气体的极限燃烧热作比较,就可以近似得出待测气体的浓度值。

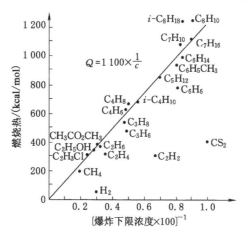

图 8-2　燃烧热与爆炸下限浓度关系

(1 kcal≈4.186 kJ,下同)

从检测原理上看,检测元件阻值变化的源头是燃烧的热量,因此,只要被测气体能在催化小珠上(小珠"静态"时的温度约 450 ℃)被燃烧而释放出热量,那它就能被检测,这就是所谓的"广谱性"。当然,在有多种可燃气体存在的情况下,探测器无法区分被测气体的种类和各自的浓度,它体现出的是综合的效应,但可以检测出油型气的整体参考值。

催化燃烧式甲烷传感器结构简单、成本较低,对环境温度、湿度影响不敏感,可以避开水蒸气的干扰。适用于室外等环境变化较大的场所,但是敏感元件对气体没有很好的选择性,且易受硫化物、卤化物影响发生催化中毒现象,从而失去传感作用。

8.1.2　近红外光谱吸收技术

近红外光谱吸收技术对烷烃类气体各成分含量进行分析。目前红外光谱法是一种较为常用的气体浓度测量方法。该方法主要由红外光源经红外光纤发射出红外光,经准直设备后变成平行光出射,途经几百米的传输被光学系统接收,利用傅立叶变换红外光谱仪对接收到的光信号进行处理得到相应的光谱。不同的气体在某些特定波长段对光有吸收,通过测量吸收光谱特定波长段的光谱值变化即可方便得出气体的浓度。其特点是检测速度快、检测气体浓度下限较低。缺点是并非对每种气体都存在着吸收光谱,测量气体种类范围有限。

目前分析标准气体的方法很多,但常用的主要有:气相色谱法、化学发光法、非色散红外分析法以及用于微量水和微量氧分析的其他方法。

（1）气相色谱法

气相色谱法适用于氢气、氧气、氮气、氩气、氦气、一氧化碳、二氧化碳等无机气体,甲烷、乙烷、丙烯及 C3 以上的绝大部分有机气体的分析。通过直接法、浓缩法、反应法等样品处理技术的应用,分析的含量范围为 $10^{-9} \sim 99.999\%$。所以,气相色谱法也是分析标准气体中应用最多、最普遍的方法。在石油化工、药品等物质检测应用较为广泛。

气相色谱仪主要由气路系统、进样系统、柱恒温箱、色谱柱、检测器和数据处理系统等组成。用气相色谱法分析标准气体,要想获得准确可靠的分析结果,首先必须建立分析方法,选择合适的操作条件和操作技术。目前矿上使用的束管监测中使用的气体分析设备一般都采用此种方法实现对多种气体的测量,但是体积大,测量过程相当复杂。

（2）化学发光法

化学发光法是利用某些化学反应所产生的发光现象对组分进行分析的方法,具有灵敏度高,选择性好,使用简单、方便快速等特点。因此,适用硫化物、氮氧化物、氨等标准气体的分析。

（3）非色散红外分析法

非色散红外气体分析器是利用不同的气室和检测器测量混合气体中的一氧化碳、二氧化碳、二氧化硫、氨气、甲烷、乙烷、丙烷、丁烷、乙炔等组分的含量。

非色散红外气体分析器主要由红外光源、试样室、滤波器、斩波器、检测器、放大器及数据显示装置组成。检测器是仪器的关键部件,红外检测器分成热检测器和光子检测器两种类型。热检测器是一种能量转换器,可以把热能转换成电信号,电信号经放大后,输入数据装置。光子检测器接受红外辐射,将半导体中的电子从非导电能级激发到导电能级,在这一过程中半导体的电阻有所降低。所以半导体检测器比热检测器响应快。

中南民族大学的黎伟等人利用红外差分吸收光谱技术应用于石油地质录井中。实验室以常压和 50 ℃为条件对浓度为 10% 的甲烷、浓度为 2% 的乙烷、浓度为 1% 的丙烷、浓度为 1% 的丁烷、浓度为 1% 的异丁烷、浓度为 1% 的正丁烷、浓度为 1% 的异戊烷、浓度为 1% 的正戊烷 7 种气体展开了吸光度和吸收截面的测量。

在利用傅立叶变换红外光谱进行混合气体定量分析中,烃类尤其是同分异构体等构成的混合气体其谱图特征相似、吸收峰严重交叠,不易进行特征吸收成分的判别和特征变量选择。为增强谱峰分辨力,西安交通大学的赵安新等人采用广义二维相关光谱和傅立叶变化红外光谱对烃类混合气体分析中同分异构体进行辨别,以异丁烷和正丁烷的红外光谱及受浓度扰动组成的光谱组为例进行二维相关红外光谱分析。通过广义二维相关光谱的变换,其二维相关光谱的同步谱和异步谱可以清晰地辨别出异丁烷和正丁烷的特征吸收峰及其各自强度,实验结果可知,异丁烷在 2 893 cm^{-1}、2 954 cm^{-1} 和 2 977 cm^{-1},正丁烷在 2 895 cm^{-1} 和 2 965 cm^{-1} 具有强的吸收特征谱线。图 8-3 为 1%、2%、3%、5%、7% 和 10% 等浓度时异丁烷和正丁烷的傅立叶变化红外吸收光谱,实线为异丁烷光谱组,虚线为正丁烷光谱组。

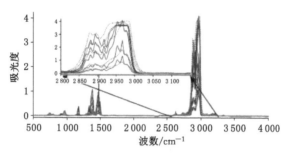

图 8-3　红外吸收特征谱线

8.1.3　基于可调谐半导体激光原理气体检测技术

可调谐半导体激光光谱技术(TDLAS)是基于半导体激光器的波长可调谐特点,通过输出电流的变化控制波长在气体吸收峰附近扫描获得待测气体的特征吸收光谱,从而实现痕量气体测量的一种技术(图 8-4)。随着半导体激光器产业在这几年发展迅速,可调谐激光器的体积变小和成本降低,TDLAS 技术已广泛应用于工业和环境检测领域。谐波检测的主要基于朗伯-比尔定律。

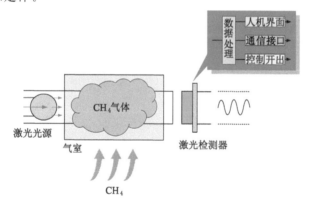

图 8-4　激光甲烷传感器检测基本原理图

目前该方面对于甲烷气体的测量已经相对成熟,对于高突和高硫矿井中采掘工作面,国家规定必须使用激光原理的全量程甲烷传感器。而对于油型气/汽油/原油挥发气体(如:丙烷、丁烷、戊烷等)检测中还是存在着问题,主要有以下几个方面:

(1)光源的选择

烃类气体吸收光谱较宽,并没有像甲烷的吸收光谱中会出现明显的吸收线。以往所用的 DFB 激光器光源的扫描波长范围较窄,所以扫描吸收检测的方法在这里不再适用。

(2)待测气体的选择

激光传感器用于混合气体检测较困难,只能实现定性检测,而定量检测较难实现。如前文所述,油型气气体成分复杂,不同时间段下的气体成分和比例都各不相同,这将影响标定气体的选择。

（3）吸收波长和背景波长的选择

现有研究中除甲烷和乙烷在近红外有详细吸收光谱,其他的烷烃没有较详尽的吸收光谱。烷烃分子基频产生的吸收光谱位于中红外区。工作在该区域的激光器价格昂贵且需要低温制冷,同时在这一波段石英光纤的传输损耗太大,不利于长距离传输。目前市场上也没有对应的激光器或者是激光器动辄几万元一个,且实现较为复杂,目前各大研究院所还处于前期的摸索阶段。

如前文所述,如果知道了油型气气体的成分和各成分所占混合气的比例,就可以推算出总的混合气的浓度。

天津大学的孙毅基于近红外光谱吸收技术,利用德国布鲁克公司的近红外傅立叶光谱仪分析了可挥发性有机化合物中各组分浓度,并得到了样品吸收光谱图,如图 8-5 所示。图中异丁烷的浓度为 1%。

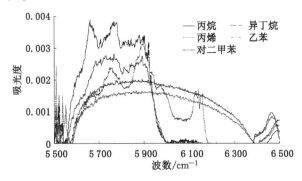

图 8-5　样品在 5 500～6 500 cm⁻¹ 的吸收光谱图

一级倍频吸收主要集中在 5 600～6 000 cm⁻¹ 范围内,由于实验室现有激光器没有这个波段内的激光器,所以考虑选择 6 380～6 500 cm⁻¹ 的吸收范围,选择 6 380 cm⁻¹（1 567 nm）作为背景波长,1 550 nm 作为吸收波长。

这些烷烃和芳烃的吸收光谱较宽,所以利用差分吸收光谱技术,系统采取双波长单光路的检测方法。差分检测方法是利用差分原理,将光分为一束测量光束和一束参比光束,以两束光的强度衰减做对比,消去大部分共同误差的一种方法。在气体浓度的测量中,该方法能消去光源不稳、光束发散、光路结构差异等因素带来的测量误差,是提高传感器测量精度的一种方法。

目前来说对于甲烷测量采用此种技术较为成熟,而对于丙烷、丁烷、戊烷来说,目前还是处于实验室研究前期阶段,还需要较长时间的摸索,而且就目前的技术来说考虑到精度因素,其设备的体积将很大。

8.1.4　PID 检测原理

PID 是光离子化检测器（photo ionization detector）的简称,其可以检测在 10^{-9}（十亿分之一）到 1% 浓度范围内的多种挥发性有机化合物（volatile organic compound,简称 VOC）及部分有毒性气体。

与传统检测方法相比,它具有高精度(10^{-6}级,甚至达到10^{-9}级)、高分辨、快响应、可连续测试、实时性、安全性高等重要优点;其可检测的气体种类多,可以检测几百种挥发性有机化合物和部分有毒性气体;可以为工作人员提供实时的信息反馈,这种反馈可以使检测人员确认他们处于没有暴露于危险化学品之中的安全状态,确保工作人员的安全。

大部分气体都有其特定的电离能(IP),用电子伏特(eV)来表示,PID检测仪通常采用紫外灯作为电离器,所有电离能低于PID光子能量的气体均会被紫外灯电离。常见的紫外灯能量包括:9.8 eV、10.6 eV和11.7 eV。图8-6表示了部分气体可以被紫外灯电离的情况。

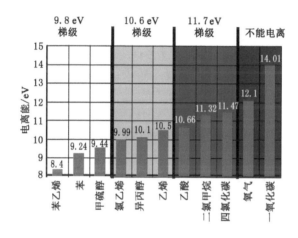

图 8-6 部分常见气体的电离能

PID检测仪的原理图如图8-7所示,真空紫外灯电离样品气体并使之成为带电离子,粒子探测器检测粒子电流并将对应气体的离子信号转化成电流信号(电流信号往往极其微弱,有时小于1 pA),该电流信号经过滤波、放大等处理后,以模拟电压信号输出。气体离子在检测器上被检测后,很快重新结合为待测的气体,待测气体的性质不发生变化。

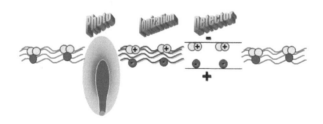

图 8-7 PID检测仪的原理图

图8-8为PID检测仪的结构框图,包括:紫外灯驱动电路、无极紫外灯、电离室、偏置电路及电测电路等。电离室内的待测气体分子被紫外灯发出的高能量光子电离,在偏置电场的作用下,电子和VOC离子分离,极其微弱的离子流被收集后,经滤波、多级放大运算后转化成与浓度有关的模拟信号输出(一般为电压信号)。为了提高检测精度,有些厂家会通过泵吸入方式进行采集待测气体。

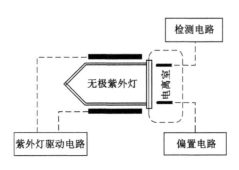

图 8-8　PID 检测仪的结构框图

上面介绍了 PID 检测技术的原理,下面介绍该方法可检测的气体范围。PID 检测技术是一种广谱检测技术,可以检测多达几百种挥发性有机化合物及少量的有毒性气体。由于可检测气体种类多,不在此处一一列出。CH_4、CO、O_2、CO_2 等气体由于各自的电离能较高,通过 PID 方式检测无法进行检测。

需要注意的是,由于 PID 检测技术具有光谱检测性,如果待测环境中有多种可测气体,则其没法单独区分每种气体的浓度,除非在该混合气体中事先知道每种气体的气体比例,光离子化检测技术检测出来的是混合气体的浓度。

PID 检测仪在现场使用中需要注意粉尘、湿气、臭氧、待测气体等对检测仪内部的无极紫外灯、检测区的影响。对现场环境中的粉尘及湿气的影响可以通过增加前置除尘除湿器进行一定的改善,但是臭氧、待测气体的影响及器件的老化等因素难以改善。整机内部的电机也是一个容易出现问题的地方。具体表现在以下几个方面:

(1) 真空紫外灯衰退

随着工作时间的增长,无极紫外灯会出现衰退的现象;水分子强烈吸收紫外光,降低了无极紫外灯的输出强度。

(2) 紫外窗口玷污

灰尘、油污等沉积会导致紫外窗口污染;有机物吸附沉积也会导致紫外窗口污染。

(3) 电离室的影响

PID 传感器在工作过程中,紫外光会产生大量的臭氧离子,臭氧离子的强氧化性会使进入电离室的部分 VOC 分子氧化变成一些小分子物质,从而使其不能被无极紫外灯电离,所以会输出信号变小。电离室有凝露时,极易使偏置电极向离子收集电极漏电,实际应用中,漏电导致信号增大。较高湿度存在时,受污染的电离室容易发生漏电现象,导致信号增大。

(4) 采集泵的影响

为了提高响应速度,提高检测精度,一般采用泵吸入方式。由于泵的寿命一般不长,会影响到整机的长期有效工作。

8.1.5　各类气体检测方法总结

对以上各类气体检测方法进行总结见表 8-1,并结合矿上的实际情况进行分析。目前黄陵二号煤矿井下油型气体分析见表 8-2,其中第 6 组数据为就近采样的空气中各类气体的含量数据。

表 8-1　各类气体方法比较

气体检测方法	特点	可检测气体	不足
催化燃烧式	气体交叉影响,反应灵敏、成本低廉、寿命短、敏感元件易老化	同时检测甲烷、乙烷、丙烷、丁烷多种气体	只能检测一个综合值,无法进行定量分析,甲烷以外气体含量较低时无法进行分辨
近红外光谱分析	设备体积较大、无法本安化工作,测量精度高,可定量分析多种气体	同时检测甲烷、乙烷、丙烯及 C_3 以上的绝大部分有机气体	设备体积较大、无法本安化(可做隔爆型)、价格十分昂贵
激光检测法	测量无气体交叉影响,精度高、稳定性好	单一气体甲烷	丙烷、丁烷、戊烷等高碳分子数的目前还处于研究阶段,转化应用还需要较长时间
PID 检测法	可测量电离后多种气体相对含量的混合浓度	可对上百种气体进行混合检测	无法对电离能较高的气体进行检测

表 8-2　井下油型气体数据

序号	时间	取气点	O_2/%	N_2/%	CH_4/%	C_2H_6/%	C_3H_8/%	异丁烷/%	正丁烷/%
1	11:00	414J-16#-10#(82%)	1.049 621	3.960 505	94.383 539	0.438 295	0.093 142	0.015 883	0.004 321
2	11:20	414J-13#(100%)	0.685 787	2.587 661	96.091 874	0.468 056	0.090 327	0.015 485	0.003 799
3	14:50	205J-23#-3#(60%)	0.622 193	2.347 701	96.776 622	0.065 862	0.011 113	0.008 059	0.002 198
4	15:10	205H-24#-20#(30%)	13.235 16	49.939 82	35.196 734	0.950 812	0.157 427	0.016 353	0
5	15:00	205H-24#-6#(35%)	2.715 263	10.245 42	86.395 821	0.563 586	0.065 423	0.009 836	0.004 652
6	15:30	205SYJ(4.5%)	20.052 07	75.661 87	3.935 027	0.195 535	0.045 828	0	0
7	15:40	205 切眼中部架间(0.06%)	20.913 44	78.912 06	0.079 852	0.002 823	0.000 611	0	0

8.2　油型气监测监控设备

对于油型气气体成分进行监测的测点表明:黄陵矿区井下油型气其主要成分是甲烷,其他的特征气体含量较低,按现有的气体类检测技术方法,并综合以上分析拟采用对比分析法实现对气体分析,即采用催化燃烧对所有多碳类气体都有反应的特点和激光原理对特定气体检测较好的定向性特点,通过两者测量数值的对比来确定有无油型气的涌出,对应开发一款检测装置实现以上对比检测。

另一方面结合布点的不方便性和查找涌出点需要,根据涌出点甲烷含量高(突变)的特点,采用回波式激光检测技术,开发一款便携式设备实现远距离非接触涌出区域的查找。

8.2.1　混合气体对比检测装置设计

根据上部分对各类气体检测技术分析及矿方的实际情况拟开发一款多参数检测装置实现催化原理检测综合气体和激光原理检测甲烷,以通过数据对比的方式实现对油型气的基本区分。并研究开发一款便携仪,其采用回波式激光甲烷检测技术实现对区域甲烷的检测并通过相对浓度突变寻找气体突变区域,以查找涌出区域点。如图 8-9 所示。

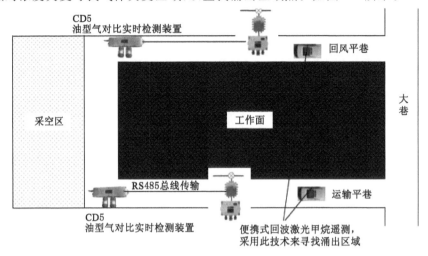

图 8-9　设计应用示意图

检测装置主要包括数据采集器和变送器(催化燃烧和激光检测)两部分,主要就数据采集器和激光甲烷设计过程做主要阐述,对于催化燃烧方式这一通用检测技术不再做详细阐述。

数据采集器采用了主板＋变送器的结构,主板主要负责数据显示及标校、CAN 或 RS485 总线通信等,变送器主要负责信号的采集和处理,其结构如图 8-10 所示。

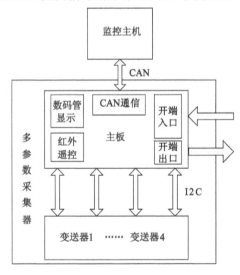

图 8-10　数据采集器组成

主板电路主要由控制模块、电源模块、CAN 收发模块、显示模块和开关量输入输出模块组成。变送器主要包括甲烷、温度等不同类型变送器。变送器和主板之间采用 I2C 通信,通信速率为 25 kB/s。数据采集器主板所接变送器数量可灵活配置,在主板正常供电情况下,即可根据需要移去或增加变送器,最大可接四路。以下就各部分硬件做详细设计。

(1) 数据采集器主板硬件电路

① 控制电路

数据采集器主板控制电路选用 C8051F502 单片机作为主控芯片,该单片机上资源丰富,具有 64 kB 的 FLASH 存储空间,I2C 接口,CAN 或 RS485 总线接口,因此外围电路设计简单,只需搭配外围收发电路即可完成 CAN 通信。

② 电源电路

数据采集器主板电源电路原理框图如图 8-11 所示,采用 DC12 V 本安电源供电,12 V 电源输入后先经过软启动电路,再经过两路 DC/DC 模块分别转换为 5.5 V 和 3 V 电压,给 I2C 总线上的变送器供电。5.5 V 电压经过低压差芯片转化为 5 V 电压供主板控制芯片及其他外围电路使用。

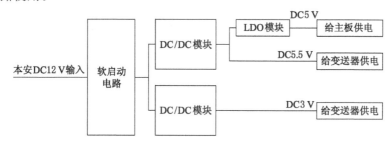

图 8-11 数据采集器主板电源电路原理框图

③ CAN 收发电路

数据采集器主板通过 I2C 总线接受的数据信息除用于本地显示外,还要通过 CAN 总线上传到监控主机。单片机本身具有 CAN 总线控制器,只需外加一块 CAN 收发电路即可完成 CAN 通信,其接口电路如图 8-12 所示。在收发器 PCA82C250 的输出引脚 CANH 和 CANL 之间并联一个 120 Ω 的终端电阻,可以解决远近端阻抗不匹配的影响。为了防止 CAN 总线受到雷击或静电干扰,CANH 和 CANL 引脚之间并联一个防雷管,并分别对地并联一个防雷管。

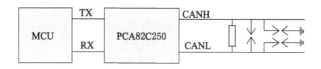

图 8-12 CAN 收发电路

④ 显示电路

显示电路采用了四位数码管动态扫描的方式进行显示,采用两片串转并芯片 74LV595 级联的方式驱动四位数码管显示,一片 74LV595 芯片用于字形控制,另一片则用于选择显示的数码管,很好地解决了控制芯片 IO 端口不足的问题。如图 8-13 所示。

⑤ 开关量输入输出电路

开关量输入输出电路包括 8 路开关量输入和 4 路开关量输出。开关量输入先通过接口保护电路,再经并转串芯片 74LS165,将采样数据输出到控制器端口(图 8-14)。控制器根据默认的配置或者按照监控主机的配置,通过计算得出控制信号经驱动电路输出,从而控制外部的开关设备。

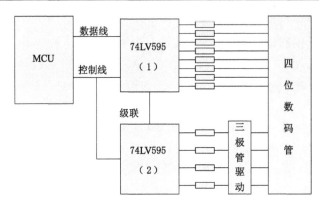

图 8-13　显示电路原理

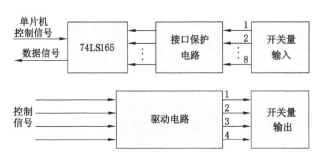

图 8-14　开关量输入输出控制电路

（2）数据采集器主板软件设计

数据采集器主板软件主程序流程如图 8-15 所示。其中,硬件初始化主要包括 IO 端口初始化、晶振初始化、定时器初始化、通信模块初始化以及中断初始化等。通过查询外部红外遥控中断,可以设置本机地址,对变送器进行标校。对于变送器采集的数据信息,数码管进行轮番显示,每个变送器数据显示的时间为 2 s。

数据采集器主板和变送器的 I2C 通信速率为 25 kB/s,主板与主机的 CAN 通信速率为 10 kB/s,理论上,MCU 的数据处理速度比通信速度快很多,但是在实际应用中,为了避免出现处理器未来得及处理前一帧 I2C 数据时,下一帧数据到来覆盖缓冲区数据,造成数据紊乱的情况,在软件设计时使用了发送环形缓冲区和接收环形缓冲区,缓冲区大小可以配置。接收到数据时,将数据以帧为单位保存在接收环形缓冲区中。当有数据需要发送时,按照应用协议将数据放入发送环形缓冲区,启动发送。

激光甲烷变送器采用 TDLAS 技术基于气体近红外光谱吸收原理,当用激光器发出的近红外光照射甲烷气体时,由于甲烷气体在红外波段对光功率的特征吸收,光强会相应地衰减,可通过探测器测量光强的变化来确定气体浓度。采用直接吸收测量技术会受到噪声影响,为了提高系统的检测灵敏度,采用将分布式反馈半导体激光器波长调谐(DFB)与谐波检测原理相结合的方法,即通过对激光二极管注入变化的电流实现对波长的调制。激光器发射波长受温度影响较大,所以必须对激光器进行精确温度控制。系统工作流程图如图 8-16 所示,系统流程分为激光器驱动、温度控制、MCU 处理器和信号处理这四个部分。MCU 首先对温度控制模块输出控制信号使激光器工作在固定温度,然后通过模拟电路周期性的输出电流驱动信号。叠加后的电流信号驱动激光器的输出激光波长在 1 653.7 nm 波长段附

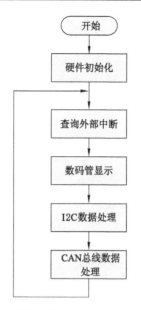

图 8-15 数据采集器主板软件主程序流程

近来回扫描,光束经过气室后,根据朗伯-比尔定律,气体对特定频率的光波产生红外吸收,光功率发生损耗,从而产生带有甲烷吸收信息的模拟信号,MCU 通过模拟电路将这些信号放大后采回,程序进行处理后得到表征甲烷浓度的二次谐波峰峰值。系统电路上主要由电源、MCU、激光器探头、激光器温控、AD 采集、DA 驱动等部分组成。

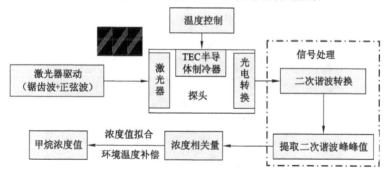

图 8-16 激光甲烷变送器的系统工作流程

激光甲烷变送器主要由电源、MCU、激光器探头、激光器温控模块、AD 采集模块、DA 驱动模块组成,其系统电路结构如图 8-17 所示。

① 甲烷吸收峰中心波长选择

在甲烷吸收谱线的选择上,通过查询 HITRAN 气体吸收开源数据库的信息,确定了甲烷气体的几个主要吸收峰,考虑到近红外的激光器技术相对成熟,同时,在此波长附近,其他气体如二氧化碳和水蒸气等都无明显吸收,综合以上原因,宜选用 1 653.7 nm 作为波长调谐的中心频率点。

② 激光驱动和反馈信号采集

驱动可调谐激光器的方式主要是在激光器的驱动电流加入调制信号。调制信号由

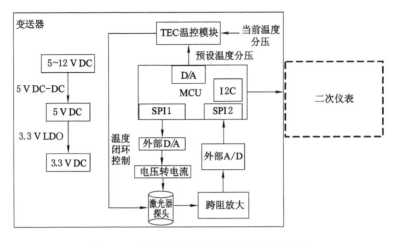

图 8-17　激光甲烷变送器的系统电路框图

50 Hz锯齿波和5 kHz正弦波叠加而成,电流驱动信号大小为30~70 mA。具体实现方式是将叠加后的驱动数据存放在MCU程序中,MCU通过模拟电路周期性地输出驱动信号。驱动激光在1 653.7 nm波长段附近来回扫描,光束经过气室后,气体对激光产生了吸收,从而探头的透射光中带有甲烷吸收的信号,MCU通过模拟电路将这些信号放大后采回,处理后得到表征甲烷浓度的二次谐波峰峰值。图 8-18 为激光器实际驱动信号波形。图 8-19 为甲烷实际吸收信号,图中 X 轴代表点的序号,Y 轴代表电压大小。

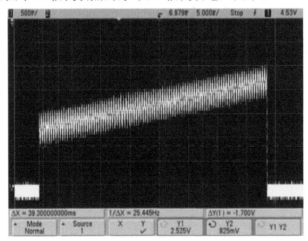

图 8-18　激光器驱动信号波形

③ 谐波处理

变送器接收到的浓度信息中除了含有光强直流信号,还有一次谐波、二次谐波、各高次谐波信号等。二次谐波信号在吸收中心波长处有最大值,因此提取二次谐波信号来反映浓度信息。提取二次谐波的可行方法有傅立叶变换和卷积运算,两者都可以在 MCU 中通过软件处理的方式来得到浓度相关量。图 8-20~图 8-22 分别为甲烷浓度 0.50%、1.03%、3.49%时对应的二次谐波信号。根据实验数据,提取的二次谐波峰峰值与甲烷浓度呈线性关系。

④ 温控电路设计

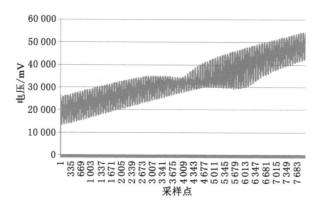

图 8-19 甲烷吸收信号

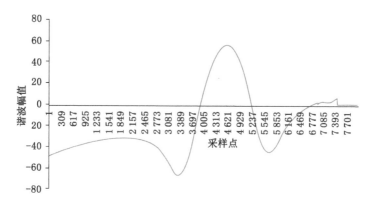

图 8-20 甲烷浓度 0.50% 时对应的二次谐波

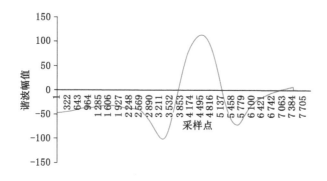

图 8-21 甲烷浓度 1.03% 时对应的二次谐波

选用的 DFB 半导体激光器是一种温度敏感器件,微小的温度变化就能使激光器波长发生明显变化,而系统要求激光器工作在固定的波长范围内,这就要求对半导体激光器进行精密的温控。半导体激光器内封装有 TEC 制冷器和热敏电阻,TEC 制冷片基于珀尔帖效应,当直流电流通过 TEC 内两种半导体材料组成的电偶时,其内部产生一端吸热,一端放热的现象,通入正向电流时,TEC 起制冷效果,通入反向电流则加热。通过 AD 采集热敏电阻的分压值可以检测激光器的工作温度,同时输出一个固定电压值给温度负反馈控制模块,该模块就可以对 TEC 进行闭环自动控制。常用的 TEC 专用芯片有美信的 MAX1968,TI 的

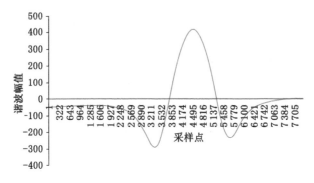

图 8-22　甲烷浓度 3.49% 时对应的二次谐波

DRV591 等，这里不作展开叙述。图 8-23 为 TEC 温控模块。

图 8-23　TEC 温控模块

⑤ 实验验证

为了验证方案可行性，设计了样机恒温通气实验，将功能样机在 25 ℃ 恒温箱内放置 2 h 后通甲烷气体，数据稳定后开始记录数据，通气时间 3 min。将每个浓度下的谐波峰峰值作均值处理后记录下来，经过 Matlab 函数拟合，得到拟合后的浓度，表 8-3 为激光甲烷传感器 25 ℃ 恒温实验数据，已测数据的响应速度、稳定性、精度等指标满足《煤矿用非色散红外甲烷传感器》(AQ 6211—2008) 标准中对 B 类红外甲烷传感器的误差要求。通过实验，从响应速度、稳定性和精度上验证了设备的适用性。

表 8-3　激光甲烷传感器 25 ℃ 恒温测试实验结果

通气浓度/%	谐波峰峰值	显示浓度/%	绝对误差/%
0	6.68	0	0
0.50	144.79	0.54	−0.04
1.30	270.20	0.99	0.04
3.01	790.21	2.99	0.02
3.49	908.43	3.39	0
6.49	1 571.8	6.51	−0.02
9.03	2 086.5	9.16	−0.13
15.00	3 056.1	15.01	−0.01
20.02	3 762.1	19.94	0.08
24.90	4 285.0	25.12	−0.22
35.17	5 078.5	35.09	0.08
64.93	5 726.8	63.39	1.54

8.2.2　便携式油型气检测装置设计

8.2.2.1　散射回波式甲烷遥测技术

（1）背景意义

如今，可调谐半导体激光吸收光谱技术已经被广泛应用于各个相关领域。其在煤炭行业的危险气体检测中也得到了一定的应用。但是，现有的基于可调谐半导体激光吸收光谱技术的气体检测传感器大多以固定地点安装为主，检测范围小，除非投入大量设备进行大范围传感器布点，否则难以实现对较大区域内危险气体的现场检测。目前，已出现基于开放光路的气体遥测设备。这些设备中，有的需要在开放吸收光程的另一端放置角锥棱镜，虽然实现了遥测的目的，但检测方向固定，无法实现大空间范围内检测方向的随意性，且检测方向易受实际检测场合中建筑物及仪器设备位置布局的影响，更无法实现便携可移动的检测目的；有的设备虽然无须角锥棱镜，实现了便携可移动的遥测目的，但其收发光学系统使其光谱响应范围较小、信号光收集效率较低，对于单一仪器设备难以实现高精度的多气体同时监测。所以，当前在煤炭行业中尚缺乏可实现宽光谱响应范围下多种危险气体同时高精度检测的便携式遥测装置。

（2）散射回波式激光甲烷遥测原理

可调谐二极管激光吸收光谱技术基于朗伯-比尔定律，利用二极管激光器的波长调谐特性，获得被选定的待测气体特征吸收线的吸收光谱，从而对气体进行定性或定量分析。当光通过某种介质时，即使不发生反射、折射和衍射现象其传播情况也会发生变化。这是因为光频电磁波与组成介质的原子、分子将发生作用，作用的结果使得光被吸收和散射而产生衰减。由于气体分子对光的散射很微弱，远小于气体的吸收光能。故衰减主要由吸收这一过程产生，散射可以忽略。利用介质对光吸收而使光产生衰减这一特性设计激光甲烷遥测传感器。

半导体激光器出射的激光经过尾纤导出，在尾纤的末端通过 G-lens 或者 C-lens 对光束进行初步准直，再通过激光扩束系统对光束进一步准直。高度准直、平行的激光束通过宽阔的开放区域，部分光能将被该开放区域内的待测气体吸收，并入射到远处的反射物表面。由于反射物表面的漫反射作用，部分反射光将再次通过含有待测气体的开放区域，光能进一步被吸收，并最终被遥测仪接收，进行后续的光电转换以及信号检测，从而实现基于朗伯-比尔定律的气体成分定性与定量分析。遥测仪待测气体检测的原理图与示意图分别如图 8-24 和图 8-25 所示。

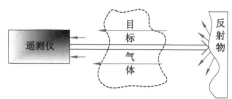

图 8-24　遥测仪待测气体检测原理

（3）遥测仪总体框图

遥测仪总体框图如图 8-26 所示。

（4）收发光路设计

收发光路设计方案如图 8-27 所示。

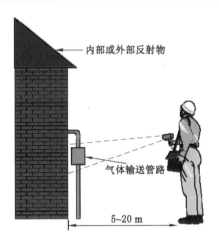

图 8-25　遥测仪待测气体检测示意图

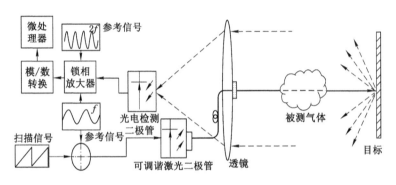

图 8-26　遥测仪总体框图

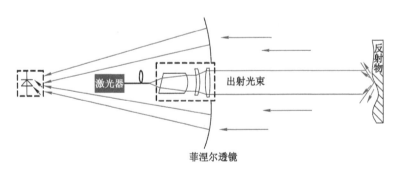

图 8-27　收发光路设计方案

① 发射光路:采用 G-lens 或者 Clens 对光线出射光束进行初步准直,再采用双透镜组构成的激光扩束系统进一步准直光束。市场上有现成的基于上述设计方法的光纤准直器,可以直接购买使用。

② 收集光路:采用菲涅尔透镜对反射光进行收集,菲涅尔透镜中心挖空,采用边缘部分进行反射光的收集。由于菲涅尔透镜对平行光束的会聚像差小,会聚点亮度高,故可用于对反射光的收集。

上述收发光路实现同轴,保证反射物在不同距离时,对反射光都可以有较高的收集效率。

（5）瞄准光路设计

瞄准光路由目视瞄准镜与红光指示光源构成。目视瞄准镜的光轴与红光指示光源的光轴分布在收发光路光轴的两侧。操作者在瞄准镜中可以看到反射物表面与瞄准镜中十字线重合的部分以及红光指示光源照亮的部分，两部分连线的中点即为平行准直激光光束瞄准入射的区域，如图 8-28 所示。

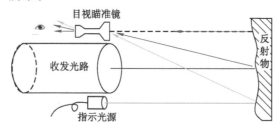

图 8-28　瞄准光路设计示意图

（6）设备控制系统设计方案

设备控制系统示意图如图 8-29 所示。

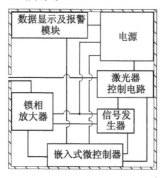

图 8-29　设备控制系统示意图

以系统中集成 4 支 DFB 可调谐半导体激光器为例，控制箱内的信号发生器分别产生锯齿波信号与高频的正弦信号，如图 8-30 所示。图 8-30 中显示了 $t_0 \sim t_4$ 时间段内的锯齿波与高频正弦信号。对于整个系统而言，可将该段时间看作一个周期。嵌入式微控制器控制信号发生器与激光器控制电路分别将 $t_0 \sim t_1$、$t_1 \sim t_2$、$t_2 \sim t_3$ 和 $t_3 \sim t_4$ 时间段内的锯齿波信号与高频正弦信号进行调制，并通过光缆中的信号线作用到 4 支 DFB 可调谐半导体激光器上。4 支 DFB 可调谐半导体激光器在一个周期中先后在波长调制电流信号的驱动下输出激光，从而保证了整个装置在一个周期内经波长调制后，输出光谱范围覆盖了这 4 种待测气体吸收特征峰的激光束。

8.2.2.2　反射回波式甲烷遥测技术

（1）背景意义

基于开放光路的可调谐半导体激光器吸收光谱技术（TDLAS）是当前广泛应用于工业危险泄漏气体监测的有效手段（如煤炭、油气开采行业），该技术将红外激光束通过待测区域并收集探测，利用待测气体对特定波长或波段的吸收效应，通过得到的红外特征光谱可以判

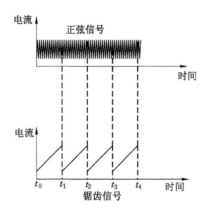

图 8-30　激光器驱动调制信号示意图

断目标待测气体的有无并计算其浓度大小。然而,由于监测区域较大、光程较长且要求现场实时监测,上述技术手段存在相关光路系统调试对中难度大、光路受环境影响大、系统误报警率高、稳定性及可靠性差等缺陷。例如在煤矿开采行业中,相关仪器设备难以克服现场不规则振动、大风等环境因素的影响,监测结果可靠性、稳定性差,误报警率高。现有的上述国内外检测系统还难以在复杂环境下得到长期、可靠的使用且安装调试难度大。因此,当前尚缺乏基于 TDLAS 技术且可以有效克服光路调试对中难度大、稳定性差、误报警率高等缺陷的煤矿易燃气体现场监测装置。

（2）反射回波式激光甲烷遥测原理

反射回波式甲烷遥测原理与散射回波式甲烷遥测原理基本相同。不同之处在于反射回波式遥测系统在光程的另一端置有角反射器作为主动探测红外光束的目标反射物,而散射回波式遥测系统并无固定的目标反射物。由于角反射器的存在,使得主动探测红外光束回波损耗大大降低,探测光程相应得到大大提高,探测区域范围较散射回波式遥测系统有了明显的提高。同时,气体浓度计算采用直接吸收法即可,设备控制电路系统结构得到了相应的简化。

（3）光路总体设计

目前开路式气体监测系统按光路分可分为对射式和反射式两种。对射式系统的发射单元与接收单元分别置于吸收光程两端,两者协调控制需要无线通信,不易于安装与维护。反射式系统收、发单元一体,仅在光程的另一端放置反射单元,不但无须无线通信,易于安装和维护,还使吸收光程扩大一倍,提高了系统的探测灵敏度,是当前开路式气体监测系统的较好选择。然而,光路对中难度大,同时,由于现场环境的影响,收发一体单元的出射光束往往会偏离反射单元,使得接收到的反射信号微弱甚至消失,表现出较差的环境适应性。因此,设计自适应反射式光路十分必要,光路总体设计如图 8-31 所示。光路采用反射角锥镜作为反射单元,反射角锥镜可以精准地将入射光线折转 180°使其原路返回,且角锥反射镜小角度的偏转对入射光线精准的 180°折转无影响。收、发光路同轴设置,并集成有四象限光电探测器件与步进电机。红光反射镜上镀有红光波段高反、红外光波段高透的介质膜,将收集到的指示红光与红外光信号分离,使其分别照射到四象限光电探测器与红外光电探测器之上。系统结合相应控制算法,当收发单元对角锥反射镜的瞄准偏离时,通过两个探测器反馈而来的信息对收发单元进行自动控制,可以使收发单元自动校正其光轴方向,有效保证了探测信号的稳定,从而确保系统长时间稳定运行。

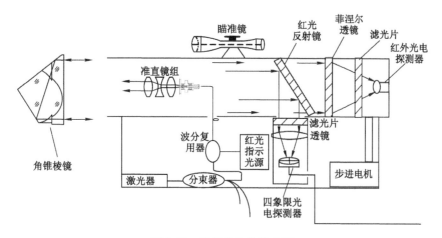

图 8-31　光路总体设计方案

（4）反射式光路自适应控制方法研究

基于反射式光路的总体设计，只有合理的控制方法才可以精确、高效地对收发单元进行调节。因此，寻找合理的控制方法是重要的研究工作内容之一。传统的光学瞄准及自动跟踪系统采用四象限光电探测器，该类型探测器基于象限分解法设计，目标光信号经光学系统后在四象限探测器上成像，当目标成像不在光轴上时四个象限光电探测器输出光信号幅值不同，进而可以判断瞄准的偏离并指示步进电机做出校正动作。然而，收发单元自适应控制是以收集探测到最大红外吸收光谱信号为目标，因此，在借鉴传统光学瞄准方法的基础上，需要进一步结合爬山算法，组合而成粗调与精调两个步骤。其中借助四象限光电探测器成像结果，以较大的电机步长进行快速粗调；然后获取探测所得反射回来的红外光谱信号并采用爬山算法，以较小电机步长进行精细调节（图 8-32）。此种方法以保证收发单元精确自适应控制的同时提高调节速度，从而提高监测系统的响应速度等性能。

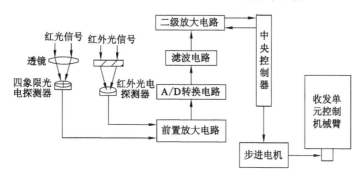

图 8-32　反射式光路自适应控制方法

（5）设备控制系统设计方案

控制箱内系统设计如图 8-33 所示。其内设置有可调谐半导体激光器驱动电路、可调谐半导体激光器温度控制电路、温度传感芯片、压力传感芯片、微控制器、伺服电机控制电路、光电探测器数据采集电路以及显示报警模块。电源为整个系统提供电力供应。光电探测器数据采集电路将光电探测器的光电信号转换为微控制器可接收、识别的数字信号并将其传送给微控制器。可调谐半导体激光器驱动电路模块在微控制器的控制下输出驱动扫描电流，驱动可调谐半导体激光器输出激光束。可调谐半导体激光器温度控制电路在微控制器的控制下实时感知可调谐半导体激光器的工作温度并输出反馈电流,稳定可调谐半导体激光器的工作温度。温度传感芯片与压力传感芯片实时感知环境温度与压力,并将反馈信号传送到微控制器,用于气体浓度定量计算温度、压力补偿。微控制器通过显示、报警模块将实时测量得到的环境压力、温度以及待测气体浓度进行显示,并在气体浓度超过预定报警值时报警。

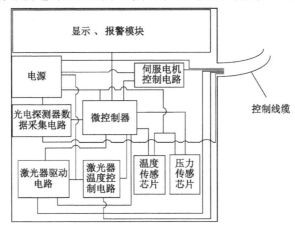

图 8-33 设备控制系统示意图

8.2.2.3 煤矿油型气线性检测仪

根据黄陵二号井油型气组分特点与快速定位涌出点的需求,采用散射回波式激光技术对主要特征气体甲烷、乙烷、丙烷进行检测与分析,以确定油型气是否涌出,并且针对目前光学瓦斯检定器或催化式瓦检仪只能对所在检测点位置的气体进行检测的不足,应用回波式激光技术将激光所经途径上各点的气体浓度统一进行检测,将点的检测扩展到线的检测,形成了油型气线性检测的思路。本项目中首先将甲烷检测进行了设计,后续将乙烷、丙烷的检测加入,并根据爆炸性规律将各气体浓度按照爆炸当量折算为标准状态下甲烷浓度值,以实现油型气的量化检测。

8.3 油型气监测效果

(1)测试条件

催化燃烧与激光甲烷测试对比分析。

(2)硬件设备

① KGJ23 矿用高低浓度甲烷传感器 3 台,分别为①、②、③号样机。

② GJG100J 激光甲烷传感器 2 台,分别为④、⑤号样机。

③ 标准气样:

样气 1:3.52% CH_4,其余为空气。

样气 2:3.49% CH_4、0.093 2% C_2H_6、0.099 8% C_3H_8、0.1002% n-C_4H_{10},其余为空气。

样气 3:60.16% CH_4、0.958% C_2H_6、0.340% C_3H_8、0.140% n-C_4H_{10}、1.49% CO_2,其余为氮气。

样气 4：64.9% CH_4，其余为氮气。

（3）测试数据

测试数据见表 8-4。

表 8-4　测试数据

标准样气	KGJ23 矿用高低浓度甲烷传感器测量（1.5 标校低浓）（20.0 标校高浓）			GJG100J激光甲烷传感器测量	
	①	②	③	④	⑤
	低浓度/%				
样气 1	3.67	3.58	3.52	3.49	3.51
样气 2	3.97	4.02	3.89	3.47	3.49

由样气 1 和样气 2 的测试数据可以看出，通过激光原理和催化原理的甲烷传感器其测量值是有差别的，激光原理只对甲烷有反应，催化原理对其他气体也有反应。从实验室数据看，可以对样气 1 和样气 2 进行区分，得出其他气体（乙烷、丙烷含量）越高其区分越明显，而其他气体含量越低其区分越不明显。就实验室的气体成分来说，可以通过对比数据的方式实现对样气的区分（图 8-34）。

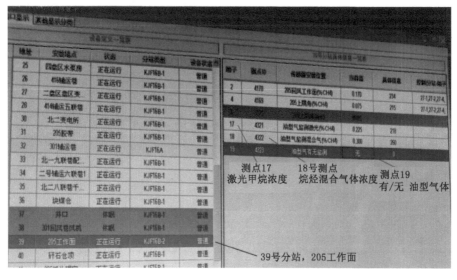

图 8-34　系统在线运行图

8.4　油型气检测装置使用方法

（1）混合气体对比检测装置技术参数

① 供电范围：12～24.5 V。

② 催化燃烧式甲烷检测装置:测量范围为 0~4.00％CH₄,基本误差见表 8-5。

表 8-5　催化燃烧式甲烷检测装置测量范围与基本误差

测量范围/％CH₄	基本误差/％CH₄
0.00~1.00	±0.10
1.00~3.00	真值的±10％
3.00~4.00	±0.30

③ 激光甲烷检测装置:测量范围为 0~10.00％CH₄,基本误差见表 8-6。

表 8-6　激光甲烷检测装置测量范围与基本误差

测量范围/％CH₄	基本误差/％CH₄
0.00~1.00	±0.06
1.00~10.00	真值的±6％

④ 响应时间:不大于 25 s。

⑤ 遥控器范围:距离不大于 5 m;角度不大于 120°。

⑥ 报警方式:红色灯光闪烁。

⑦ 信号输出:判断油型气的有无(催化类和激光相对误差不超过 10％可判断有无输出),有油型气输出为高,无油型气为低。

(2) 使用说明

① 该装置主要通过对比法实现对油型气的判断,在瓦斯混合气和甲烷气体的测量值超过 10％时可对油型气作判断,输出时为判断结果,有油型气或无油型气;而对于测量值对比在 10％以内的作为无效数据,无法判断其有无油型气。

② 该装置输出按类似开关量输出进行。

③ 该设备日常校准时需要对两个变送器进行校准,调校方法与普通瓦斯传感器一致,标校时间按 7 d 执行;其校准标准气:新鲜空气和2.00％CH₄的气体,通气流量200 mL/min,见表8-7。

表 8-7　调校用气体

测量种类	零点用气体或零点值	标校用气体或校准值
催化甲烷	新鲜空气	2.00％CH₄
激光甲烷	新鲜空气	2.00％CH₄

当该装置用 RS485 接口和外部进行数据通信时,要用遥控器设置好地址,同时要确保通信协议和本采集器专用通信协议一致。线路板显示窗口的红色发光二极管(H8)指示接收数据,绿色发光二极管(H9)指示本机返回数据。短接线 S1 用来设置 CAN 接口的终端电阻(当采集器处在数据通信线的末端时,将该短接线用专用插块接好)。

(3) 装置的调整

① 预热 20 min 后方可进行调整,可对各监测单元进行标校等操作。显示:刚接上电,网关的数码管显示为"－",接上变送器后,根据所接的变送器进行轮番显示,显示周期为 2 s,显示内容的含义见表 8-8。

表 8-8　显示内容的含义

显示内容	代表含义
b××××	b 表示催化瓦斯;××× 是变送器上传的过程数据
C××××	C 表示激光甲烷;××× 是变送器上传的过程数据

② 设置网关参数(地址的设置):

a. 正常轮番显示状态下,按遥控器的"风速"键,进入装置设置,数码管显示。

b. "A×××",其中"A"表示装置,"×××"表示装置的当前 ID 地址号。"A"闪烁显示。

c. 按遥控器的"功能＋"或"功能－"键,数码管显示"1×××","1"表示设置网。

d. 关 ID,"×××"表示该装置的当前 ID 地址。

e. 按遥控器的"参数＋"或"参数－"键,设置装置的 ID。

f. 设置完毕,按"退出"键保存。

③ 变送器调零。

正常轮番显示状态下,按遥控器上相应的变送器按键,即进入该变送器的功能设置。

a. 以催化甲烷为例,按遥控器的"瓦斯"键,数码管显示"b×××",其中,"b"表示甲烷,"×××"表示甲烷变送器上传的过程数据。"b"闪烁显示。

b. 按遥控器的"功能＋"键,数码管显示"1×××","1"表示调零功能,"×××"表示当前设置的变送器上传的过程数据。

c. 按遥控器的"参数＋"或"参数－"键,即可进行零点的设置;如:甲烷调零前在功能 1 下显示"1 0.03",通过按"参数－"键调整后显示"1 0.00",如在功能 1 下显示"1.0.03",表示当前值为一负值,则要通过按"参数＋"键调整后显示"1 0.00"。

d. 设置完毕,按"退出"键,将零点下发给变送器;若此时不需要保存,可以按"功能＋"或"功能－"键,退回第 2 步,再按"退出"键,则不会将数据发给变送器。

④ 变送器调线性度。

正常轮番显示状态下,按遥控器上相应的变送器按键,即进入该变送器的功能设置。

a. 以甲烷为例,按遥控器的"瓦斯"键,数码管显示"b×××",其中,"b"表示甲烷,"×××"表示甲烷变送器上传的过程数据。"b"闪烁显示。

b. 连续两次按遥控器的"功能＋"键,数码管显示"2×××","2"表示调线性度功能,"×××"表示当前设置的变送器上传的过程数据。

c. 按遥控器的"参数＋"或"参数－"键,即可进行线性度的设置。

d. 设置完毕,按"退出"键,将零点下发给变送器;若此时不需要保存,可以按"功能＋"或"功能－"键,退回到第 2 步,再按"退出"键,则不会将数据发给变送器。

9 油型气综合防治工作体系

9.1 油型气综合防治技术体系

9.1.1 油型气地质工作体系

地质工作是煤矿安全开采的基础工作,只有地质条件查清了,才可能制定和实施有针对性的措施,才能防范相关事故的发生,为了使煤油气共生矿井油型气防治目标的准确性,首先要加强和规范矿井油型气地质工作、提高地质保障能力。矿区采用"边研究、边实践、边治理"的油型气地质工作和油型气防治理念,建立了"油型气勘查+跟踪观测+油型气地质图"的油型气地质工作体系。以期不断深化对油型气的认识,不断完善油型气地质规律,为油型气防治提出重点靶区,指导工作面油型气防治,使采掘工作面的油型气防治工作能够做到有的放矢。油型气地质工作体系具体包含以下内容(图 9-1):

(1)巷道掘进前,依据地质勘查钻孔、邻近区域油型气涌出和分布资料,进行掘进区域油型气预测,预测油型气分布(采掘工作面油型气地质图),编制油型气防治措施。

(2)巷道掘进过程中,实施油型气勘查工程(勘查钻孔全孔取芯,控制垂深为 2 号煤层顶底板 50 m 范围,钻孔布置间距以 300~500 m 为宜)和探采钻孔,取芯钻探过程中进行地层含气性监测、气含量测试和岩芯编录,绘制钻孔综合柱状图。钻探工程全部结束后,绘制勘查线地层地质连井剖面,包含地层岩性组合、地质构造分布、储集层分布及其含气性等地质信息,并精确预测上述信息在工作面内部的空间延伸长度、宽度、尖灭位置及形态特征等。跟踪观测掘进巷道和探采钻孔的地质、油型气涌出和油型气动力现象等信息,对比验证,及时更新相关信息、调整探采钻孔施工参数,进行预测预报。

(3)采煤工作面形成后,系统分析地质、油型气涌出等资料,必要时,进行补充勘查(物探和钻探),总结油型气地质规律,更新采掘工作面油型气地质图。

(4)工作面回采过程中,跟踪观测、收集探采钻孔、工作面、顶底板及采空区油型气涌出信息,进一步验证油型气赋存规律,完善油型气地质规律认识。

(5)工作回采结束后,系统整理采掘过程中的油型气地质及涌出资料,完善采掘工作面油型气地质图,为邻近工作面油型气预测预报提供经验。

9.1.2 油型气防治技术体系

对于煤油气共生矿井,煤炭开采过程中,既有来自煤层的瓦斯,又有来自顶底板储集层的油型气,且矿井的安全生产受油型气威胁较大,同时考虑油型气的赋存受多种地质因素影响,黄陵矿区结合具体工作面的油型气赋存和地质情况,创建了具有矿区煤油气共生矿井特色的矿井油型气及瓦斯立体综合抽采模式,实现了油型气防治"一面一策"、分源治理和综合抽采,逐步形成了"措施有效、精准设计、精细施工、先抽后采(掘)、抽采达标"的黄陵矿区的

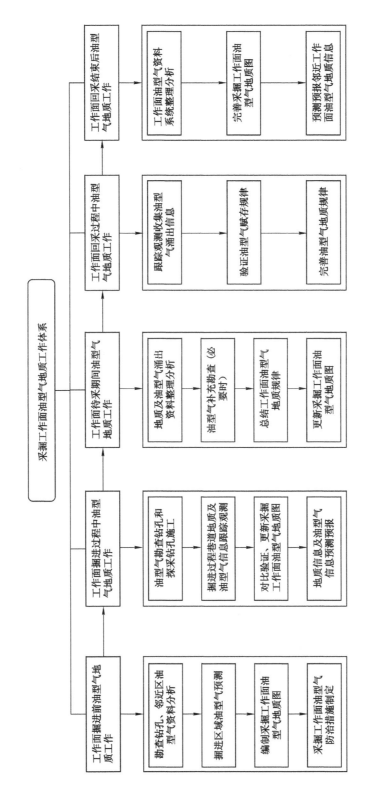

图9-1　油型气地质工作体系

油型气防治技术体系,确保了矿井"抽、掘、采"平衡,保障了矿区的安全高效开采。

(1) 油型气精准抽采技术措施

黄陵矿区为煤、油、气共生单一煤层开采,煤层开采的同时,会形成顶、底板卸压油型气释放,顶、底板卸压煤岩层受采动卸压后,卸压油型气大量向采动煤层工作面运移,严重影响到矿井安全生产。因此,实现煤与瓦斯、油型气资源绿色共采的根本途径是超前预置钻孔抽出工作面顶、底板卸压煤岩体内的瓦斯和油型气。

巷道掘进油型气防治必须坚持以"探、抽、掘"为主的技术原则,采取"先探后掘、先抽后掘、综合抽采"等油型气综合防治措施。根据油型气分布预测结果及对油型气涌出形式和规律的研究成果,提出"掘进巷油型气(瓦斯)迈步式探抽拦截技术",油型气非富集区以"油型气探测"为主,油型气富集区以"油型气抽采为主,兼顾油型气探测",实现掘进巷道顶、底板迈步式探抽拦截钻孔多层控制探抽油型气。

综采工作面油型气防治采用"超前预置钻孔法"实现采煤工作面采前预抽与采动卸压抽采,目前矿区形成的主要技术有:超前预置钻孔法采前预抽与采动卸压抽采技术、定向长钻孔油型气(瓦斯)立体综合抽采技术、井下水力压裂油型气(瓦斯)强化抽采技术,实现了煤层及其顶底板"采前探(抽)、采中和采后抽"的油型气(瓦斯)空间和时间的立体探采模式,从根本上解决了矿井油型气问题,保障采掘过程中的安全高效,提高矿井采掘和瓦斯抽采效率,为实现矿井开采时瓦斯治理的本质安全提供有力支撑。

采煤工作面采空区油型气(瓦斯)治理采用高位裂隙钻孔抽采和上隅角埋管抽采技术,以"高位裂隙钻孔抽采为主、上隅角埋管抽采技术辅助"。高位裂隙抽采在采煤工作面回风巷每隔一段距离布置一组抽采钻场,终孔位置位于采空区距离巷道顶板 21～62 m 的位置,孔深 120 m,孔径 113 mm。上隅角埋管作为采空区瓦斯治理的辅助手段,采用 ϕ225 mm PVC 管路伸入上隅角采空区,迈步式铺设两趟,间距 30 m 安设抽采立管,使该区域的瓦斯通过抽采管路抽出。

(2) 油型气抽采钻孔精准设计

根据黄陵矿区煤层及顶底板油型气(瓦斯)赋存勘查结果和分布规律预测结果,结合钻孔油型气(瓦斯)抽采有效影响半径、钻孔施工设备能力,设计钻孔长度、间距、孔径及开孔方位等钻孔施工参数,预算区域钻孔施工工程量和工程投入,进行油型气(瓦斯)抽采钻孔精准设计,使钻孔施工参数和钻孔工程量有针对性,又能达到精准防治油型气(瓦斯)的目的。

(3) 油型气抽采钻孔精细施工

钻孔采用精确定向,钻孔施工精度高、钻孔轨迹可控,钻孔可弯曲,控制范围内无钻孔控制空白区域,提高油型气(瓦斯)钻孔施工的精准性。设备选用中煤科工集团西安研究院有限公司研制生产的 ZDY6000LD(F)履带式全液压定向钻机。定向钻进技术不仅可以实现钻孔轨迹的精确控制,保证钻孔轨迹在预定层位中的有效延伸,还可以进行多分支孔施工(图 9-2),使工作面均匀覆盖,提高瓦斯抽采效率。同时定向钻进技术还可以进行地质信息探测等工作,完善地质资料,实现矿井瓦斯地质条件的精细描述(图 9-3)。

(4) 油型气抽采达标评价

通过监测监控施工钻孔中瓦斯抽采流量、浓度,计算出钻孔累计瓦斯抽采量,对不同抽采方式和参数条件下的煤层瓦斯抽采效果进行分析研究,建立了抽采参数、抽采时间和抽采效果之间的关系。经过多年的探索实践,已形成了适用于黄陵矿区的区域油型气(瓦斯)抽

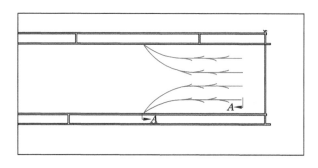

图 9-2　定向长钻孔精准设计示意图

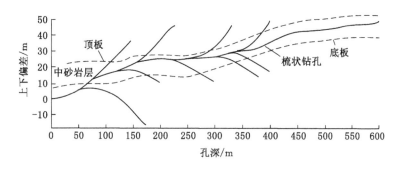

图 9-3　定向钻进示意图

采效果评价技术、井巷揭煤(含反揭煤)预抽效果评价技术、煤巷掘进工作面预抽效果评价技术和采煤工作面预抽效果评价技术等油型气(瓦斯)抽采评价达标体系,有效保障了工作面的安全生产。

9.2　油型气综合防治管理体系

矿井围绕"通风可靠、抽采达标、监控有效、管理到位"的瓦斯综合治理工作体系,坚持"重基础、强技术、严管理、高投入"的原则,大力实施瓦斯抽采工程,实现"抽采为主、风排为辅"的瓦斯综合管理措施。

(1) 完善组织机构,加大油型气与瓦斯治理队伍建设

公司成立了以总经理为组长的油型气治理工作领导小组,成立了以总工程师为核心的油型气治理技术管理体系,成立了通风、生产、机电、安监、地测、信息化等相关部室,配备专业技术人员。总工程师对油型气治理工作体系建设负技术责任,负责油型气治理方案及安全技术措施的制定、审批;负责油型气治理资金的统筹安排和使用;负责组织矿井油型气地质的研究等工作。

公司设置通风部,下设通风队、瓦斯抽采队,配齐了通风管理人员和瓦斯治理专业技术人员。通风队人员有 104 人,其中瓦斯检查工 44 人;瓦斯抽采队人员有 161 人,其中钻工 80 人,抽采工 28 人。满足瓦斯治理工作的需要。

(2) 建立健全油型气(瓦斯)管理制度,提升综合管理水平

编制了《"一通三防"管理制度及实施细则》,制度体系包括瓦斯检查工交接班制度,瓦斯

巡回检查制度,瓦斯超限管理制度,瓦斯钻孔施工与封孔、验收管理制度,抽采瓦斯效果检验评价制度,瓦斯抽采管路巡查管理制度,通风质量标准化验收制度,安全监测监控管理制度,"一通三防"规程措施编制审批管理制度,"一通三防"重大隐患定期排查制度,巷道贯通及盲巷管理制度,瓦斯排放制度等相关管理制度。针对油型气专项防治,颁布了《矿井油型气防治规定》(黄陵矿业发〔2014〕273号),该规定对矿井油型气防治地位、防治措施实施、油型气探抽方法及要求、抽采达标要求、油型气监测、油型气科技研究等方面进行了规定。制定并下发了《"一通三防"精细化、程序化管理标准》《瓦斯抽采钻孔施工管理办法》《瓦斯治理补充规定(三)》等制度,建立健全了矿井油型气与瓦斯管理的规章制度,提升了矿井瓦斯治理整体水平。

(3)合理的采掘部署,为矿井瓦斯治理打好基础

为了保证瓦斯治理的有效时间和空间,矿井在每年的采掘接续计划中,重点突出灾害防治,提前消除盘区瓦斯偏高的问题,为油型气瓦斯治理预留充足的时间,通过合理的采掘部署调整,对瓦斯治理工作打下了良好的基础。

(4)坚持油型气与瓦斯分布规律研究,合理采取瓦斯治理方法

由于矿井油型气与煤层瓦斯分布不规律,不同盘区差异较大,同一盘区也不尽相同。所以,利用矿区建设的瓦斯与油型气实验室,坚持进行油型气与煤层瓦斯基础参数的测定工作,及时修编完善矿井瓦斯地质图,根据不同的煤层瓦斯含量,采取不同的瓦斯治理手段。同时,在油型气分布规律上,我们也按照施工的底板探测钻孔及抽采钻孔,绘制每个工作面的底板油型气分布规律图,有针对性地在油型气高富集区进行钻孔抽采,减少钻孔布置的盲目性。在工作面回采前,分别按照相关规定对本煤层及底板油型气抽采效果进行评价,只有评价抽采达标,方可组织生产。

(5)严格钻孔抽采管理,提高瓦斯抽采效果

在钻孔施工上,严格放线确定施工角度,钻孔施工完成后,采取"瓦斯检查工验收,通风部抽查"的方式进行验孔,保证钻孔严格按照设计施工,同时规定钻孔角度超过允许误差范围的,孔深达不到设计要求的,钻孔施工单位自行抽钻的不予验收,并对钻孔施工单位进行经济处罚。

在钻孔封孔上,严格执行带压注浆封孔,本煤层封孔深度达到18 m,高位钻孔、底板钻孔封孔深度达到12 m。封孔质量标准以钻孔连孔抽采24 h内,抽采瓦斯浓度不低40%,孔口负压不低于13 kPa为准,凡达不到标准的必须重新封孔,并由通风部对施工人员及相关管理人员实行封孔质量问责。

在瓦斯抽采系统管理上,以精细化为抓手,严格管路安装环节,制定了包括管路运输、吊挂,放水器、除渣器安装、使用,监测监控系统安装、使用,管路编号等规范,保证井下瓦斯管路符合规定。

在抽采管理上,每个钻场安装孔板流量计,定期进行钻场抽采瓦斯量的测定工作;每天进行每个钻孔的抽采浓度检测;定期进行每个钻孔的抽采量的检测,并建立了钻孔全生命周期管理台账。通风部根据检测的数据进行钻孔抽采效果的分析工作,并对钻孔设计进行优化,以此提高钻孔利用率。

(6)加大资金投入,确保瓦斯治理费用到位

黄陵二号煤矿投资1亿多元建设二号风井瓦斯抽采泵站,所使用管路为ϕ710 mm PE

管路,长度达到 15 000 m,在建设大流量瓦斯泵站的基础上,投资 2 000 多万元购置了两台千米钻机,进行区域瓦斯治理工作;井下使用的钻机包括履带式钻机、MKD3200 钻机、架柱式液压钻机、分体式履带钻机、绳索取芯钻机等,可满足不同类型、不同深度、不同地点钻孔的施工工作;投资 1 400 万元,施工四盘区瓦斯泵站两口管道井,保证了四盘区井下固定瓦斯泵站瓦斯直接排至地面。此外,在瓦斯治理上,更换 PE 瓦斯管路为不锈钢瓦斯管路;引进 ϕ355 mm、ϕ400 mm、ϕ426 mm 等不同管径的瓦斯抽采管路,满足不同的抽采需求;投资 600 万元,建设了黄陵矿区油型气(瓦斯)实验室,可进行矿井煤层油型气与瓦斯基础参数的测定工作,通过先进的装备力量,降低劳动强度,提高瓦斯治理效率,从而提高瓦斯治理水平。

(7) 加大科技研究,积极更新瓦斯治理技术

公司加强科技投入力度,调动了全体职工的积极性和开展科技攻关的热情。在油型气与瓦斯治理研究上,与科研院所合作或独立完成了"黄陵矿区煤矿瓦斯与油型气防治技术研究""黄陵矿区立体综合瓦斯预抽技术及应用研究""黄陵矿区高效瓦斯抽采关键技术及评价研究""黄陵矿区瓦斯赋存规律及资源潜力研究""二号煤矿井下大型瓦斯泵站建设研究与应用"等科技项目。矿井先后改进了长距离瓦斯排放技术、上隅角埋管抽采技术、均压通风在采煤工作面的应用、压风排渣代替水力排渣施工底板钻孔、底板钻孔护孔及压风排水技术等,提升了黄陵矿区油型气(瓦斯)治理的基础工作。

后　记

　　黄陵矿区发生油型气异常涌出后,陕西陕煤集团黄陵矿业有限公司高度重视,联合中煤科工集团西安研究院有限公司、西安科技大学等国内知名科研院所、高校在矿井油型气综合勘查与预测、油型气防治、油型气监测监控等方面做了大量的科学研究工作,并取得了一些突破性的成果(中国煤炭工业协会组织有关专家对其项目进行鉴定,其项目研究成果整体达到国际领先水平),主要有:

　　(1)揭示了黄陵矿区油型气赋存与涌出规律,提出了油型气综合预测指标及方法,形成了一套煤油气共生矿井油型气(瓦斯)赋存、涌出规律和涌出机理的基础理论体系。

　　① 集成了地面钻探勘查、井下绳索取芯勘查、井下二维地震勘探等煤矿区油型气综合勘查技术,查明了矿区油型气储集层分布。

　　结合黄陵矿区以往勘查工程实施情况,充分考虑利用已有的钻探、物探等勘查资料,提出"三区联动"油型气(瓦斯)综合勘查思路,即集成地面钻探勘查、井下绳索取芯勘查、井下二维地震勘探等勘查技术分矿区(井)、采区、工作面等三个不同尺度实施油型气(瓦斯)的综合勘查。在常规煤田地质勘查的基础上,增加气测录井、气含量等油型气勘查内容,揭露油型气储集层 23 层,属 4 个层位。在未勘查区不同地质条件下施工地面油型气补充勘查钻孔,通过气测录井、钻探施工等揭露油型气储集层 13 层,属于 4 个层位。在开拓区实施井下绳索取芯勘查钻孔,通过地质编录、含气性监测等揭露油型气储集层 27 层,属于 3 个层位。建立地面油气井资料精细再解译油型气勘查技术识别含气层 25 层,属于 5 个层位。建立基于测井资料的叠后地震反演的地面三维地震资料精细处理与动态解释技术,实现了对砂体厚度趋势分析。实施井下二维地震勘查技术,得到了富县组砂泥岩界面、瓦窑堡组顶界面,发现了油型气富集区与速度剖面图低速区较为吻合的新认识。

　　根据"三区联动"油型气(瓦斯)综合勘查成果,综合确定矿区内瓦斯与油型气储集层 6 层,其中,油型气储集层 4 层,即直罗组一段砂岩含气层、延二段七里镇砂岩含气层、富县组下部砂岩含气层、瓦窑堡组顶部砂岩含气层;煤储层 2 层,即 2 号煤层和 3 号煤层,查明了各储集层的岩性、厚度、分布及距主采煤层的距离等空间展布信息。

　　② 建立了矿井油型气区域综合预测指标及预测方法,提出了多级油型气地质图编制方法,建立了采掘工作面油型气地质工作体系。

　　黄陵矿区油型气赋存主要受地质构造、储层埋深和岩性(砂岩上倾尖灭及砂岩透镜体)等因素控制。基于油型气储层分布、地质构造、储层岩性等多种因素指标,提出了顶底板瓦斯及油型气综合预测的三级划分方法。

　　从底图绘制、编图要求、构图要素等方面提出了煤油气共生矿井采掘工作面油型气地质图编制方法,编制完成黄陵二号煤矿 203 采掘工作面油型气地质图。以 203 采掘工作面油型气地质工作为例,建立了"油型气勘查＋跟踪探测＋油型气地质图"的油型气地质工体系。

③ 查明了采掘工作面油型气涌出规律和涌出机理。

掘进工作面油型气涌出点主要集中工作面后 5～10 m 的位置、沿巷道中部底鼓裂隙涌出,涌出强度随储集层距 2 号煤层距离的增加而减小,油型气初始涌出强度大、衰减速度快($\alpha>1$),涌出强度与时间符合幂指数关系。采煤工作面油型气涌出呈"小—大—小"的峰状曲线,涌出钻孔主要分布在工作面中部区域,且垂距越深、距离油型气储层越近涌出现象越明显,油型气持续涌出时间和出气距离呈正相关。分析地应力、采动效应及油型气压力对油型气涌出的控制作用,提出了油型气涌出是以地应力为主导,地应力、采动效应和油型气压力综合作用结果。

(2) 创立了煤油气共生矿井油型气立体综合共采共治模式,建立了矿井油型气综合防治技术体系。

① 采用数值模拟、相似材料模拟及现场实测方法,确定了采动后煤层顶底板纵横方向上形成的"四区三带"结构,提出了采空区倾向方向上油型气运移、聚集的"哑铃形"模型。

横向四区:压缩区(40～50 m)、压缩膨胀过渡区(30～40 m)、离层鼓胀区(65～75 m)、压实恢复区(80～100 m)。顶板"三带":垮落带(20 m)、裂隙带(40 m)、弯曲下沉带。底板"三带":竖向裂隙带(18～23 m)、竖向顺层裂隙带(10～13 m)、顺层裂隙带(5～7 m)。分析瓦斯在孔隙-裂隙系统中的运移形式,结合采动裂隙发育及演化规律,得到工作面倾向方向上瓦斯聚集的"哑铃形"区域。

② 提出了采掘工作面"超前预置钻孔法"探抽全过程油型气防治技术方法。

黄陵矿区为煤、油、气共生单一煤层开采,高瓦斯煤层开采时,会形成煤层顶底板卸压油型气(瓦斯)的释放,基于此,提出"超前预置钻孔法"[即:工作面采(掘)前探抽、采动及采后卸压抽采]探抽全过程油型气防治技术方法。实现了掘进工作面回风流瓦斯浓度保持在 0.25% 以下、油型气(瓦斯)抽采率达 64%,工作面回风瓦斯浓度低于 0.6%,实现了油型气(瓦斯)涌出工作面的安全高效回采。

③ 集成井下压风和高分子水性材料排渣、"两堵一注"封孔及抽采孔压风排水等煤层底板油型气抽采钻孔施工工艺。

底板下向穿层钻孔在施工和抽采瓦斯过程中,存在钻孔内的排渣、排水等问题,煤层底板受泥岩等影响,钻孔施工采用水力排渣时泥岩和岩石泥化造成排渣困难、钻孔收缩变形,严重影响下向穿层钻孔的施工和瓦斯抽采效果。经调查和研究,集成了煤层底板油型气抽采钻孔施工工艺,主要有:

a. 风力排渣:可以适应多种岩性钻孔施工,尤其是适合遇水膨胀的泥岩等岩性的施工,具有快速成孔、效率高等特点,易受钻孔出水影响。

b. 复合高分子泥浆排渣:以泥浆为主,添加多孔二氧化硅、脂链烃表面活性剂、高分子增稠材料进行改性,具有良好的流动性、包裹性、悬浮性,可以适应多种岩性钻孔施工要求。

c. 护孔保畅抽采工艺:套管钻孔护壁,压风孔内排水除渣导通保畅。

d. 钻孔封孔工艺:采用"两堵一注"封孔工艺,保证钻孔封孔效果。

通常以上施工工艺解决了钻孔施工中埋钻、掉钻、钻孔成孔困难、封孔质量差的问题,提高了油型气(瓦斯)抽采效率。

(3) 研制了煤矿油型气检测装置,装置能够及时、有效、便捷地检测巷道是否有油型气涌出。

① 基于催化燃烧与激光甲烷测量技术,研制了与监控系统适配的油型气实时监测装置。

提出"采用催化燃烧对所有多碳类气体都有反应的特点和激光原理对特定气体检测较好的定向性特点,通过两者测量数值的对比来确定有无油型气涌出"的油型气监测设备的研发技术思路,开发出催化原理检测综合气体和激光原理检测甲烷的油型气对比检测装置。

② 基于回波激光检测技术,研制了便携式油型气线性检测仪,实现了油型气涌出区域的快速判定。

开发了一款采用回波式激光技术的便携式油型气线性检测仪,实现通过相对浓度突变寻找气体突变区域,以准确、快速查找涌出点。

课题形成了黄陵矿区煤油气共生矿井油型气(瓦斯)赋存、涌出规律和涌出机理的基础理论体系,开发煤矿区油型气(瓦斯)储集层综合勘查技术与油型气检测设备,建立适用于煤油气共生矿井的油型气(瓦斯)综合抽采技术,为保障煤油气共生矿井的安全生产提供了理论和技术支撑,取得了显著的经济效益和社会效益,具体如下:

(1) 经济效益。

① 实现矿井采掘连续作业,避免了因油型气异常涌出造成的停产停掘现象。

通过油型气认识、管理和防治等工作体系的形成,避免了因油型气异常涌出引起巷道瓦斯浓度超限而导致停采停掘现象,实现了矿井巷道安全快速掘进和工作面连续回采。黄陵二号煤矿于 2013—2015 年煤炭原煤产量分别达到 820 万 t、794 万 t 和 823 万 t,经济总产值分别达到 30.87 亿元、24.68 亿元和 18.14 亿元,利润分别为 12.63 亿元、6.70 亿元和 2.24 亿元,圆满完成了公司下达的生产任务。

解放受油型气威胁无法开采的区域 8.28 km²,煤炭资源储量 4 000 万 t,增加产值120 亿元。

② 减少油型气治理钻探工程投入。

对研究区油型气(瓦斯)进行了区域综合预测,将研究区油型气赋存情况进行了区划,将其划分为 Ⅰ级、Ⅱ级和Ⅲ级,指出了油型气防治的重点区域,减少油型气防御面积 30%,通过油型气(瓦斯)抽采技术研究优化了钻孔布置,2014 年和 2015 年黄陵二号煤矿累计减少油型气治理钻探工程量 600 km,油型气治理钻探工程费减少 9 000 万元。

(2) 社会效益。

① 项目研究形成了一套成熟的油型气治理技术体系,有效消除了煤矿生产中油型气威胁,矿井实现了油型气(瓦斯)"零"超限,保障了矿工的生命安全和矿井的安全高效生产。

② 项目研究成果可以为黄陇煤田及国内外其他煤油气共生条件下的油型气(瓦斯)防治提供理论、技术和装备借鉴作用。

③ 项目研究成果填补了煤炭行业关于矿井油型气基础理论认识、油型气监测监控和油型气治理技术的空白。

④ 油型气(瓦斯)抽采利用,变废为宝,减少了大气污染物和温室气体的排放,促进了区域环境保护和生态文明建设。

2012 年 12 月 21 日,陕西陕煤集团黄陵矿业有限公司邀请国内采矿、安全、石油和地质等方面的专家,召开煤油气共生矿井油型气(瓦斯)防治技术研讨会,探讨油型气防治的新技术和新方法

2013 年 9 月 5 日,陕西陕煤集团黄陵矿业有限公司与中煤科工集团西安研究院有限公司进行"黄陵矿区煤油气共生矿井油型气防治技术研究"和"黄陵矿区煤油气共生矿井油型气防治规划"技术交流

2013 年 10 月 8 日,陕西陕煤集团黄陵矿业有限公司总工程师唐恩贤主持召开"黄陵矿区煤矿瓦斯与油型气防治技术研究"项目启动会,中煤科工集团西安研究院有限公司、陕西陕煤集团黄陵矿业公司、黄陵二号煤矿相关人员参加了此次启动会

2016年11月6日,中国煤炭工业协会组织煤炭行业有关专家对"黄陵矿区煤矿瓦斯与油型气防治技术研究"项目进行鉴定,鉴定专家组一致认为:项目研究成果整体达到国际领先水平

参 考 文 献

[1] 白清华.鄂尔多斯盆地上三叠统延长组油沸石分布及成因探讨[D].西安:西北大学,2009:16-27.

[2] 白卫卫.鄂尔多斯盆地南部侏罗系延安组沉积体系研究[D].西安:西北大学,2007:22-32.

[3] 陈大力.浅析煤系地层围岩体的瓦斯赋存特征[J].煤矿安全,2006,37(12):48-49,69.

[4] 陈建平,黄第藩.鄂尔多斯盆地东南缘煤矿侏罗系原油油源[J].沉积学报,1997,15(2):100-104.

[5] 陈瑞银,罗晓容,陈占坤,等.鄂尔多斯盆地埋藏演化史恢复[J].石油学报,2006,27(2):34-37.

[6] 陈育民,徐鼎平.FLAC/FLAC3D基础工程与工程实例[M].北京:中国水利水电出版社,2008:55-58.

[7] 程付启,金强,刘文汇.两元混合天然气定量研究新方法[J].沉积学报,2005,23(3):554-557.

[8] 程学丰,刘盛东,刘登宪.煤层采后围岩破坏规律的声波CT探测[J].煤炭学报,2001,26(2):153-155.

[9] 崔胜.显德汪矿9#煤层底板破坏规律研究[D].邯郸:河北工程大学,2011:59-68.

[10] 戴金星,陈践发,钟宁宁,等.中国大气田及其气源[M].北京:科学出版社,2003.

[11] 戴金星,裴锡古,戚厚发.中国天然气地质学[M].北京:石油工业出版社,1993.

[12] 戴金星,戚厚发,宋岩,等.我国煤层气组分、碳同位素类型及其成因和意义[J].中国科学(B辑),1986(12):1317-1326.

[13] 戴金星,戚厚发,宋岩.鉴别煤成气和油型气若干指标的初步探讨[J].石油学报,1985,6(2):35-42.

[14] 戴金星,秦胜飞,陶士振,等.中国天然气工业发展趋势和天然气地学理论重要进展[J].天然气地球科学,2005,16(2):127-142.

[15] 戴金星.天然气碳氢同位素特征和各类天然气鉴别[J].天然气地球科学,1993(2/3):1-40.

[16] 戴金星.天然气中烷烃气碳同位素研究的意义[J].天然气工业,2011,31(12):1-6.

[17] 党犇,赵虹,付金华,等.鄂尔多斯盆地沉积盖层构造裂缝特征研究[J].天然气工业,2005,25(7):14-16.

[18] 邓军,王庆飞,高帮飞,等.鄂尔多斯盆地多种能源矿产分布及其构造背景[J].地球科学,2006,31(3):330-336.

[19] 邓军,王庆飞,高帮飞,等.鄂尔多斯盆地演化与多种能源矿产分布[J].现代地质,

2005,19(4):538-545.

[20] 邸领军,张东阳,王宏科.鄂尔多斯盆地喜山期构造运动与油气成藏[J].石油学报,2003,24(2):34-37.

[21] 方祖康,庞雄奇,高春文.煤型气和油型气的概念及其类型划分[J].天然气工业,1988,8(1):13-17.

[22] 冯启言,陈启辉.煤层开采底板破坏深度的动态模拟[J].矿山压力与顶板管理,1998,28(3):70-72.

[23] 甘立琴.辽河坳陷清水洼陷深层有效储层特征及形成机制[D].大庆:东北石油大学,2013:38-57.

[24] 刚文哲,高岗,郝石生,等.论乙烷碳同位素在天然气成因类型研究中的应用[J].石油实验地质,1997,19(2):164-167.

[25] 高召宁,孟祥瑞.采动条件下煤层底板变形破坏特征研究[J].矿业安全与环保,2010,37(3):17-20.

[26] 顾广明,李小彦,晋香兰.鄂尔多斯盆地优质煤资源分布及有利区块[J].地球科学与环境学报,2006,28(4):26-30.

[27] 郭彦如,刘化清,李相博,等.大型拗陷湖盆层序地层格架的研究方法:以鄂尔多斯盆地中生界延长组为例[J].沉积学报,2008,26(3):384-390.

[28] 何宏,童锡骏,安源.对气测录井烃组分三角形图解法的研究[J].天津理工学院学报,2004,20(2):30-33.

[29] 何自新.鄂尔多斯盆地演化与油气[M].北京:石油工业出版社,2003.

[30] 洪有密.测井原理与综合解释[M].东营:中国石油大学出版社,1998.

[31] 黄震,姜振泉,朱术云,等.杨村煤矿下组薄煤层底板采动效应特征研究[J].煤矿安全,2012,43(7):45-47.

[32] 惠宽洋.鄂尔多斯盆地煤成气与油型气成因类型鉴别模式研究[J].矿物岩石,2000,20(2):43-48.

[33] 姬广亮.方庄二矿瓦斯地质规律与瓦斯预测[D].焦作:河南理工大学,2011:19-25.

[34] 姜福兴.矿山压力与岩层控制[M].北京:煤炭工业出版社,2004:124-132.

[35] 金强,程付启,刘文汇.混源天然气成藏研究[J].石油大学学报(自然科学版),2004,28(6):1-5.

[36] 晋香兰,张泓.鄂尔多斯盆地延安组煤层对常规天然气的贡献率研究[J].天然气地球科学,2008,19(5):662-664,689.

[37] 景国勋,张强.煤与瓦斯突出过程中瓦斯作用的研究[J].煤炭学报,2005,30(2):169-171.

[38] 李白英,弭尚振.采矿工程水文地质学[M].泰安:山东矿业学院,1988:20-50.

[39] 李江涛.鄂尔多斯盆地多种能源矿产共存富集组合形式研究[D].泰安:山东科技大学,2005:8-16.

[40] 李增学,李江涛,韩美莲,等.鄂尔多斯盆地中生界聚煤规律及对多能源共存富集的贡献[J].山东科技大学学报,2006,25(2):1-5.

[41] 李增学,余继峰,李江涛,等.鄂尔多斯盆地多种能源共存富集的组合形式及上古生界

沉积控制机制分析[J].岩土力学,2014,35(7):1907-1913.

[42] 李智学,邵龙义,李明培,等.鄂尔多斯盆地黄陵北部延安组页岩气勘探潜力分析[J].煤田地质与勘探,2014,42(4):31-35.

[43] 李智学.鄂尔多斯盆地中南部延安组页岩气成藏规律与潜力评价[D].北京:中国矿业大学(北京),2014:16-27.

[44] 梁积伟.鄂尔多斯盆地侏罗系沉积体系和层序地层学研究[D].西安:西北大学,2007:36-43.

[45] 林柏泉,崔恒信.矿井瓦斯防治理论与技术[M].徐州:中国矿业大学出版社,1998.

[46] 刘池洋,赵红格,桂小军,等.鄂尔多斯盆地演化-改造的时空坐标及其成藏(矿)响应[J].地质学报,2006,80(5):617-638.

[47] 刘大锰,杨起,汤达祯.鄂尔多斯盆地煤成烃潜力与成气热模拟实验[J].现代地质,1997,11(3):322-328.

[48] 鲁海峰.承压水上采煤底板变形破坏特征数值模拟研究及其工程应用[D].淮南:安徽理工大学,2008:23-27.

[49] 马寅生.地应力在油气地质研究中的作用、意义和研究现状[J].地质力学学报,1997,3(2):41-46.

[50] 梅冥相,刘智荣,孟晓庆,等.层序地层划分和层序地层格架的建立[J].沉积学报,2006,24(5):618-625.

[51] 孟贤正,靳全,周健民,等.煤矿岩石与油气突出机理及预测的探讨[J].矿业安全与环保,2003,30(4):22-24.

[52] 仇海生.掘进落煤瓦斯涌出规律研究[J].煤炭技术,2008,27(8):73-74.

[53] 邱楠生,胡圣标,何丽娟.沉积盆地热体制研究的理论与应用[M].北京:石油工业出版社,2004.

[54] 裘怿楠.中国陆相油气储集层[M].北京:石油工业出版社,1993.

[55] 任怀强,杨勇,单素红.煤成气与油型气的地球化学识别方法评述[J].西部探矿工程,2005(9):64-66.

[56] 施龙青,朱鲁,韩进,等.矿山压力对底板破坏深度监测研究[J].煤田地质与勘探,2004,32(6):20-23.

[57] 宋岩,徐永昌.天然气成因类型及其鉴别[J].石油勘探与开发,2005,32(4):24-28.

[58] 宋志刚,黄河,赵豫祥,等.油气共生易自燃厚煤层放顶煤开采瓦斯治理与防灭火技术[M].北京:煤炭工业出版社,2009.

[59] 孙少华.鄂尔多斯残留地台盆地构造热演化与油气成藏[M].长沙:中南工业大学出版社,1996.

[60] 孙书伟,林杭,任连伟.FLAC3D在岩土工程中的应用[M].北京:中国水利水电出版社,2011:3-10.

[61] 汤锡元.陕甘宁盆地西缘逆冲推覆构造及油气勘探[M].西安:西北大学出版社,1992.

[62] 王东东,邵龙义,李智学,等.鄂尔多斯盆地延安组层序地层格架与煤层形成[J].吉林大学学报(地球科学版),2014,35(7):1907-1913.

[63] 王东东.鄂尔多斯盆地中侏罗世延安组层序-古地理与聚煤规律[D].北京:中国矿业大

学(北京),2012:9-15.

[64] 王峰.鄂尔多斯盆地三叠系延长组沉积、层序演化及岩性油藏特征研究[D].成都:成都理工大学,2007:14-25.

[65] 王生全,孔令义,刘双民,等.煤油气共生矿井的瓦斯地质及安全开采技术[C]//瓦斯地质研究与应用:中国煤炭学会瓦斯地质专业委员会第三次全国瓦斯地质学术研讨会.北京:中国煤炭学会瓦斯地质专业委员会,2003:103-107.

[66] 王世谦.四川盆地侏罗系—震旦系天然气的地球化学特征[J].天然气工业,1994,14(6):1-5.

[67] 王双明,张玉平.鄂尔多斯盆地侏罗纪盆地形成演化和聚煤规律[J].地学前缘,1999,6(增刊):147-155.

[68] 王顺玉,戴鸿鸣,王海清,等.四川盆地海相碳酸盐岩大型气田天然气地球化学特征与气源[J].天然气地球科学,2000,11(2):10-17.

[69] 王顺玉,戴鸿鸣,王海清.混源天然气定量计算方法:以川西地区白马庙气田为例[J].天然气地球科学,2003,14(5):351-353.

[70] 王希良,梁建民,王进学.不同开采条件下煤层底板破坏深度的测试研究[J].煤,2000,9(3):22-23.

[71] 王兆丰,李宏,杨宏民,等.采空区瓦斯治理及利用实践[J].煤炭科学技术,2011,39(4):55-59,113.

[72] 魏永佩,王毅.鄂尔多斯盆地多种能源矿产富集规律的比较[J].石油与天然气地质,2004,25(4):385-392.

[73] 肖洪天,温兴林,张文泉,等.分层开采底板岩层移动的现场观测研究[J].岩土工程学报,2001,23(1):71-74.

[74] 徐瑞朋,刘芙荣,任申,等.赵庄井田带压开采煤层底板破坏特征数值模拟[J].煤矿安全,2011,42(7):168-170.

[75] 杨俊杰.鄂尔多斯盆地构造演化与油气分布规律[M].北京:石油工业出版社,2002:1-23.

[76] 杨明慧,刘池洋.鄂尔多斯中生代陆相盆地层序地层格架及多种能源矿产聚集[J].石油与天然气地质,2006,27(4):563-570.

[77] 杨友运.印支期秦岭造山活动对鄂尔多斯盆地延长组沉积特征的影响[J].煤田地质与勘探,2004(5):7-9.

[78] 殷民胜.黄陵矿业公司二号煤矿201工作面底板油型气治理技术研究[C]//中国煤炭工业协会.煤矿瓦斯抽采与通风安全论文集.北京:煤炭工业出版社,2013:88-93.

[79] 雍世和,张超谟.测井数据处理与综合解释[M].东营:中国石油大学出版社,2002.

[80] 于红.双巷掘进工作面煤壁瓦斯涌出规律研究[D].焦作:河南理工大学,2008.

[81] 于小鸽.采场损伤底板破坏深度研究[D].青岛:山东科技大学,2011:10-16.

[82] 俞桂英,冯景昌.黄陵矿区煤、油、气共生概况及综合勘探的重要性[J].中国煤田地质,1993,5(3):3-7.

[83] 俞启香.矿井瓦斯防治[M].徐州:中国矿业大学出版社,1992.

[84] 袁珍,李文厚,朱静,等.鄂尔多斯盆地陇东地区侏罗系古地貌恢复及其对石油聚集的

影响[J].地质通报,2013,32(11):65-70.

[85] 袁珍.鄂尔多斯盆地东南部上三叠统油气储层特征及其主控因素研究[D].西安:西北大学,2011:19-29.

[86] 翟成.近距离煤层群采动裂隙场与瓦斯流动场耦合规律及防治技术研究[D].徐州:中国矿业大学,2008.

[87] 翟光明.中国石油地质志(卷十二):长庆油田[M].北京:石油工业出版社,1992.

[88] 张国伟,张本仁,袁学诚,等.秦岭造山带与大陆动力学[M].北京:科学出版社,2001:706-724.

[89] 张金才,张玉卓,刘天泉.岩体渗流与煤层底板突水[M].北京:地质出版社,1997.

[90] 张立含,周广胜.气藏盖层封气能力评价方法的改进及应用:以我国46个大中型气田为例[J].沉积学报,2010,28(2):388-393.

[91] 张农,袁亮,王成,等.卸压开采顶板巷道破坏特征及稳定性分析[J].煤炭学报,2011,36(11):1784-1786.

[92] 张士亚,郜建军,蒋泰然,等.利用甲、乙烷碳同位素判识天然气类型的一种新方法[G]//石油与天然气地质文集:第1集中国煤成气研究.北京:地质出版社,1988:48-58.

[93] 张文旗,王志章,侯秀林,等.盖层封盖能力对天然气聚集的影响:以鄂尔多斯盆地大牛地气田大12井区为例[J].石油与天然气地质,2011,32(54):882-888.

[94] 张文正,李剑峰.鄂尔多斯盆地油气源研究[J].中国石油勘探,2001,6(4):28-36.

[95] 张玉军.基于固流耦合理论的覆岩破坏特征及涌出量预计的数值模拟[J].煤炭学报,2009,34(5):610-613.

[96] 张云峰.鄂尔多斯盆地多种能源矿产共同富集的地质条件与成藏(矿)系统研究[D].北京:中国地质大学(北京),2013:13-18.

[97] 张云霞,陈纯芳,宋艳波,等.鄂尔多斯盆地南部中生界烃源岩特征及油源对比[J].石油实验地质,2005,25(7):173-175.

[98] 张子敏,张玉贵.瓦斯地质规律与瓦斯预测[M].北京:煤炭工业出版社,2005:126.

[99] 张子敏.瓦斯地质学[M].徐州:中国矿业大学出版社,2009.

[100] 赵军龙,谭成仟,刘池阳,等.鄂尔多斯盆地油、气、煤、铀富集特征分析[J].石油学报,2006,27(2):58-63.

[101] 赵军龙.测井方法原理[M].西安:陕西人民教育出版社,2008.

[102] 赵俊兴,陈洪德,张锦泉.鄂尔多斯盆地下侏罗统富县组沉积体系及古地理[J].岩相古地理,1999,19(5):40-45.

[103] 赵文智,胡素云,汪泽成,等.鄂尔多斯盆地基底断裂在上三叠统延长组石油聚集中的控制作用[J].石油勘探与开发,2003,30(5):1-5.

[104] 赵晓东,谷晓松,王海龙,等.GIS和FLAC3D耦合下的采场上覆岩层[J].煤炭学报,2010,35(9):1435-1439.

[105] 赵孟为,BEHR H J.鄂尔多斯盆地三叠系镜质体反射率与地热史[J].石油学报,1996,17(2):15-23.

[106] 赵重远,刘池阳.含油气盆地地质学研究进展[M].西安:西北大学出版社,1993.

[107] 赵重远. 沉积盆地的成因和演化及其赋存的大地构造环境和油气资源[M]. 北京:地质出版社,1988.

[108] 周雁,金之钧,朱东亚,等. 油气盖层研究现状与认识进展[J]. 石油实验地质,2012,34(3):234-244.

[109] 朱术云,姜振泉,姚普,等. 采场底板岩层应力的解析法计算及应用[J]. 采矿与安全工程学报,2007,24(2):191-194.

[110] 左人宇,龚晓南,桂和荣. 多因素影响下煤层底板变形破坏规律研究[J]. 东北煤炭技术,1999(5):2-6.

[111] VAN HINTE J E. Geohistory analysis-application of micropaleontology in exploration geology[J]. AAPG bulletin,1978,62(2):201-222.